Beck-Wirtschaftsberater im dtv

Erfolgreiches Change Management

dtv

Beck-Wirtschaftsberater

Erfolgreiches

Change Management

Wie Sie Mitarbeiter erfolgreich an
Veränderungen beteiligen

Von Dipl.-Psych. Martin Haberzettl
und Sandra Schinwald

Deutscher Taschenbuch Verlag

Im Internet:

dtv.de
beck.de

Originalausgabe

Deutscher Taschenbuch Verlag GmbH & Co. KG,
Friedrichstraße 1a, 80801 München

Druck und Bindung: Druckerei C.H. Beck, Nördlingen
(Adresse der Druckerei: Wilhelmstraße 9, 80801 München)
Satz: Fa. ottomedien, Darmstadt
Umschlaggestaltung: Agentur 42, Bodenheim
ISBN 978-3-423-50905-3 (dtv)
ISBN 978-3-406-54619-8 (C. H. Beck)
9 783406 546198

Vorwort

Change Management...
Wie schön könnte doch die Managementwelt sein. Eine Veränderung wird am Reißbrett entworfen und geplant, konsequent umgesetzt und erfolgreich abgeschlossen. Und im Prinzip ist dies durchaus möglich. Wenn da nicht ein mächtiger Faktor diese Hoffnung (oder sollte man da lieber von einer Illusion sprechen?) wieder zunichte macht: der „Störfaktor Mensch". Denn es „menschelt" bei jedem Wandel. Lebendige und sich der kompletten Berechenbarkeit entziehende Menschen mit all ihren Erwartungen, Wünschen und Befürchtungen entscheiden über Erfolg oder Misserfolg eines jeden Change-Projekts.

Dieses Buch handelt daher von der „Innenseite" von Veränderungen. Nicht *welche* Veränderung geplant ist, steht im Vordergrund, sonder *wie* sie erlebt wird und zu welchen Handlungsweisen das führt. Wenn wir hier von Veränderung sprechen, meinen wir aus diesem Grunde Veränderungsprozesse jeglicher Art und wir verwenden Begriffe wie „Wandel", „Projekt", „Change", „das Neue" usw. synonym. Denn überall dreht es sich um dieselbe Frage: Wie geht es den Menschen, die damit zu tun haben und was brauchen sie, um den Wandel erfolgreich gestalten zu können? Was nach außen hin wie der Abschluss einer Veränderung aussieht, markiert in Wirklichkeit meist erst deren Beginn. Die Abteilung hat neue Räume bezogen, die aktualisierte Software ist installiert, die neue Chefin führt einen neuen Besprechungsstil ein. All das bildet jedoch nur die Außenseite, die Oberfläche. Allzu oft wird dabei übersehen wird, wie es den Menschen damit geht. Sie müssen sich auch mental und emotional „neu einrichten". Sie haben Verluste zu verarbeiten, etwa eine geliebte Aufgabe oder eine Kollegin, mit der man ausgezeichnet zusammengearbeitet hatte. Gleichzeitig müssen sie sich mit ihren Befürchtungen und anderen Emotionen wie Ärger und Enttäuschung auseinandersetzen und versuchen, diese konstruktiv in den Griff zu bekommen. Damit nicht genug sollen sie sich so schnell wie möglich auf das Neue einlassen.

Eine Veränderung gleicht einer Reise in eine fremde Stadt. Auch wenn wir bereits mit dem Flieger gelandet sind und unser Hotel bezogen haben, sind wir noch nicht wirklich angekommen. Dazu braucht es weit mehr, als einfach von A nach B zu gelangen. Wir müssen auch von „B nach B" kommen: Von **B**etroffenen zu **B**eteiligten werden, vom „Ich muss", wie es sich aus der Perspektive der Betroffenen darstellt hin zum „Ich will", auch wenn dies meist mit Abstrichen verknüpft ist. Erst wenn dieser Prozess durchlaufen und durchlebt ist, ist der Übergang vom Alten ins Neue wirklich vollzogen.

Diesen Übergang zu bereiten und zu gestalten ist die Hauptaufgabe von Führungskräften während einer Veränderung. Dem steht jedoch zu Beginn die Tatsache im Wege, dass es den meisten Führungskräften, vor allem denen auf mittlerer bis unterer Ebene, zunächst genauso geht wie ihren Mitarbeitern. Auch sie müssen sich erst mit der neuen Situation zurechtfinden und sich auf den zuweilen schmerzhaften und schwierigen Prozess einlassen, sich mit Gefühlen von Angst, Ärger und Verunsicherung auseinandersetzen. Ohne diesen Zwischenschritt können sie sich kaum mit dem Veränderungsprojekt identifizieren.

Auf den Punkt gebracht:

Erst wenn Führungskräfte diesen gesamten Prozess durchlaufen haben, können sie andere ebenfalls erfolgreich durch die Veränderung führen.

Dieses Buch wendet sich daher an die große Mehrheit der Menschen in Veränderungsprozessen, die diese nicht selbst ins Leben gerufen haben, sie jedoch umsetzen und gestalten müssen, an alle Führungskräfte auf mittlerer bis unterer Ebene: vom Meister bis zur Projektleiterin, vom einfachen Abteilungsleiter bis zur mit großer Befugnis ausgestatten Managerin. Aber auch „einfache Mitarbeiter" und andere Interessierte können großen Nutzen aus dem Buch ziehen.

...konkret: Navigieren im Wandel

Auf der „Innenseite" von Veränderungen, wie sie von den Menschen erlebt werden, haben wir es immer auch mit Unsicherheit zu tun. Nur zu verständlich ist da der Wunsch nach einfachen Mitteln und

Patentrezepten, um der ungewissen Lage Herr zu werden. Doch leider sind die meisten Veränderungsprozesse sehr komplex und unüberschaubar, mit anderen Worten: nur bedingt planbar und steuerbar. Ein anderes Bild für Veränderungsprozesse ist das einer Seefahrt ins Ungewisse. Die raue stürmische See mit hohem Wellengang birgt die Gefahr in sich, das „Boot, in dem alle (noch?) sitzen" zum Kentern zu bringen. Das ständige Auf und Ab ist eine enorme Herausforderung für Stabilität. Und auch die Aussichten sind nicht immer zum Besten: Wann endlich ist wieder Land in Sicht? Oder sind wir nicht schon längst vom Kurs abgekommen?

Das Buch als Coach und Reisebegleiter
Die Kunst ist, in den unbekannten und bewegten Gewässern so sicher wie möglich navigieren zu können. Wie soll dies jedoch gelingen, wenn man nicht selbst hinter dem Steuerruder sitzt, sondern nur als mehr oder weniger großes Rädchen an der Veränderung beteiligt ist? In diesem Buch finden Sie zahlreiche Hilfestellungen und Impulse, um die für Sie passenden Lösungsansätze und Antworten auf jene Fragen zu finden, die eine Veränderung stets aufwirft. Wir bieten Ihnen jedoch keine Patenrezepte, denn diese fruchten nur selten. Jeder konkreten Situation wohnen ganz spezielle Herausforderungen, Probleme und Möglichkeiten inne. Anstelle von Standardlösungen gibt Ihnen das Buch daher eine Reihe konkreter und effizienter Möglichkeiten an die Hand, damit Sie so sicher wie möglich im Change-Prozess navigieren können. All die dargestellten Wege und Modelle sind „sturmerprobt" und haben ihre Tauglichkeit in der Praxis bereits mannigfaltig erwiesen. Die Vielzahl der Instrumente und Aspekte eröffnet Ihnen zudem die Gelegenheit, aus all den „Wegen, die nach Rom führen", diejenigen auszuwählen, die Ihnen am sinnvollsten und leicht umsetzbar erscheinen.

Wir verstehen dieses Buch als eine Art Coach und Reisbegleiter, der Sie darin unterstützt, die menschlichen Hürden, Tücken und Untiefen der Veränderung zu meistern. Schon die rein sachlichen Schwierigkeiten, die in der Regel damit einhergehen, sind oft nur mit einem erheblichen Aufwand an Zeit und Energie zu lösen. Den größten Bereich an Problemen bei Veränderungsprozessen bilden jedoch die emotionalen und sozialen Aspekte. Jede neue Situation stellt das Bisherige und Gewohnte in Frage. Und um ein Change-Projekt zum Erfolg zu führen, ist es unerlässlich, diese Frage zufriedenstellend zu beantworten.

Teil I (Kapitel 1–3) handelt von der eigenen Person. Welche Rolle können und wollen Sie in dem Veränderungsprozess einnehmen? Um dies klären zu können, ist Wissen erforderlich, Wissen um die wichtigsten Erfolgsfaktoren von Change-Projekten. Sie bilden das Thema des 1. Kapitels: von klaren Zielen und Entscheidungsprozessen bis hin zum richtigen Timing sowie konstruktivem Umgang mit Widerstand.

Das 2. Kapitel widmet sich der zentralen Frage, wie es Ihnen mit der Veränderung geht und welche Konsequenzen diese für Sie aufweist. Denn zu Beginn eines jeden Wandels sehen sich die meisten als Betroffene. Die Umgestaltung „stößt einem zu". Hier spielen unsere eigenen Emotionen bzw. der Umgang mit ihnen eine wichtige Rolle. Noch wichtiger ist jedoch, wie es Ihnen gelingen kann, Sinn und Nutzen in dem Projekt zu finden.

Im 3. Kapitel zeigen wir Wege auf, sich mit dem Change-Prozess identifizieren zu können. „Ownership" – die eigene Beteiligung – ist der Generalschlüssel für den Erfolg. Um den in die Hand zu bekommen, müssen die eigenen Ziele mit denen der Organisation so weit wie möglich ausbalanciert werden.

Teil II (Kapitel 4–8) beschäftigt sich damit, wie Sie gestaltend und aktiv wirksam werden können, speziell wie Sie Ihre Mitarbeiter erfolgreich durch die Veränderung führen können. Jenen steht der Prozess, von Betroffenen zur Beteiligten zu werden, erst noch bevor. Gute Ausgangsbedingungen erleichtern gutes Gelingen. Das 4. Kapitel schildert, wie ich mir Unterstützung holen und mein Netzwerk ausbauen kann, aber auch, wie ich die unterschiedlichen Interessen und Bedürfnisse der Mitarbeiter berücksichtigen und in den Dienst der Veränderung stellen kann.

Kommunikation spielt eine Schlüsselrolle im Change Management. Das 5. Kapitel stellt vor, wovon offene und klare Kommunikation abhängt. Dabei wird auch das eigene Kommunikationsverhalten unter die Lupe genommen. Wie sehr bin ich bereits in der Lage, auch die Standpunkte meiner Gesprächspartner zu berücksichtigen? Wie leicht gelingt es mir, Gegenargumente aufzugreifen und zu berücksichtigen? Wie überzeugend agiere ich in Gesprächen und was kann meine Überzeugungskraft steigern? Wie trägt klare Kommunikation dazu bei, dass Vertrauen – das entscheidende Bindeglied für gute Zusammenarbeit – aufgebaut und gepflegt werden kann?

Veränderung ruft immer auch Widerstände gegen sie hervor, das Thema des 6. Kapitels. In nahezu sämtlichen Veränderungsprozessen ist der Umgang mit ihnen die entscheidende Weichenstellung, in Richtung Erfolg oder Misserfolg. Erfolgreiche Change Manager vermitteln ihren Mitarbeitern ausreichend Sicherheit, eine hohe Kunst in Zeiten von Verunsicherung. Das Gefühl der Sicherheit wiederum ermöglicht ein differenziertes Bild des Wandels, weg vom bloßen Schwarz-Weiß-Denken hin zu einem Engagement *für* die Veränderung, selbst wenn das Neue nicht ganz ohne Nachteile abgeht.

Ein erfolgreiches Veränderungsprojekt ist nahezu immer Ergebnis von Teamarbeit. Das 7. Kapitel zeigt Wege, wie das Team auf die Veränderung eingestimmt werden kann. Klare Rahmenbedingungen sowie eine konstruktive Fehler- und Konfliktkultur sind dafür bereits die halbe Miete. Zudem wird behandelt, wie ein Team selbst während einer stark belastenden Phase seine innere Stärke bewahren kann und wie man mit Veränderungen der Teamstruktur gut umgehen kann.

Auf jedes Veränderungsprojekt lauert ein unscheinbarer, jedoch mächtiger Feind: der Alltag. Das 8. Kapitel hat die Pflege des Wandels zum Thema. Veränderungsprozesse können in beide Richtungen gehen: vom Alten zum Neuen aber auch zurück, vom Neuen wieder zum Alten. Um letzteres zu vermeiden, kommt es vor allem darauf an, wach zu bleiben und die erarbeiteten Errungenschaften im Blick zu behalten.

Noch eine Anmerkung zum Gebrauch des Buches: Es ist nicht notwendig, es von vorne bis hinten zu lesen. Sie können jederzeit bei den Fragen und Themen einsteigen, die für Sie besonders interessant oder brennend sind. Zu Beginn eines jeden Kapitels oder

Unterkapitels sind die Grundfragen sowie die wesentlichen Grundinformationen angeführt, um Sie bei Ihrer Auswahl zu unterstützen. In den Kapiteln selbst befinden sich zahlreiche Frageboxen, die Ihnen als Arbeitsinstrumente dienen sollen. Je nach Bedarf und Dringlichkeit können Sie diese überspringen oder konsequent durcharbeiten. Der „Buchcoach" bildet auf diese Weise eine Art Werkzeugkasten, dem eine „Bedienungsanleitung" beigelegt ist. Diese informiert darüber, *was* zu tun ist und *wie* dies konkret umgesetzt werden kann.

Salzburg, im Februar 2011

Martin Haberzettl
Sandra Schinwald-Haberzettl

Inhaltsübersicht

Inhaltsverzeichnis

1. Kapitel

Wissen, was wirkt: Was macht Change Management erfolgreich?

Man kann sich nicht immer entscheiden, *was* man macht bzw. machen muss. Wenn ein Veränderungsprojekt angeordnet wurde, können Sie sich dem nicht so einfach entziehen, es sei denn, Sie wären bereit, große Nachteile in Kauf zu nehmen. Sie können sich jedoch bis zu einem gewissen Grad dafür entscheiden, *wie* Sie mit der Veränderung umgehen wollen und wie Sie dazu stehen. Erst wenn Sie diesen Entscheidungsspielraum für sich nutzen, sind Sie dem Change-Prozess nicht hilflos ausgeliefert, sondern können ihn auch in Ihrem Interesse aktiv mitgestalten.

Die nächsten Kapitel begleiten und unterstützen Sie darin, die Rolle eines aktiv Beteiligten einnehmen zu können und dadurch Ihren Einfluss zu erhöhen.

Kein Veränderungsprozess gleicht wie ein Ei dem anderen. Dennoch existiert eine Reihe allgemeiner Faktoren, die in allem Veränderungsgeschehen darüber entscheiden, wie erfolgreich es verläuft. Sich dieser Faktoren bewusst zu werden ist der erste Schritt, um in die Rolle eines erfolgreichen Change Managers hinein zu schlüpfen.

Navigationshilfe:

Unabhängig davon ob Sie bereits „Change-Profi" sind oder vor Ihrem ersten Veränderungsprojekt stehen, es lohnt sich in jedem Fall dieses Kapitel zu lesen. Denn selbst wenn Ihnen einige der Inhalte sehr vertraut sind, hilft es, sich immer wieder die Bedeutung und Wichtigkeit dieser Faktoren vor Augen zu führen. So entgehen Sie der Gefahr, diese in der alltäglichen Routine aus dem Blick zu verlieren. Mit wachem Bewusstsein halten Sie die Wirksamkeit der Erfolgsprinzipien frisch.

1.1 Erfolgsfaktor „Klarheit der Ziele und Entscheidungsprozesse"

Klare Ziele und Entscheidungsprozesse lassen den Sinn und Zweck eines Veränderungsprojekts leichter erkennen und tragen dadurch zu höherer Motivation bei. Gerade in den unsicheren Zeiten einer Veränderung gibt dies ausreichend Sicherheit und Orientierung.

1.2 Erfolgsfaktor „Einbeziehung und Beteiligung der Mitarbeiter"

Für Motivation und engagiertes Mitgestalten sind Beteiligung und Einbeziehung der Mitarbeiter entscheidend. Eine wichtige Rolle spielt hier auch gesundes Vertrauen.

1.3 Erfolgsfaktor „Rückhalt durch die gesamte Organisation"

Rückhalt durch die gesamte Organisation lässt die Mitarbeiter wissen, dass das Veränderungsprojekt ernst gemeint ist. Dies bildet die notwendige Voraussetzung dafür, dass Veränderungen konsequent durchgeführt und umgesetzt werden können.

1.4 Erfolgsfaktor „Unterstützung und Commitment durch die Führungskräfte"

Unterstützung und Commitment durch die Führungskräfte gibt den Mitarbeitern Halt und entsteht durch das, was die Führungskräfte *tun* und nicht durch das, was sie sagen. Dadurch erhöhen sich die Glaubwürdigkeit und das Vertrauen in den Veränderungsprozess.

1.5 Erfolgsfaktor „Klare und offene Kommunikation"

Klare und offene Kommunikation sorgt dafür, dass Sinn und Zweck der Veränderung ausreichend kommuniziert und der Hintergrund für den Veränderungsbedarf vermittelt wird. Indem bewusst unterschiedliche Perspektiven eingenommen werden, können neue Erkenntnisse und Lösungsmöglichkeiten gewonnen werden.

1.6 Erfolgsfaktor „Konstruktiver und kreativer Umgang mit Widerstand"

Bei jeder Veränderung treten Widerstände auf. Ohne konstruktiven Umgang mit ihnen ist jeglicher Wandel zum Scheitern verurteilt.

1.7 Erfolgsfaktor „Gutes Timing"

In guten Zeiten ist es die Aufgabe von Führungskräften, die Bereitschaft und Motivation für Veränderungen zu erhalten. In eher schlechten Zeiten sollten sie frühzeitig dafür sorgen, die Veränderungskompetenz der Mitarbeiter auf ein möglichst hohes Niveau zu heben.

Die meisten Veränderungsprozesse wirken auf uns komplex, vielschichtig und zuweilen kaum durchschaubar. Häufig werden auch die anvisierten Ziele gar nicht oder nur zum Teil erreicht. Dies könnte den Eindruck erwecken, bei Change Management – dem Umgang mit Veränderungen – handele es sich um eine hohe Kunst. In der Realität jedoch sind es meist handwerkliche Fehler, die zum Scheitern führen. Misserfolge zu vermeiden, ist zumindest im Grundsatz leichter, als es auf den ersten Blick erscheint. Werden die wichtigsten Prinzipien beachtet und befolgt, spricht vieles für ein sehr erfolgreich verlaufendes Veränderungsprojekt. Genau um diese Erfolgsfaktoren geht es in diesem Kapitel. In den anschließenden Kapiteln zeigen wir, wie Sie diese Faktoren im Detail gezielt aktivieren und beeinflussen können.

1.1 Erfolgsfaktor „Klarheit der Ziele und Entscheidungsprozesse"

Der Sinn eines Projekts leitet sich aus dem ab, was mit ihm erreicht werden soll, mit anderen Worten: Worauf das Projekt abzielt, was sein Ziel ist. Ist dies unklar, fällt es den Beteiligten schwer, Sinn und Nutzen der Veränderung zu erkennen. Genau umgekehrt verhält es sich mit den Nachteilen. Je unklarer die Ziele formuliert sind, desto deutlicher lassen sich die mit der Veränderung verbundenen Nachteile erkennen. Die Aufmerksamkeit der Beteiligten wendet sich daher zunehmend den negativen Seiten zu. Es wird immer schwerer, die nötige Motivation für das Projekt aufzubringen.

Unklare oder kaum vorhandene Ziele weisen noch einen weiteren schwer wiegenden Nachteil auf: Sie bieten kaum Orientierung. Dabei wäre des gerade in Veränderungsprozessen äußerst wichtig, denn sie gehen zwangsläufig mit einem gewissen Maß an Verunsicherung vonstatten. Mangelnde Orientierung wirkt sich daher besonders negativ aus, denn sie potenziert die immer schon vorhandene Grundverunsicherung. Genauso verhält es sich mit unklaren, diffusen und nicht transparenten Entscheidungsprozessen. Auch sie steigern massiv die Verunsicherung und Orientierungslosigkeit.

Klar sind Ziele allerdings erst dann, wenn sie allen beteiligten Personen klar sind. Es reicht nicht aus, wenn den Führungskräften und Hauptverantwortlichen Sinn und Zweck der Veränderung einsichtig sind. Die Ziele müssen auch bei den Mitarbeitern klar ankommen. „Klar" meint hier als Klarheit aus Sicht der Betroffenen!

Auf den Punkt gebracht:

Klare Ziele und Entscheidungsprozesse ...

- ☐ ... lassen den Sinn und Zweck eines Veränderungsprojekts leichter erkennen und tragen dadurch zu höherer Motivation bei.
- ☐ ... geben in den unsicheren Zeiten einer Veränderung ausreichend Sicherheit und Orientierung.
- ☐ ... sind allen an der Veränderung beteiligten Personen klar.

1.2 Erfolgsfaktor „Einbeziehung und Beteiligung der Mitarbeiter"

Einbeziehung und Beteiligung der Mitarbeiter ist wahrscheinlich *der* Erfolgsfaktor für Change Management schlechthin. Gewöhnlich verspüren Menschen von Natur aus ein starkes Bedürfnis, ihren Beitrag zum Gelingen einer Aufgabe zu liefern. Wird ihnen dies verwehrt, so hat dies in der Regel zwei Auswirkungen. Zum einen werden die Ressourcen und Potenziale der Mitarbeiter nur unzureichend genutzt. Die zweite Reaktion ist noch problematischer. Viele Menschen stehen einer Veränderung sehr ablehnend gegenüber, wenn sie am Geschehen nicht beteiligt werden. Diese Ablehnung drückt sich in einer ganzen Bandbreite von Verhaltensweisen aus, von unterschwelligem Grummeln über verdeckte Sabotage bis hin zu offen gezeigtem Missmut.

In gewisser Weise ist Einbeziehung und Beteiligung der Mitarbeiter ein übergeordneter Erfolgsfaktor. Sind die Ziele und Entscheidungsprozesse klar, existiert ausreichend Unterstützung, wird offen kommuniziert und wird vor allem mit Widerständen konstruktiv umgegangen, so führt dies in Summe beinahe von selbst zu mehr Beteiligung. In Teil II werden wir darauf detailliert eingehen.

Noch ein weiterer Aspekt ist hier bedeutsam. Nur wenn sich Menschen in einer Aufgabe wiederfinden, können sie sich mit ihr identifizieren und sind wirklich beteiligt. Um sich nun in einer Aufgabe „wiederfinden" zu können, bedarf es einer ausreichend großen Übereinstimmung von eigenen Zielen mit denen des Unternehmens. Diese ergibt sich jedoch selten von allein, sondern es braucht eine Auseinandersetzung mit den eigenen und den unternehmerischen Zielen, um diese weitgehend auf Deckungsgleiche zu bringen. Erst wenn dieser Prozess abgeschlossen ist, können wir von wirklicher Beteiligung sprechen.

Beteiligung meint aber nicht nur die Beteiligung der Mitarbeiter, sondern auch die der Führungskräfte. Auch diese ergibt sich nicht selbstverständlich. Vielen Führungskräften ergeht es anfangs ähnlich wie ihren Mitarbeitern und sie müssen sich erst in ein Veränderungsprojekt hineinfinden. Wie dieser Weg hin zur engagierten Beteiligung gegangen werden kann, bildet das Thema der beiden folgenden Kapitel.

Eine Zutat, die für Einbeziehung und Beteiligung unerlässlich ist, möchten wir jedoch bereits jetzt erwähnen, nämlich Vertrauen.

Vertrauen

Vertrauen meint hier wechselseitiges Vertrauen: Vertrauen der Mitarbeiter in die Führungskräfte, aber auch Vertrauen der Führungskraft in ihre Mitarbeiter.

- Vertrauen der Mitarbeiter in die Führungskräfte führt zu Orientierungssicherheit und dem Gefühl, genügend Unterstützung zu erhalten.
- Vertrauen der Führungskräfte in die Mitarbeiter fördert deren Leistungsbereitschaft sowie die Kompetenz, eigenständig Probleme und Herausforderungen meistern zu können.

Letzteres ist so wichtig, dass es hier nochmals besonders betont werden soll. Größere Veränderungsprozesse sind von ihrer Natur her äußerst komplex und unübersichtlich, mit anderen Worten: Sie sind im Grunde nicht kontrollierbar, schon gar nicht durch einige wenige oder gar eine einzige Führungsperson! Die Komplexität kann nur bewältigt werden, wenn die Menschen vor Ort selbstständig entscheiden und agieren können. Aus Psychologie und Wirtschaftswissenschaft weiß man inzwischen, dass das Vertrauen in Mitarbeiter dazu eine unerlässliche Voraussetzung darstellt. Das Vertrauen, das man in sie setzt, wird über kurz oder lang mehrfach zurückbezahlt.

Nun meint Vertrauen nicht blindes Vertrauen. Führungskräfte benötigen eine gute Urteilskraft, um die jeweiligen Stärken und Schwächen ihrer Mitarbeiter einschätzen zu können und zu wissen, wem sie was zutrauen können (dazu mehr in Kapitel 4). Regelmäßige Kontakte und regelmäßiges Feedback geben die Sicherheit, auch tatsächlich vertrauen zu können.

1.3 Erfolgsfaktor „Klare und offene Kommunikation"

Ebenso wie Zielklarheit spielt auch eine offene und klare Kommunikation eine entscheidende Rolle, um negativ erlebte Betroffenheit allmählich in aktive und engagierte Beteiligung überzuführen. Da dieser Punkt später noch ausführlich erörtert wird, fassen wir uns hier kurz.

Die ersten beiden Aspekte klarer und offener Kommunikation betreffen die

- transparente und umfassende Information der Mitarbeiter über Ziele und Projektverlauf;

- die Fähigkeit, den Mitarbeitern die Erforderlichkeit der Veränderungen klar zu machen.

Werden Mitarbeiter nur unzureichend oder gar nicht von der Veränderung informiert, kommt diese für sie sehr unerwartet und plötzlich. Je umfassender ein Veränderungsprojekt ist, desto verhängnisvoller wirkt sich mangelhafte Informationspolitik aus. Jäh aus den vertrauten Gewohnheiten gerissen, ist Widerstand gewissermaßen eine reflexartige und nicht zu verhindernde Reaktion. Die wenigsten Menschen mögen sehr abrupte Veränderungen. Dabei liegt es selten gar nicht in der Absicht des Managements, die Mitarbeiter so vor den Kopf zu stoßen. Im operativen Alltag passiert es aber leicht, dass die Belange der Mitarbeiter, vor allem deren Bedürfnis nach Information, schlicht und einfach vergessen werden. Zusätzlich zum „Widerstandsreflex" führt mangelhafte oder fehlende Information auch zu einem länger anhaltenden und tieferen Widerstand. Nicht informiert zu werden, bedeutet für die meisten Menschen einen Ausdruck von Missachtung: Sie wurden es nicht für Wert befunden, rechtzeitig informiert zu werden. Diese Kränkung wird so schnell nicht verziehen. Zugleich müssen die Mitarbeiter auch zu dem Schluss kommen, dass von Seiten des Managements die Interessen der Belegschaft nicht berücksichtig werden. Daher ist es fast zwangsläufig die Folge, dass die Mitarbeiter ihre Aufmerksamkeit hauptsächlich darauf konzentrieren, ihre eigenen Interessen zu wahren.

Auf den Punkt gebracht:

Betroffene können sich nur dadurch zu Beteiligten wandeln, …

- ☐ … wenn sie über genügend Wissen über das geplante Projekt verfügen.
- ☐ … wenn sie darüber offen mit ihren Führungskräften kommunizieren können.
- ☐ … wenn sie durch ausreichend Gelegenheiten für offene Gespräche allmählich Vertrauen in die Führungskraft und den Prozess aufbauen können.
- ☐ … wenn Sinn und Zweck der Veränderung hinlänglich kommuniziert und der Hintergrund für den Veränderungsbedarf vermittelt wird.

Offenheit für Innovationen und offenen Austausch

Offene Kommunikation ist ebenfalls eine wichtige Bedingung für erfolgreichen Wandel. Was bedeutet jedoch Offenheit genau?

Offene Kommunikation …

- … ermutigt dazu, auch abweichende Positionen und Meinungen zu äußern.
- … ermöglicht neue Erkenntnisse zu gewinnen, indem bewusst unterschiedliche Perspektiven eingenommen werden.
- … erfordert gegenseitige Fairness in der Gesprächsführung und Argumentation.
- … wird gefördert durch eine Atmosphäre, in der Fehler erlaubt sind, um sie als Lernquelle zu benutzen.
- … lebt von der Fähigkeit, Unsicherheit auszuhalten.
- … fordert nicht sofortige Zustimmung und Harmonie.

1.4 Erfolgsfaktor „Rückhalt durch die gesamte Organisation?

Wird ein Veränderungsprozess nicht seitens der ganzen Organisation unterstützt und fehlt ein sichtbarer Rückhalt, dann nehmen die meisten an, dass es das Unternehmen und seine Leitung mit der Veränderung nicht wirklich ernst meinen. Viele Change-Prozesse zielen darauf ab, die Einstellung der Mitarbeiter hin zu mehr Kundenorientierung zu verändern. Gar nicht so selten ist jedoch die Kultur innerhalb des Unternehmens gar nicht in diesem Sinn gestaltet. So herrscht beispielsweise häufig „Abteilungsegoismus“ vor, der dazu führt, dass die anderen Abteilungen nicht als interne Kunden, sondern vor allem als Belästigung angesehen werden. Dieser Mangel an praktizierter und gelebter interner Kundenorientierung torpediert natürlicherweise den angestrebten Wandel.

Praxisbeispiel: Häufig existieren auch Spannungen zwischen grundlegenden Werten der Organisation und denen des Veränderungsprojektes. In einem traditionsorientierten mittelständischen Unternehmen sollte ein neues und sehr innovatives Produkt eingeführt werden. Die meisten Mitarbeiter und auch Führungskräfte waren anfänglich äußerst irritiert. Vom Vertrieb bis hin zur Produktion bangten fast sämtliche Betroffene um die bisherigen gewohnten Routinen, die nun aufgebrochen werden mussten. Massiver Widerstand machte sich breit. In Absprache mit der Unternehmensführung entschlossen sich daher die Berater dafür, in einer Reihe von Informations- und Diskussionsveranstaltungen auf die Geschichte und die Traditionen des Unternehmens zurückzugreifen und sie in den Dienst der Veränderung zu stellen. Aus der über hundertjährigen Geschichte wurde deutlich, dass am Anfang der Tradition eine bedeutsame Innovation stand. Aus diesem Blickwinkel betrachtet heißt eine neue Innovation einzuführen im Grunde nur, die bisherigen Traditionen um eine weitere, zukünftige zu ergänzen. Als sich die Mehrzahl der Mitarbeiter die durchaus revolutionär und umwälzend wirkende Neuerung als eine sich schrittweise – evolutionär – vollziehende Veränderung vorstellen konnte, verflogen die schlimmsten Ängste und Befürchtungen zum großen Teil. Nun konnte daran gegangen werden, mit den übrig bleibenden Widerständen konstruktiv zu arbeiten.

Auch Sie „sind“ bis zu einem gewissen Grad die Organisation bzw. das Unternehmen. Allzu oft beklagen sich Menschen über die Organisation, und keiner will es gewesen sein. Aber wenn es keiner war, wer war es dann? Nutzen Sie den Ihnen zur Verfügung stehenden Spielraum, um Ihren Mitarbeitern ausreichend Rückhalt während der Veränderung zu gewährleisten. Dies gestaltet sich allerdings schwierig, wenn Sie selbst nur wenig Rückhalt durch Ihre Führungskraft oder die Organisation erhalten. Melden Sie dies, wenn möglich, Ihren Vorgesetzten zurück und verhandeln Sie mit ihnen, wie Sie am besten verfahren sollten.

Tipp:

Unterschätzen Sie dabei nicht Ihre eigenen Einflussmöglichkeiten.

Der Begriff „Führung" wird in der Forschung heutzutage sehr vielschichtig verwendet. Längst geht es nicht mehr ausschließlich um Führung von oben nach unten. Immer stärker rückt in den Blickpunkt, wie Kollegen gewissermaßen seitwärts Kollegen führen und wie Mitarbeiter von unten nach oben ihre Vorgesetzten führen können.

Konsequente Durchführung und Umsetzung des Veränderungsprozesses

Die Führung von Veränderungsprozessen verlangt eine ausgewogene Mischung harter und weicher Elemente. Um Schwierigkeiten aus dem Weg zu gehen neigen Führungskräfte mitunter dazu, allzu früh vom Kurs abzuweichen und von klaren Positionen abzurücken. Dies kann sich fatal auf den Erfolg der Veränderung auswirken. Klare und relativ schnelle Entscheidungen sind daher gefordert. Handeln Sie so, als ob die Entscheidung für den Veränderungsprozess nicht die des Unternehmens, sondern Ihre eigene gewesen wäre. In diesem Punkt sollten und dürfen Führungskräfte nicht weich werden. In aller Regel verlangen dies auch die Mitarbeiter von ihren Führungskräften. Nur auf den ersten Blick erscheint dies widersprüchlich. Klare und konsequente Führung liefert Orientierung und damit Sicherheit. Sicherheit ist ein „gefährdetes Gut" innerhalb eines Veränderungsprozesses. Leicht wird es knapp und Verunsicherung greift um sich mit dem Resultat, dass Sicherheit begehrter denn je wird.

Gerade wenn erste Schwierigkeiten auftauchen, ist ein konsequentes weiteres Vorantreiben des Veränderungsprozesses sehr wichtig. Versucht jedoch das Management, den Weg des geringsten Widerstands zu gehen, wird die Antriebsenergie des Projekts stark abgeschwächt.

Tipp:

Der Weg des geringsten Widerstandes erweist sich oft als sein gänzliches Gegenteil: Inkonsequentes und verunsichertes Führungsverhalten lockt erst recht Widerstände aus der Reserve.

Auf den Punkt gebracht:

Rückhalt durch die gesamte Organisation ...

- ☐ ... lässt die Mitarbeiter wissen, dass das Veränderungsprojekt ernst gemeint ist.
- ☐ ... bedeutet, dass auch Sie sich als Teil der Organisation verstehen und zum gesamten Rückhalt beitragen können.
- ☐ ... ist eine notwendige Voraussetzung dafür, dass Veränderungen konsequent durchgeführt und umgesetzt werden können.

Tipp:

Lassen Sie sich nicht durch das eigene schlechte Gewissen oder durch den Wunsch, von allen gemocht zu werden, dazu verführen, sich durch die Widerstände Ihrer Mitarbeiter vom Ziel abbringen zu lassen. Bleiben Sie konsequent und sachorientiert, was das Ziel der Veränderung betrifft. Verhalten Sie sich „weich" und personenorientiert, wenn es darum geht, die Widerstände Ihrer Mitarbeiter zu berücksichtigen und zu bearbeiten.

Für schnelle erste Erfolgserlebnisse sorgen

Auch wenn sich alle Beteiligten für ein Veränderungsprojekt einsetzen, wartet eine weitere Herausforderung: die **Dauer des Prozesses**. Zu Beginn sind alle voller Elan dabei. Der ganze Prozess birgt eine gewisse Dramatik in sich, die neben aller Problematik dafür sorgt, dass es „spannend" bleibt. Allmählich wird jedoch der Veränderungsprozess Teil des Alltags. Und genau von diesem Alltag mit seinen gewohnten Routinen kann der Veränderungsprozess leicht „geschluckt" werden. Niemanden regt der Veränderungsprozess mehr auf – und dadurch auch niemanden mehr an.

Sorgen Sie in dieser Phase dafür, die bisher erzielten kleinen und größeren Erfolge wieder besonders in den Blickpunkt Ihrer Mitarbeiter zu rücken. Sie liefern den Brennstoff, der dafür sorgt, dass das Feuer der Begeisterung nicht erlischt.

Auf den Punkt gebracht:

Konsequente Durchführung und Umsetzung des Veränderungsprozesses...

- ☐ ... sorgt für Sicherheit.
- ☐ ... erhält die anfängliche Antriebsenergie des Projekts aufrecht.
- ☐ ... ermöglicht leichter erste Erfolgserlebnisse.
- ☐ ... wird durch die ersten Erfolgserlebnisse selbst unterstützt.

1.5 Erfolgsfaktor „Unterstützung und Commitment durch die Führungskräfte"

Mitarbeiter haben nicht selten von ihren Führungskräften den Eindruck, sie seien selber gar nicht so sehr am Veränderungsprojekt interessiert. Gerade dem Verhalten der Führungskräfte auf der mittleren Ebene kommt hier entscheidende Bedeutung zu. Wenn diese sich nicht oder nur kaum mit der Veränderung identifizieren können, fehlt ihnen jegliche Glaubwürdigkeit und Vorbildfunktion. Hinzu kommt, dass jeder Veränderungsprozess mehr oder weniger starke Verunsicherung auslöst. Die klare Positionierung der Führungskräfte für die Veränderung vermittelt Sicherheit.

Mit anderen Worten:

Indem Sie dem Veränderungsprojekt Rückhalt geben, geben Sie auch gleichzeitig Ihren Mitarbeitern Halt.

Die Führungskraft als Vorbild

Ihre Mitarbeiter nehmen sehr genau wahr, ob und in welchem Umfang Sie sich mit einer Veränderung identifizieren können. Für Ihre Mitarbeiter sind Sie der persönliche Repräsentant des Veränderungsprojekts, gewissermaßen der „Botschafter“, der das Projekt zu vertreten hat. An der Stelle wird nochmals deutlich, wie entscheidend es ist, sich als Führungskraft in die Rolle des Beteiligten begeben zu können. Sie selbst gehen mit gutem Beispiel voran. Denken Sie etwa an ein Veränderungsprojekt, das von Ihren Mitarbeitern deutlich mehr Kundenorientierung verlangt. Die gewünschte neue Einstellung muss sich auch und in erster Linie in Ihrem eigenen Verhalten ausdrücken, etwa indem Sie Ihre Mitarbeiter als interne Kunden behandeln. **Ihre persönliche Glaubwürdigkeit ist ein entscheidender Schlüsselfaktor.** Und Glaubwürdigkeit erreichen Sie vor allem durch **kongruentes Verhalten**: Wort und Tat stimmen überein. Weicht Ihr Verhalten von dem ab, was Sie sagen, so vermitteln Sie Ihren Mitarbeitern ein uneinheitliches Bild. Welchem Signal sollen sie nun Glauben schenken: Dem, was Sie sagen, oder dem, was Sie tun? In der Regel entscheiden sich Mitarbeiter für das Zweite, woraus auch folgt, dass sie Ihren verbalen Äußerungen in Zukunft weniger Vertrauen schenken werden.

Auf den Punkt gebracht:

Unterstützung und Commitment durch die Führungskräfte ...

- ☐ ... gibt den Mitarbeitern Halt.
- ☐ ... ist am wirksamsten in Form einer gelebten Vorbildfunktion.
- ☐ ... entsteht durch das, was die Führungskräfte *tun* und nicht durch das, was sie sagen.
- ☐ ... erhöht die Glaubwürdigkeit und das Vertrauen in den Veränderungsprozess.

1.6 Erfolgsfaktor „Konstruktiver und kreativer Umgang mit Widerstand"

Erfolgreichen Change-Managern gelingt es, Widerstände gegen den Veränderungsprozess wahrzunehmen, aufzugreifen und kreativ aufzulösen. Wenn der Widerstand nicht einfach nur zum Verschwinden gebracht wird, sondern seine Energien sogar **für die Veränderung** genutzt werden, dann hat der Change-Manager seine Meisterprüfung abgelegt. Nicht zu Unrecht halten viele den konstruktiven Umgang mit Widerstand für das Kernstück des Change Managements. Diesem Thema gebührt somit ein eigenes Kapitel, das Kapitel 7.

1.7 Erfolgsfaktor „Gutes Timing"

Für den Erfolg einer Veränderung spielt das Zusammenspiel zweier Dimensionen eine wichtige, wenn nicht gar entscheidende Rolle:

- Zum einen die **Fähigkeit bzw. Kompetenz** zur Veränderung.
- Zum anderen die **Bereitschaft bzw. Motivation** zur Veränderung.

Wird es versäumt, diese beiden Dimensionen zu berücksichtigen, kann sich leicht folgende Dynamik entwickeln:

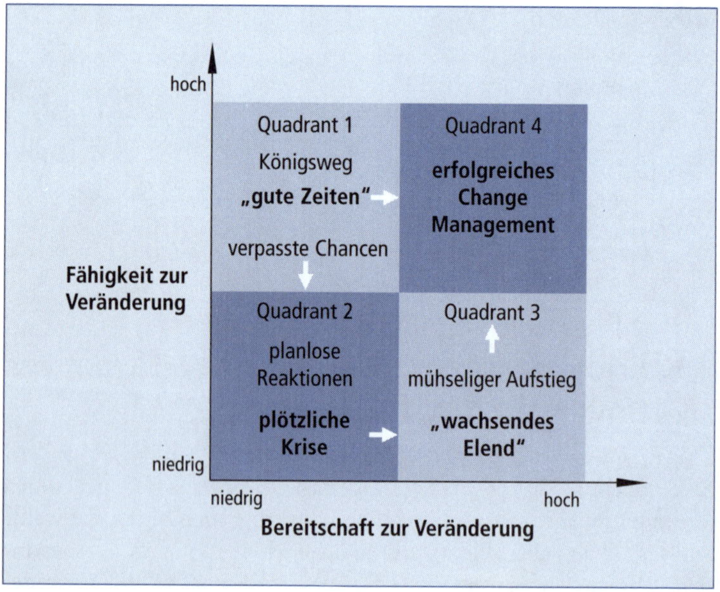

Abb. 1: Der „Königsweg der Veränderung"

Zunächst ist alles Bestens oder hat zumindest den Anschein. Die Organisation arbeitet erfolgreich und alle Abläufe sind gut eingespielt. Im Moment wäre es ein Leichtes, einen Veränderungsprozess zu gestalten und anzugehen. Alle notwendigen Ressourcen dafür wären vorhanden – jedoch wozu? Es existiert kein zwingender Grund, etwas zu ändern. Doch gerade hier lauert eine große Gefahr. Der „normale Gang der Dinge" hat etwas Einschläferndes. Günstige Gelegenheiten und Chancen, für künftige Veränderungen gut gerüstet zu sein, werden verpasst. Gerade wenn es gut läuft, fällt es leichter, sich auf spätere schwierige Zeiten vorzubereiten. Denn diese werden mit Sicherheit kommen oder sind, wie die letzte Krise zeigt, bereits gekommen.

Ohne aktive Steuerung und Begleitung verläuft die Entwicklung im Allgemeinen vom ersten zum zweiten Quadranten, der „plötzlichen Krise". Es kommt zum abrupten Erwachen. In dieser plötzlichen Krisensituation sind bei der Führungsmannschaft und bei den Mitarbeitern die Fähigkeiten, angemessen auf die Herausforderung zu reagieren, nicht sonderlich entwickelt. Auch um die Bereitschaft und Motivation zur Veränderung ist es schlecht bestellt. Elementare Reaktionen überwiegen: Der eine verleugnet, dass überhaupt eine Krise eingetreten ist, ein anderer reagiert mit planloser, hektischer Aktivität und wiederum andere stecken ihre Köpfe in den Sand und hoffen, dass alles irgendwie vorübergeht. Noch haben hier die Führungskräfte die Chance, das Ruder herumzureißen und durch planvolles aktives Eingreifen und Steuern die beiden Variablen „Bereitschaft und Fähigkeit zur Veränderung" wieder zu erhöhen.

Lässt die Führungsmannschaft jedoch auch diese Gelegenheit aus, so „nimmt das Elend seinen Lauf" und das Ganze bewegt sich zum dritten Quadranten, dem „wachsenden Elend". In dieser Phase verschlechtert sich die Lage zusehends. Die Not und der Druck, irgendetwas zu tun, wachsen. Die Veränderungsbereitschaft steigt erheblich an. Um die Veränderungskompetenz ist es jedoch sehr schlecht bestellt. Um das Unternehmen überhaupt noch zu retten, bleibt als Ausweg nur mehr der außerordentlich mühselige Weg, alles Erdenkliche zu tun, um irgendwie den Aufstieg in den vierten Quadranten zu schaffen und damit auch die ursprünglich vorhandene Veränderungskompetenz wieder zu erlangen. Dies ist allerdings meist nicht nur mit erheblichem Aufwand, sondern auch mit enormen Verlusten verbunden.

Im Gegensatz zu einer immer noch vorherrschenden Meinung ist dieser Ablauf jedoch keinesfalls notwendig! Der „Königsweg der Veränderung " verläuft vom ersten Quadranten „gute Zeiten" direkt zum vierten Quadranten „erfolgreiches Changemanagement". Ihn auf diese Weise zu begehen, mag ein selten erreichtes Ideal sein. Gut dosierter Druck kann durchaus motivierend sein, solange die mit ihm verbundenen Probleme noch als Herausforderung angesehen werden können. Entscheidend ist jedoch, dass die Veränderungskompetenz der Mitarbeiter und auch der Führungskräfte nicht unter ein kritisches Level fällt.

Auf den Punkt gebracht:

In guten Zeiten ist es die Aufgabe von Führungskräften, die **Bereitschaft und Motivation für Veränderungen zu erhalten**.
In eher schlechten Zeiten sollten sie frühzeitig dafür sorgen, die **Veränderungskompetenz** der Mitarbeiter **auf ein möglichst hohes Niveau zu heben**.

2. Kapitel

Die eigene Betroffenheit: Wie geht es mir mit der Veränderung?

Erfolgreiches Change Management lebt vom Engagement aller Beteiligten, zu Beginn in erster Linie von dem der Führungskräfte. Fehlt es an dieser Einsatzfreude, ist das Veränderungsprojekt von vornherein zum Scheitern verurteilt.

Navigationshilfe:

Sie sind von der geplanten Veränderung ähnlich überrascht und betroffen wie Ihre Mitarbeiter. Bei ehrlicher Prüfung gestehen Sie sich ein, dass Sie dem Projekt eher ablehnend gegenüberstehen. In diesem Fall ist es sinnvoll, das folgende Kapitel intensiv durchzuarbeiten. Denn Sie werden Ihrer Verantwortung als Führungskraft nur dann gerecht, wenn Sie sich bis zu einem gewissen Grad auf das Projekt wirklich einlassen können. Die stürmische Reise durch einen Veränderungsprozess beginnt daher konsequenterweise damit, das Ausmaß Ihrer eigenen Betroffenheit zu erkennen und zu lernen, die damit einhergehenden negativen Gefühle in den Griff zu bekommen.
Die geplante Veränderung stellt für Sie im Wesentlichen kein Problem dar und Sie stehen ihr neutral bis positiv gegenüber. In diesem Fall können Sie das Kapitel ohne weiteres überfliegen bzw. überspringen. Wenn Sie im weiteren Verlauf des Veränderungsprozesses vor der Aufgabe stehen, Ihre Mitarbeiter vom Sinn und Nutzen des Projekts zu überzeugen, kann eine spätere Lektüre dieses Kapitels sehr gewinnbringend sein.

2.1 Was genau kommt auf mich zu?

Sie klären, über welche Informationen Sie bereits verfügen und in welchen Bereichen noch Unklarheiten bestehen.

2.2 Welche Folgen hat die Veränderung für mich?

Sie reflektieren, welche konkreten Auswirkungen der Wandel auf Ihre tägliche Arbeit hat.

2.3 Wie wird mit mir kommuniziert und umgegangen?

Sie analysieren, wie mit Ihnen über das geplante Projekt kommuniziert wurde und welche Folgen dies für Ihre Beziehung zu Ihren eigenen Vorgesetzten hat.

2.4 Wohin mit meinen Emotionen?

Tools aus dem Bereich Selbstmanagement helfen Ihnen, Gefühle von Verunsicherung, Ärger usw. in den Griff zu bekommen. Ungetrübt durch hochgradige gefühlsmäßige Erregtheit erfassen Sie auf diese Weise sehr klar die Schattenseiten, aber auch die Chancen, die der Veränderungsprozess für Sie in sich birgt.

2.5 Welchen Sinn ergibt die Veränderung?

Mit differenziertem Blick erkennen Sie, was Ihnen am Projekt sinnvoll erscheint und was nicht, welchen Nutzen Sie in ihm erkennen können und was Sie für unnütz halten.

Manche Veränderungen kommen für die Betroffenen wie über Nacht. Ein Teilnehmer eines unserer Seminare erzählte, wie er nach einem erholsamen Urlaub das erste Mal wieder sein Büro betrat – und völlig verblüfft seinen Schreibtisch vollkommen leer geräumt vorfand. Im ersten Moment zweifelte er an seinen Sinnen und dachte, er müsse sich wohl im Stockwerk geirrt haben. Erst eine zufällig vorbei eilende Kollegin, der sein völlig konsternierter Gesichtsausdruck auffiel, konnte ihn aufklären. Von ihr erfuhr er, dass er während seiner Abwesenheit von einer aktuellen Projektaufgabe entbunden und einer anderen Abteilung zugewiesen worden war.

Dieselbe Verwirrung und Irritation kann man bei „Opfern“ von TV-Sendungen wie „Verstehen Sie Spaß“ beobachten, nur mit dem Unterschied, dass es sich einmal tatsächlich um einen Scherz handelt, das andere mal jedoch nicht. Fehlende Informationspolitik des Unternehmens bzw. der Führungskräfte werden von den Mitarbeitern in der Regel nicht als „Spaß“ verstanden.

Nun handelt es sich im vorhergehenden Beispiel – hoffentlich – um einen Extremfall. Genauso selten ist jedoch auch das andere Extrem:

Mitarbeiter werden vollständig und rechtzeitig in die zu erwartende Veränderung eingeweiht, wodurch sämtliche Unsicherheiten von Vorneherein beseitigt werden können und die Motivation aufrecht erhalten bleibt.

Wenn Sie sich an einige der Veränderungsprozesse zurückerinnern, mit denen Sie in der Vergangenheit zu tun hatten, werden Sie mit großer Wahrscheinlichkeit feststellen, dass Ihre eigenen Erfahrungen irgendwo zwischen diesen beiden Polen liegen. Einige Aspekte der Veränderung waren für Sie verunsichernd und irritierend, daher konnten Sie nicht abschätzen, was genau auf Sie zukommen würde. Andere Seiten wiederum waren Ihnen vertraut oder wurden sogar von Ihnen begrüßt.

Im Zusammenhang mit Veränderungsprozessen ist sehr häufig die Wendung „Betroffene zu Beteiligten machen" zu hören. Und in der Tat bildet dies ein Kernelement erfolgreichen Change Managements. Was ist nun damit gemeint und weshalb ist dies so wichtig? Kehren wir kurz zurück zu dem Angestellten aus dem obigen Beispiel. Er ist ein Betroffener in Reinform. Ohne jegliches seinerseitiges Hinzutun wurde er einfach in eine andere Abteilung versetzt. Die Veränderung traf ihn wie ein unerbittlicher Schicksalsschlag, einer Naturgewalt gleich. Es gab keine Chance, das Geschehen mit beeinflussen zu können. Zurück bleiben Gefühle der Ohnmacht, Verunsicherung bis hin zu erbitterter Wut. Die Folge davon ist, dass Mitarbeiter dann keine selbständigen Entscheidungen mehr treffen können und wollen. Es erfordert kein tieferes psychologisches Fachwissen, um zu begreifen, dass dies auf Kosten von Motivation und Loyalität dem Unternehmen gegenüber geht. In einer solchen Lage verhalten sich Mitarbeiter typischerweise so, als ginge es um ihr nacktes Überleben (und in wirtschaftlicher Hinsicht ist dies zuweilen auch so). Alles andere tritt in den Hintergrund.

Von einer Veränderung betroffen zu sein, heißt daher, keine oder nur sehr mangelhafte Kontrolle über das Geschehen zu besitzen. Veränderungsprozesse gleichen häufig einer Fahrt auf stürmischer See. Dieses Bild zeigt überdeutlich, was mangelnde Kontrolle bedeutet:

Als Betroffener

- halten nicht Sie das Ruder in der Hand und bestimmen den Kurs, sondern andere;
- können nicht Sie entscheiden, wann und wie sie weiterfahren, sondern andere;
- sind Ihre Meinung und Ihre Wahrnehmungen nicht gefragt und werden auch nicht gehört, von Ihren Befürchtungen und Ängsten ganz zu schweigen.

Sie können sich sicherlich leicht ausmalen, wie sich das auf Ihre **Stimmung** und die der ganzen Mannschaft auswirkt:

- Konkurrenz anstelle von Kooperation, denn jeder trachtet nach dem eigenen Überleben.
- Misstrauen anstelle von Vertrauen: „Wer weiß, was die in der Kapitänskajüte noch so vorhaben!"
- Angst und Unsicherheit anstelle von Zuversicht in die eigene Fähigkeit, auch schwere See meistern zu können.

Im Gegensatz zu „Betroffenen" wirken „Beteiligte" am Geschehen mit. Sie sind Mitgestalter der Veränderung. Nehmen wir zur Illustration wieder das Bild der Seefahrt. Ein Unwetter droht, und der Kapitän informiert die Mannschaft vorab davon. Auch erklärt er, welche Maßnahmen er einleiten möchte und fragt auch die Mitreisenden, welche weiteren Ideen sie beitragen können. Was er davon aufgreift, liegt natürlich letztlich in seiner Entscheidung. Dennoch werden es alle Beteiligten als ihre gemeinsame Aufgabe ansehen, heil durch den Sturm zu kommen und den sicheren Hafen zu erreichen. Sie nehmen ihr Schicksal „selbst in die Hand" und behalten die Kontrolle, soweit es die Umstände erlauben.

Wie verhält es sich nun im „realen Leben"? In der Regel sind Sie als Führungskräfte von einer geplanten Veränderung ähnlich überrascht und betroffen wie Ihre Mitarbeiter. Nur Topmanager und Firmeninhaber sind von Beginn an vom Nutzen und Sinn der Veränderung überzeugt, zumindest dann, wenn sie den Prozess bewusst angestoßen haben.

Am Anfang alles Change Managements steht daher die Auseinandersetzung mit sich selbst: In welchem Ausmaß sind Sie selbst Betroffener und wie können Sie lernen, die damit einhergehenden negativen Gefühle in den Griff zu bekommen.

Auf den Punkt gebracht:

Warum ist es wichtig, vom Betroffenen zum Beteiligten zu werden?
Ein erfolgreicher Veränderungsprozess lebt vom Engagement der Menschen, die ihn umzusetzen haben. Menschen engagieren sich jedoch nur dann, wenn sie überzeugt sind, etwas Sinnvolles zu tun und wenn ihre Beiträge gewürdigt und ernst genommen werden. Behandelt man Menschen als bloße Befehlsempfänger und nimmt ihnen die Chance, sich zu beteiligen, werden sie sich mit aller Macht – offen oder verdeckt – gegen die Veränderung stemmen. Das Potenzial und die Ressourcen, die die Mitarbeiter einbringen könnten, werden verschwendet. Gleichzeitig wächst die Gefahr, dass der Veränderungsprozess scheitert.
Dies gilt für alle Mitarbeiter und für jede einzelne Führungskraft. Als Betroffener können Sie Ihre Führungsaufgaben kaum wahrnehmen. Erst wenn Sie sich aktiv am Prozess beteiligen können, können Sie die Veränderung positiv steuern und als Vorbild auch Ihre Mitarbeiter mitreißen.

2.1 Was genau kommt auf mich zu?

Häufig läuft die Gerüchteküche bereits auf Hochtouren, lange bevor die Führungskräfte auf den unteren Ebenen sowie die Mitarbeiter über ein anstehendes Veränderungsprojekt unterrichtet werden. „Hast Du schon gehört, was die da oben vorhaben?“ Alle reden davon, doch keiner – außer den Eingeweihten auf den obersten Ebenen – weiß etwas Genaues. Je mehr Stationen die Gerüchte durchlaufen, desto mehr gewinnen die „Informationen“ an Eigenleben, wie jeder, der einmal „stille Post“ gespielt hat, sehr genau weiß. Manch anderer erfährt wichtige Neuigkeiten, die ihn persönlich betreffen, aus der Zeitung.

Unklare und fehlende Informationen rufen im besten Fall Verunsicherung hervor. Wie wollen und können Sie selbst als ebenfalls verunsicherte Führungskraft Ihren Mitarbeitern Ruhe und Sicherheit vermitteln? Ihr erstes Anliegen sollte daher sein, so viel Licht wie möglich in das Dunkel der bruchstückhaften Informationen und Botschaften zu bringen.

Dies gilt auch dann, wenn die Geschäftsleitung ihre Führungskräfte und Mitarbeiter informiert hat, bevor die Gerüchte so richtig zu brodeln begonnen hatten. Häufig sind die ersten Verlautbarungen darüber, was verändert werden soll, eher allgemein verfasst, etwa: „Wir müssen uns mit vereinten Kräften der Krise entgegenstemmen. Dazu bedarf es die Bereitschaft und den Willen aller, sich auf die neue Situation einzustellen." Für eine erste Orientierung ist dies durchaus sinnvoll und hilfreich. Um jedoch den Veränderungsprozess selbst aktiv mitgestalten zu können, benötigen Sie mehr Wissen rund um das geplante Projekt.

Fragebox Selbstcoaching:

Was soll wie genau verändert werden?

Starten Sie zunächst allgemein:

Angenommen, Sie müssten eine Informationsveranstaltung zum geplanten Projekt abhalten, was könnten Sie bereits dazu sagen und wo klaffen noch Lücken?

Präzisieren Sie nun Ihren Wissensstand:

- ☐ Was wissen Sie über das Ziel der geplanten Veränderung?
- ☐ Was genau soll nach erfolgreichem Ende des Projekts anders gehandhabt werden?
- ☐ Wie viele Bereiche und Abteilungen sind involviert?
- ☐ Welche Schritte sollen in welcher Reihenfolge erfolgen?
- ☐ Welcher Zeitraum ist für das Veränderungsprojekt vorgesehen?

Überprüfen Sie auch, wie zuverlässig Ihre Informationen sind:

- ☐ Handelt es sich um Information aus erster Hand?
- ☐ Wie groß ist der Interpretationsspielraum? Vor allem allgemeine Botschaften können ganz anders verstanden werden als sie gemeint sind.

Ziehen Sie schließlich ein Resümee:

- ☐ Welche Fragen bleiben für Sie noch offen?

- ☐ Was ist für Sie noch unklar?
- ☐ Wo sind Sie im Wesentlichen auf Vermutungen angewiesen und verfügen über kein gesichertes Wissen?

Planen Sie im letzten Schritt, wie Sie zu den noch fehlenden Informationen kommen können:

- ☐ Wer könnte mir weitere Auskünfte geben?
- ☐ Mit welchen Argumenten könnte ich ihn oder sie überzeugen und mich mit ausreichend Informationen dazu versorgen?

Um einen guten Überblick über Ihren Wissensstand zu erhalten, schreiben Sie sich Ihre Erkenntnisse und offenen Fragen auf.

2.2 Welche Folgen hat die Veränderung für mich?

Neben all den allgemeinen und spezifischen Informationen zum Projekt selbst lautet die allerwichtigste Frage für alle Betroffenen und Beteiligten eines Veränderungsprozesses:

„Was bedeutet das für mich? Welche Auswirkungen und Folgen hat die Veränderung auf meinen konkreten Alltag?"

Veränderungen, von denen man nicht betroffen ist und die keinerlei persönliche Anstrengungen erfordern, kann man leicht gut heißen. Doch selbst wenn man das Veränderungsprojekt grundsätzlich sinnvoll findet, bedeutet das noch lange nicht, dass man mit der eigenen Rolle im anstehenden Prozess einverstanden ist. Hier funktionieren Menschen nach einem ganz einfachen Prinzip: Je weniger zusätzliche Belastungen und Anstrengungen, umso besser. Alles andere erzeugt Unlust. Und die hält unsere Motivation auf einem niedrigen Niveau. Zwar hört man bei Veränderungen oft, der angekündigte Mehraufwand sei nur vorübergehend. Aber ganz ehrlich: Wer vertraut diesen Aussagen zur Gänze? Mehr Aufwand zu Beginn, das ist schon einmal *sicher* – und nur *vielleicht* führt dies später zu einer Verbesserung und Entlastung. Gewissermaßen *leben und denken* Menschen hier von der Hand in den Mund. Wir halten uns an das, was sicher ist; alles andere sind nur mehr oder weniger glaubwürdige Versprechen. Eine große Rolle spielt an der Stelle eine wichtige Tatsache, auf die wir später noch im Detail zu sprechen kommen:

Auf den Punkt gebracht:

Erfolgreicher Wandel ist zum großen Teil „Vertrauenssache".

Untersuchen Sie nun die konkreten Auswirkungen, die der Wandel vermutlich auf Ihre tägliche Arbeit haben wird.

Fragebox Selbstcoaching:

Wie wirken sich die Veränderungen auf meine Tätigkeit aus?
Fragen Sie zunächst nach den kurzfristigen Auswirkungen, die **während der Veränderung** erfolgen:

- ☐ Wie genau wird Ihre Tätigkeit während des Projekts aussehen?
- ☐ Welche zusätzlichen Aufgaben müssen Sie übernehmen?
- ☐ Mit welchem Zeit- und Arbeitsaufwand sind diese versehen?
- ☐ In welchem Ausmaß ändern sich welche Aufgaben?
- ☐ Welche zusätzlichen Verantwortungsbereiche sollen Sie übernehmen oder werden Ihnen entzogen?
- ☐ Mit welchen Mitarbeitern, Kollegen, Vorgesetzten müssen Sie neu zusammenarbeiten?
- ☐ Wer erwartet was genau von Ihnen? Wer wird Ihren Erfolg oder Misserfolg mitbekommen und bewerten?
- ☐ Von welchen bisherigen Strukturen / Kooperationen müssen Sie sich verabschieden?
- ☐ Wie ändert sich die Zusammensetzung und Struktur Ihres Teams bzw. Ihrer Mitarbeiter?
- ☐ Was verändert sich für Mitarbeiter? Wie sind deren alltägliche Tätigkeiten von der Veränderung betroffen?
- ☐ Wie verändern sich Ihre Position innerhalb der Hierarchie sowie Ihr Status im Unternehmen?
- ☐ Wie viel Einfluss auf den weiteren Verlauf des Veränderungsprozesses erlaubt Ihnen Ihre Position und Rolle?
- ☐ An wen müssen Sie berichten? In welchem Ausmaß werden Ihre Beiträge vermutlich gehört und berücksichtigt werden?

Stellen Sie sich diese Fragen erneut, nun mit dem langfristigen Blick auf die Zeit **nach dem Wandel**:

- ☐ Wie genau wird Ihre Tätigkeit nach Abschluss des Projekts aussehen?
- ☐ Welche zusätzlichen Aufgaben werden Sie dann übernehmen müssen?
- ☐ Mit welchem Zeit- und Arbeitsaufwand sind diese versehen?
- ☐ In welchem Ausmaß ändern sich welche Aufgaben?
- ☐ Welche zusätzlichen Verantwortungsbereiche sollen Sie dann übernehmen oder werden Ihnen entzogen?
- ☐ Mit welchen Mitarbeitern, Kollegen, Vorgesetzten müssen Sie nach Abschluss des Veränderungsprozesses neu zusammenarbeiten?
- ☐ Wer erwartet was genau von Ihnen? Wer wird Ihren Erfolg oder Misserfolg mitbekommen und bewerten?
- ☐ Von welchen bisherigen Strukturen / Kooperationen müssen Sie sich nach dem Projekt verabschieden?
- ☐ Wie ändert sich nach dem Wandel die Zusammensetzung und Struktur Ihres Teams bzw. Ihrer Mitarbeiter?
- ☐ Was verändert sich für Mitarbeiter? Wie sind deren alltägliche Tätigkeiten von der erfolgten Veränderung betroffen?
- ☐ Welche Position innerhalb der Hierarchie und welchen Status im Unternehmen werden Sie nach dem Veränderungsprojekt innehaben?
- ☐ Über wie viel Einfluss werden Sie zukünftig auf die weiteren Vorgänge und Prozesse im Unternehmen verfügen?
- ☐ An wen müssen Sie dann berichten? In welchem Ausmaß werden Ihre Beiträge gehört und berücksichtigt werden?

Ziehen Sie wieder ein Resümee. Wissen Sie ausreichend Bescheid darüber, was von Ihnen verlangt wird? Unabhängig davon, ob Sie die Veränderung begrüßen und wollen: *Könnten* Sie bereits morgen mit der Umsetzung beginnen? Ohne zu wissen, *was konkret* von Ihnen *verlangt wird*, stolpern Sie während des Veränderungsprozesses mehr oder weniger ziellos umher. Vielleicht fällt dies nicht weiter auf, jedoch wird es Ihnen auf diese Art und Weise kaum gelingen, Ihre Mitarbeiter in den Veränderungsprozess mit einzubeziehen. Ihren Mitarbeitern wird es ähnlich ergehen und sie werden ebenfalls eher orientierungslos umherirren. Und nicht zuletzt wirken Sie wesentlich professioneller, wenn Sie mit gezielten Fragen an Ihre Vorgesetzten herantreten anstatt abzuwarten, bis Ihnen gesagt wird, was zu tun ist.

Mindestens ebenso wichtig wie das Wissen um die konkreten Auswirkungen ist die Frage, wie Sie ganz persönlich im Moment zur geplanten Veränderung stehen.

Auf den Punkt gebracht:

Ein Change-Projekt, das Sie für sinnlos halten, können Sie Ihren Mitarbeitern gegenüber nicht überzeugend vermitteln.

Offen oder unterschwellig schwingen Ihre Bewertungen stets in Ihre Äußerungen mit hinein. Die größte Rolle kommt hier Ihrer Körpersprache und dem Tonfall zu. Auf der anderen Seite gehört es natürlich angesichts Ihrer Position zu Ihren Aufgaben, die mit der Veränderung verbundenen Unternehmensziele zu unterstützen und mitzuverfolgen. Falls nötig, existieren auch Wege und Möglichkeiten, um blockierende Bewertungen zu verändern. Den Ausgangspunkt dazu bildet jedoch die ehrliche und schonungslose Klärung dessen, was Sie *im Moment* von der Summe der auf Sie zukommenden Veränderungen halten.

Fragebox Selbstcoaching:

Wie bewerten Sie zurzeit die anstehende Veränderung?

Was an dem Veränderungsprozess können Sie begrüßen?

- ☐ Was halten Sie aus sachlicher Sicht für richtig und stimmig?
- ☐ Welchen Wert sehen Sie für sich persönlich (wenn etwa die Veränderung mit einer für Sie positiv herausfordernden und verantwortlichen Tätigkeit verbunden ist)?

Was an dem Veränderungsprozess ruft bei Ihnen eher Widerwillen hervor?

- ☐ Wo können Sie aus einer sachlichen Warte Sinn und Nutzen des Projekts kaum oder gar nicht erkennen?
- ☐ Welche Nachteile bringt der Wandel für Sie persönlich mit sich (wie etwa ein immenser Mehraufwand u.a.)?

Seien Sie sich im Klaren darüber, dass Sachgründe und persönliche Gründe kaum sauber getrennt werden können und sich sehr leicht vermischen. Fassen Sie daher für sich schriftlich zusammen:

- ☐ Welche persönlichen Vorteile könnte die Veränderung für Sie nach sich ziehen?
- ☐ Welche persönlichen Nachteile könnte die Veränderung für Sie nach sich ziehen?
- ☐ Was würde passieren, wenn Sie sich der Veränderung verweigern würden?

Machen Sie sich schließlich auch Ihre Überzeugungen bewusst:

- ☐ Wie sehr glauben Sie daran, dass der Veränderungsprozess erfolgreich verläuft?
- ☐ In welchem Umfang sind Sie vom Misserfolg des Wandels überzeugt?
- ☐ Was glauben Sie über Stärken und Schwächen von wichtigen Schlüsselpersonen?

Gut möglich, dass es Ihnen zuweilen schwer fällt, ein eindeutiges Urteil zu fällen. Wenn Sie bedenken, wie komplex und facettenreich die meisten Veränderungen sind, ist dies ist nicht weiter erstaunlich. Sie brauchen jedoch gar nicht ein möglichst objektives Bild zu gewinnen, sondern es geht ganz allein um Sie, d.h. wie *Sie* momentan die Veränderung einschätzen und bewerten. Seien Sie sich selbst gegenüber so ehrlich wie möglich. Wenn Sie zum jetzigen Zeitpunkt die Veränderung aus ganz persönlichen Gründen ablehnen, dann ist das eine emotionale Tatsache, von der Sie ausgehen müssen, gleichgültig, was Sie sich selbst oder anderen gegenüber eingestehen.

2.3 Wie wird mit mir kommuniziert und umgegangen?

Die folgenden Seiten können für Sie in doppelter Hinsicht interessant sein. Zum einen befinden Sie sich Ihren Vorgesetzten und der Unternehmensführung gegenüber in der Position des Mitarbeiters.

In dieser Rolle erfahren und erleben Sie, wie mit Ihnen umgegangen wurde bzw. wird und was dies bei Ihnen auslöst. Gleichzeitig sind diese Erfahrungen für Sie als Führungskraft von enormem Wert. Sie wissen dadurch aus erster Hand, wie man sich in der Rolle eines Mitarbeiters fühlt und wie man „tickt". Dadurch wird es Ihnen wesentlich leichter gelingen, gegenüber Ihren Mitarbeitern motivierender und überzeugender aufzutreten.

„Die haben mich vor vollendete Tatsachen gestellt. Die haben es nicht einmal für notwendig befunden, mich zu informieren." Immer wieder hören wir von Teilnehmern unserer Workshops solche und ähnliche Klagen. Natürlich ist es wichtig, *was* verändert werden soll und *welche Auswirkungen* dies auf die tägliche Arbeit hat. Noch entscheidender ist jedoch für die meisten Menschen, *wie* mit ihnen umgegangen wird. Wir übertreiben nicht, wenn wir sagen, dass dies sogar von extremer Bedeutsamkeit ist. Neben den körperlichen Grundbedürfnissen gehören auch die Wünsche, respektiert und geachtet zu werden, zu den elementaren menschlichen Bedürfnissen. Mangelnde Wertschätzung – und da reicht oft schon das Empfinden, nicht beachtet zu werden – ruft zahlreiche sehr negative Gefühlsreaktionen hervor.

Nun ist meist nicht Absicht oder böser Wille im Spiel, wenn Führungskräfte ihren Mitarbeitern aus deren Sicht zu wenig Beachtung schenken. Viel Arbeit und wenig Zeit sind die Hauptursachen für unaufmerksames Verhalten. Man ist so mit der Bewältigung des Alltags beschäftigt, dass man gar nicht auf den Gedanken kommt, das eigene Vorgehen könnte bei den Mitarbeitern negativ ankommen, geschweige denn, dass man sich die Zeit nimmt, sich gar in deren Position zu versetzen. Verständlich, doch es kann fatale Folgen nach sich ziehen. Mangelnde Beachtung führt zu zwei unterschiedlichen Reaktionsweisen:

- Die eine Gruppe von Menschen sucht die Schuld bei sich. Mangelnde Achtung führt bei ihnen zur Schlussfolgerung, dass sie es nicht anders verdient haben und sie im Grunde nichts wert sind.
- Die andere Gruppe, die im beruflichen Kontext die Mehrheit bildet, reagiert mit Empörung und Wut. Nun geht es nicht mehr

um die eigentliche Sache, sondern um das Prinzip. Nicht mehr, wie die Veränderung zu meistern ist, steht im Vordergrund, sondern wie die eigene Würde wiederherzustellen ist.

Keine dieser Reaktionen ist förderlich für den Wandel, im Gegenteil, sie sind extrem hinderlich. Wie viele Veränderungsprozesse könnten erfolgreicher verlaufen, wenn die Führungskräfte um die wirkliche Bedeutung von Achtung und Respekt wüssten?

Achtung und Respekt missen zu lassen, stellt einen Kardinalfehler dar. Dessen sollten sich alle Führungskräfte bewusst sein. Natürlich wird sich kaum je eine Führungskraft explizit dazu äußern, dass sie ihre Mitarbeiter nicht achtet oder respektiert. Und oft entspräche das ja auch gar nicht den Tatsachen. Das reicht aber nicht! Mitarbeiter müssen es auch mitbekommen und erleben, dass sie von ihren Führungskräften geachtet und respektiert werden!

Die Zustimmung zum Veränderungsprojekt ...

... steht und fällt mit dem Respekt und der Beachtung, die einem Mitarbeiter entgegengebracht wird.

Und da nützt es auch wenig, wenn sich Führungskräfte auf den Standpunkt versteifen, dass die Mitarbeiter schließlich dafür bezahlt werden, die übertragenen Aufgaben ordentlich zu erledigen. Sachlich ist dies richtig. Wenn jedoch Mitarbeiter nur als „human resources" und nicht als Menschen behandelt werden, kündigen sie innerlich ihr Engagement auf. Für uns ist es immer wieder erstaunlich festzustellen, wie schwer es Führungskräften oft fällt, diesem Bedürfnis nach Anerkennung Rechnung zu tragen. Dabei ist dies prinzipiell sehr einfach und bietet zudem noch den großen Vorteil, viele Widerstände und Einwände vermeiden zu können.

In einem der nächsten Kapitel werden wir auf diesen Punkt nochmals eingehen. Hier gilt es zunächst zu klären, wie Sie in der Rolle als Mitarbeiter von Ihren Vorgesetzten bzw. der Unternehmensführung behandelt werden bzw. wie Sie sich behandelt fühlen.

Fragebox Selbstcoaching:

Wie ist Ihre Beziehung zu Ihren Vorgesetzten?

Seien Sie an dieser Stelle ehrlich gegenüber sich selbst! Finden Sie einen Moment der Ruhe und spüren Sie nach innen:

- ☐ Welche Gefühle tauchen auf, wenn Sie an Ihre Vorgesetzte denken und daran, wie Sie von ihnen behandelt werden?
- ☐ Wie ausreichend fühlen Sie sich von Ihren eigenen Führungskräften informiert?
- ☐ Wie sehr fühlen Sie sich von Ihren Vorgesetzten be- und geachtet?

Machen Sie sich klar: all diese Gefühle haben Auswirkung auf Ihr Denken und Handeln. Je mehr negative Gefühle unterschwellig vorhanden sind, umso mehr neigen Menschen dazu, zu pauschalisieren und zu verallgemeinern. „Das klappt nie", „das ist völliger Blödsinn" sind weniger sachliche Meinungsäußerungen (auch wenn es die Sender oft denken), sondern vielmehr Anzeichen negativer Emotionen.

Präzisieren Sie Ihre Gefühle:

- ☐ Sind Sie verärgert?
- ☐ Sind Sie eher empört?
- ☐ Fühlen Sie sich gekränkt?
- ☐ Oder eher verunsichert?

Suchen Sie nach den passenden Worten und Formulierungen, die Ihre Gefühlslage am besten wiedergeben.

Wir Menschen unterliegen allzu leicht der Gefahr der Selbsttäuschung. Oft erleben wir in Seminaren und Workshops, dass Teilnehmer von sich sagen, sie würden rein sachlich kommunizieren und argumentieren. Doch der Tonfall sagt etwas anderes. In ihm klingen Gefühle von Verärgerung, Enttäuschung, Angst usw. an. Werden diese Empfindungen ignoriert, wirken sie untergründig weiter. Und damit sind sie kaum mehr vernünftig zu steuern und wirken sich sehr ungünstig auf das Kommunikationsklima aus.

Tipp:

Seien Sie sich selbst gegenüber ruhig etwas misstrauisch. Nehmen Sie es sich selbst nicht gleich ab, wenn Sie davon überzeugt sind, in der Beziehung zu Ihren Vorgesetzten rein sachlich zu denken und zu handeln. Überprüfen Sie Ihren Tonfall: Wie neutral klingt er tatsächlich? Noch besser: Bitten Sie jemand Vertrauten, Ihnen zuzuhören und auf die Zwischentöne zu achten (gewissermaßen auf das, was „zwischen den Zeilen" geäußert wird).

2.4 Wohin mit meinen Emotionen?

Auch wenn viele, wenn nicht gar die meisten, ein trügerisches Selbstbild über ihre Emotionen besitzen, eines ist völlig klar: Niemand wird einem Veränderungsprozess, der in den eigenen Bereich hinein wirkt, völlig neutral gegenüberstehen. Würde jemand sagen „nun gut, die nächsten drei Monate muss ich 20 % mehr arbeiten und nachher werde ich eine Hierarchieebene nach unten versetzt und bekomme weniger Geld, aber das macht mit gar nichts aus", wir würden an seinen Sinnen und seiner Zurechnungsfähigkeit zweifeln.

Mit anderen Worten:

Es ist völlig normal, auch emotional auf Veränderungen zu reagieren. Noch deutlicher ausgedrückt: **Emotionen sind Fakten!**

Und es stimmt auch nicht, dass im beruflichen Alltag die pure Sachlichkeit herrschen sollte. Positive Gefühle fördern Zuversicht, Motivation und Engagement. Ohne diese „Zutaten" würden wesentliche Erfolgsfaktoren fehlen. So gesehen sind Emotionen unverzichtbar. Auf der anderen Seite können sie allerdings auch die Leistungsfähigkeit erheblich schwächen. Die Kunst besteht daher darin, die eigenen Gefühle wirklich beherrschen und steuern zu können. Und das ist das Gegenteil von verdrängen!

Mit welchen Arten von Emotionen haben wir es im Zusammenhang mit Veränderungsprozessen zu tun? Wir können drei Klassen unterscheiden:

- **Gefühle von Angst und Verunsicherung.** Mangelhafte Informationen, die nur ein sehr unklares Bild der Situation zeichnen, sind eine häufige Quelle für Unsicherheit. Daneben spielt aber auch mangelndes Zutrauen in die eigenen Fähigkeiten eine wichtige Rolle. Wer befürchtet, die ihm anvertrauten Aufgaben nicht bewältigen zu können, leidet unter erheblichem Stress, meist gekoppelt mit Angst.
- **Gefühle von Ärger und Unwille.** Diese werden vor allem dann hervorgerufen, wenn jemand den Sinn und Nutzen der Veränderung nicht einsehen kann und er nur die Nachteile wahrnimmt. Ohne großen Nutzen mehr leisten und mehr Zeit aufwenden zu müssen, ist für die meisten ärgerlich und nicht motivierend.
- **Gefühle der Empörung oder Kränkung.** Emotionen dieser Art stellen sich ein, wenn sich jemand zu wenig beachtet oder respektiert fühlt. Sie führen häufig zu einem bewussten oder unbewussten Wunsch nach Rache und Wiedergutmachung. Ein Veränderungsprozess kann durch diese Gefühle in hohem Grade beeinträchtigt und gefährdet werden.

Wie können Sie nun mit diesen oder ähnlichen Gefühlen konstruktiv umgehen?

Der erste und wichtigste Schritt,

negative Emotionen in den Griff zu bekommen, ist anzuerkennen, dass sie da sind!

Das haben Sie bereits im vorhergehenden Klärungsschritt getan. Im Folgenden finden Sie weitere Werkzeuge für den konstruktiven Umgang mit Ihren Emotionen.

Zunächst gilt es, die Gefühle zu beruhigen, um eine differenzierte und vor allem klare Sicht der Situation gewinnen zu können. Wenn Sie hochgradig emotional erregt sind, wird es Ihnen sehr schwer fallen, gute Entscheidungen zu treffen und mit Ihren Handlungen Erfolg zu erzielen. Unter dem Einfluss starker negativer Gefühle zu handeln ist, als würden Sie bei völlig beschlagener Windschutzscheibe mit Vollgas über eine belebte Straße rasen. Ein Crash ist vorprogrammiert. Und den Schaden wieder gut zu machen, ist ein aufwändiger Prozess. Meist muss das Image wieder kräftig aufpoliert werden. Bedenken Sie daher im Vorfeld die Gefahr eines möglichen Imageverlustes, wenn Sie Ihren Emotionen unkontrolliert freien Lauf lassen.

Toolbox Selbstcoaching:

Gefühle beruhigen

Hubschrauberperspektive: Äußerungen wie „das geht mir zu nahe" zeigen an, wie wichtig der angemessene Abstand zu den eigenen Gefühlen ist. Am klarsten drückt dies das Bild der „Betriebstemperatur" aus. Ist die Distanz zu groß, fehlen jegliche Motivation und Leidenschaft und alles ist egal. Auf der anderen Seite lässt zu geringer Abstand die Emotionen „hochkochen". Um die richtige Entfernung zu finden, hilft es, die eigene Person und die Situation, die zu den negativen Gefühlen führt, mit dem Blick von außen zu betrachten.
Wie kann man nun die Hubschrauberperspektive einnehmen? Folgende Möglichkeiten stehen Ihnen unter anderem zur Verfügung:

- Visualisieren Sie Ihre Gefühle. Schreiben Sie sie auf ein Blatt Papier. Nehmen Sie bewusst einige Meter Abstand zu Ihrer Aufzeichnung. Sehen Sie sich es buchstäblich von außen an. Finden Sie die Distanz, die es Ihnen ermöglicht, etwas „abzukühlen".
- Schlüpfen Sie gedanklich in die Rolle eines neutralen, Ihnen leicht wohl gesonnenen Fremden. Er oder sie ist nicht in die Situation verwickelt, hat keine Aufgaben und Pflichten darin, sondern kann die ganze Lage neutral und neugierig studieren.
- Gehen Sie auf eine Zeitreise und versetzen Sie sich gedanklich in die Zukunft. Wenn Sie aus einem Abstand von einigen Monaten oder sogar Jahren auf die Situation zurückschauen, wie fühlt es sich jetzt an? Im Blick auf das ganze Leben oder auf größere Ausschnitte davon, relativieren sich viele Gefühle, sodass Sie wieder klarer sehen und handlungsfähig werden können.

Neben diesen Vorgehensweisen hilft häufig auch einfach ein kürzerer zeitlicher und räumlicher Abstand. Das berühmte „eine Nacht darüber schlafen" trägt auch zur Beruhigung bei. Ebenso nützlich kann auch ein kurzer Ortswechsel sein, vor allem wenn er mit ausreichend Bewegung verbunden ist, denn dadurch baut man Spannungen ab und bleibt trotzdem innerlich in Schwung.

Differenzierte Sprache: Eine starke gefühlsmäßige Erregung lässt sich auch an der Sprache ablesen, die jemand verwendet. Indikatoren für diese „emotionale Sprache" sind:

- Pauschalisierungen („Das ist alles Mist", „Das kann niemand schaffen" usw.) im Verbund mit
- geschlossenen Aussagen („Das geht nicht", „Der Prozess ist nicht durchdacht" usw.)

Die Alles-oder-nichts-Haltung ist typisch für heftige Emotionen. Es klappt oder es klappt nicht, dazwischen existiert nichts. Auf die eigenen Formulierungen zu hören und sie bewusst zu verändern, trägt ähnlich wie die Hubschrauberperspektive zur Beruhigung bei:

- Verwenden Sie differenzierende Formulierungen („An diesem Punkt sehe ich folgende Schwierigkeiten", „Einen Großteil der Aufgabe werden wir bewältigen, jedoch weiß ich noch nicht, wie wir die Unteraufgabe schaffen können" usw.)
- Achten Sie auf offene Aussagen und Fragen („Was genau scheint im Moment nicht zu funktionieren", „Wir müssen am Prozess noch Folgendes durchdenken" usw.)

Oftmals ist die Beruhigung der Gefühle ausreichend, um mit der kritischen Situation angemessen umgehen zu können. Zuweilen braucht es jedoch weitergehende konstruktive Handlungsstrategien, um zu einer dauerhaft passenden Betriebstemperatur zu gelangen.

Toolbox Selbstcoaching:

Konstruktiv handeln bei Unsicherheit und Angst

Sich ausreichend mit Informationen versorgen. Nutzen Sie die Frageboxen aus dem ersten und zweiten Klärungsschritt. Je präziser Sie sagen, welche Informationen Sie noch benötigen, umso leichter können Ihre Gesprächspartner befriedigende Antworten liefern.

„Und-Verknüpfungen" erstellen. Manchmal gelingt es nicht, die benötigten Informationen zu bekommen. Oder es bestehen grundsätzliche Selbstzweifel. In beiden Fällen bleibt die Quelle der Unsicherheit weiter bestehen. In diesem Fall sollten Sie Ihren „inneren Dialog" zu kontrollieren beginnen. Aus der Psychologie wissen wir, dass wir nahezu sämtliche Handlungen stets mit einem inneren kritischen oder wohlwollenden Kommentar begleiten. Gestalten Sie anfangs

Ihren inneren Kommentar ganz bewusst konstruktiv, bis sich dies nach einer Weile automatisiert:
- Beschreiben Sie zunächst kurz die Lage und vor allem Ihr Gefühl („Ich weiß zu wenig über die Lage, das verunsichert mich ziemlich")
- Fügen Sie positive Überzeugungen und Handlungsabsichten an. Achten Sie unbedingt darauf, dass Sie die beiden Aspekte nicht mit „aber", *sondern mit „und"* verknüpfen! „... das verunsichert mich ziemlich *und* ich weiß, dass ich Ähnliches bereits früher gut gemeistert habe, also werde ich es auch diesmal wieder schaffen")

„Denken und Handeln in Bedingungen". Mit den nötigen Informationen gut versorgt zu sein, hilft Angst und Unsicherheit in den Griff zu bekommen. Dies ist aber nicht die einzige Bedingung, die dazu führt. Fragen Sie sich daher:
- Unter welchen anderen Bedingungen und Umständen kann ich meine Ängste reduzieren und mit dem Gefühl von Sicherheit handeln?
- Welche Ressourcen und weitere Hilfsmittel können ebenfalls dazu führen?
- Wo und von wem kann ich weitere Unterstützung erhalten?

Nun können Sie sich daran machen, diese Ressourcen und Unterstützungsmöglichkeiten zu aktivieren.

Toolbox Selbstcoaching:

Konstruktiv handeln bei Ärger und Unwille

Fehlt der Sinn, dann fehlt der Wille. Das, was einem zu tun auferlegt wurde, wird als Zumutung erlebt. Die entscheidende Frage ist hier die nach dem Warum. Grundsätzlich existieren zwei Wege, auf das Warum Antworten zu finden:
Wenn möglich „belästigen" Sie die Personen mit der Warum-Frage, von denen Sie befriedigende Antworten erhalten können. Erläutern Sie dabei Ihren Gesprächspartnern auch, warum Ihnen das Warum wichtig ist und wofür Sie es brauchen. Ansonsten rufen Sie möglicherweise bei Ihren Gesprächspartnern ebenfalls ein Gefühl fehlenden Nutzens und Sinns hervor.
Finden Sie für sich heraus, was Ihnen an der Veränderung sinnvoll erscheint. Die Detailfragen hierfür finden Sie im nächsten Klärungsschritt. Dies sollten Sie auch dann tun, wenn Ihre Ansprechpartner Ihnen Sinn und Zweck des Change-Prozesses vermittelt haben. Gleichzeitig sind Sie nicht vollständig davon abhängig, ob Ihre Gesprächspartner Ihnen das Gewünschte liefern.

Toolbox Selbstcoaching:

Konstruktiv handeln bei Gefühlen der Empörung und Kränkung

Gemeint oder Gefühlt? Analysieren Sie die Situation, wenn sich der erste Aufruhr der Gefühle gelegt hat. Machen Sie sich dabei klar, wie sehr oft die Perspektive des Senders von der des Empfängers abweicht. Kommunikation bietet außerordentlich viele Möglichkeiten, sich misszuverstehen. Oftmals drücken Gesprächspartner ihre Botschaften in einer Weise aus, die dem Empfänger fast keine andere Wahl lassen, als sie negativ zu verstehen, selbst wenn es ganz anders gemeint ist. Fragen Sie sich daher zunächst:

- Was genau hat mich gekränkt oder empört?
- Welche Aussage vom wem? Wenn möglich, erinnern Sie dabei den konkreten Wortlaut.
- Welche Handlung oder *unterlassene* Handlung vom wem?

Überprüfen Sie dann Ihre Interpretation der Aussagen oder Handlungen:

- Wie genau komme ich zu dem Schluss, dass dies Missachtung oder fehlenden Respekt bedeutet?
- Welche anderen Interpretationen liegen im Bereich des Möglichen? Kommt der Gesprächspartner aus einem anderen Kulturkreis, ist seine Art der Deutung womöglich eine andere. Doch auch wenn alle Beteiligten aus derselben Kultur stammen, heißt dies noch lange nicht, dass sie die Dinge gleich sehen und mit derselben Bedeutung versehen.

Trennen Sie, wenn möglich, Person und Sache. Auch wenn man von einem relativ objektiven Standpunkt aus die Situation als kränkend und missachtend ansehen kann, muss dies nicht zwangsläufig bedeuten, dass dies vom Gesprächspartner auch so beabsichtigt war. Fragen Sie sich:

- Welche bisherigen Erfahrungen sprechen dafür, dass Ihr Gesprächspartner grundsätzlich respektvoll mit Ihnen und anderen Menschen umgeht?
- Versetzen Sie sich für einen Moment in die Perspektive Ihres Gesprächspartners. Was könnte ihn dazu veranlassen zu vergessen bzw. sich nicht bewusst zu werden, dass sein Verhalten als kränkend und missachtend angesehen wird?

Toleranz aktivieren. Kränkung ist nicht gleich Kränkung. Manche sind im Grunde wie kleine Kratzer, während andere tiefe Wunden hervorrufen.

- Beruhigen Sie Ihren Gefühlszustand soweit, dass Sie halbwegs sachlich beurteilen können, wie tiefgehend die Kränkung oder Missachtung tatsächlich ist.

- Gerade unter Stress neigen wir dazu, unsere Sensibilitätsschwelle zu senken, sprich empfindlicher zu reagieren als im Normalzustand. Beziehen Sie auch Ihre Gesamtsituation mit ein. Vielleicht war die Aussage nur der sprichwörtliche Tropfen, der das Fass zum Überlaufen brachte. Wie kränkend ist das Verhalten Ihres Gesprächspartners, wenn Sie „normal empfindlich" sind?
- Ignorieren Sie kleine „Kratzer der Missachtung". Dies schont Ihre Nerven und führt zusätzlich zu einem Gefühl der inneren Stärke. Dies nehmen die meisten Gesprächspartner unbewusst wahr, was es ihnen leichter macht, Achtung und Respekt Ihnen gegenüber so auszudrücken, dass es bei Ihnen wirklich ankommt.

Ich-Botschaften und konstruktiv Klartext reden. Auch bei sorgfältiger Überprüfung bleibt manchmal der Eindruck erhalten, dass das Verhalten auch kränkend gemeint war und dass es dem Gesprächspartner tatsächlich an Achtung und Respekt gefehlt hat. In diesem Fall ist es meistens angebracht, dies anzusprechen. Natürlich muss hier das eigene persönliche Risiko sorgfältig abgewogen werden. Auf der anderen Seite ist auch das Nicht-Ansprechen riskant. Mit hoher Wahrscheinlichkeit führt es zu Rückzug, Unzufriedenheit und damit zu einer Beeinträchtigung der eigenen Lebensqualität. Ein Gespräch zu suchen, ist jedoch auch dann sinnvoll, wenn dem anderen gar nicht bewusst ist – und schon gar nicht beabsichtigt war –, was sein Verhalten bei Ihnen hervorgerufen hat. In beiden Fällen können Sie sich an folgenden Gesprächsleitfaden halten:
- Sprechen Sie kurz an, auf welche Aussage bzw. welche Handlung Ihres Gesprächspartners Sie sich beziehen („beim letzten Meeting hatten Sie zu mir Folgendes gesagt: …")
- Berichten Sie in wenigen Sätzen, wie dies bei Ihnen angekommen ist. Verwenden Sie Sätze in der Ich-Form. Hier geht es gewissermaßen um einen Bericht oder eine „Reportage" aus Ihrer Perspektive („Ich habe mich durch diese Aussage gekränkt gefühlt und meinen Beitrag zum Ganzen nicht gewürdigt empfunden").
- Schließen Sie daran einen klar formulierten Wunsch an („Ich wünsche mir, dass Sie Ihre Aussagen achtsamer formulieren").
- Gehen Sie zum Schluss auf gemeinsame Lösungssuche. Fragen Sie Ihren Gesprächspartner: „Wie wollen wir damit in Zukunft umgehen?" oder wählen Sie entsprechende Formulierungen.

Bitte behalten Sie bei all den Werkzeugen im Auge, dass es hauptsächlich darum geht, Ihre Situation klarer beurteilen zu können, um angemessen und erfolgreich handeln zu können. Hüten Sie sich vor der Perfektionsfalle! Sie müssen Ihre Lage nicht völlig ruhig betrachten und all Ihre Gefühle konstruktiv umwandeln. Es reicht vollauf aus, wenn es Ihnen zum überwiegenden Teil gelingt.

2.5 Welchen Sinn ergibt die Veränderung aus meiner Sicht?

Sämtliche Gesprächspartner, mit denen wir in den letzten Jahren über Change Management sprachen, sagten ohne Ausnahme, dass für sie die wichtigste Frage die nach dem Warum sei. Es ist ein Zeichen von Klugheit, nur Dinge tun zu wollen, die uns als nützlich und sinnvoll erscheinen (auch Dinge, die uns einfach nur Freude und Genuss bereiten, gehören hier dazu. Sie mögen zwar nicht nützlich in einer engeren Bedeutung sein; sinnvoll sind sie allemal, da sie unser Leben bereichern). Alles andere ist Verschwendung von Zeit und Energie. Und so ist es nicht erstaunlich, wenn Motivation und Engagement bei fehlender Sinnhaftigkeit auf der Strecke bleiben. Die Notwendigkeit, zu arbeiten, um sein Auskommen zu verdienen, zwingt zwar die meisten, dennoch die auferlegten Aufgaben mehr oder weniger gut zu erfüllen. Dieser Sinn ist jedoch nur ein äußerer und gewissermaßen „hohl". Er trägt nicht wirklich durch die anstrengenden Phasen, die in jedem Projekt auftreten. Er entfacht auch nicht jene Begeisterung, die selbst erhebliche Strapazen erstaunlich leicht ertragen lässt. Er führt nicht dazu, dass die Mitarbeiter ihr volles Potenzial ausschöpfen und alles tun, um zum Ziel und zum Erfolg zu kommen. Nur der tiefere Sinn, das Warum, vermag diese Kräfte und Energien frei zu setzen. Daher sprechen wir, wenn wir von Sinn reden, gerne auch von ihm als „Vitamin für die Seele".

Nun führt die Frage „Ist die Veränderung sinnvoll oder nicht?" selten zu einem brauchbaren Ergebnis. Nichts ist zur vollen Gänze sinnvoll und nützlich, und nur wenig ist völlig sinnlos sowie komplett unnütz. Die Wahrheit liegt irgendwo zwischen diesen beiden Polen. Es geht daher nicht darum, zu klären, ob die Veränderung

Nutzen bringt, sondern nur, *in welchem Ausmaß*. Auch die geschlossene Frage „*Hat* das Projekt Vorteile?“ führt kaum zu wichtigen Erkenntnissen. Selbst wenn die Antwort „ja“ lautet, ist noch nicht benannt, welche. Zudem tendieren die meisten Menschen dazu, geschlossene Fragen dieser Art mit „nein“ zu beantworten, wodurch potenzielle Vorteile nicht mehr wahr genommen werden können. Viel fruchtbarer sind hier offene Fragestellungen: „*Welche* Vorteile bringt das Projekt?“

Der pure Wortlaut allein reicht jedoch nicht aus. Toben heftige Gefühle, können wir nur Schwarzweiß-Urteile fällen. Um tatsächlich die Situation differenziert betrachten zu können, braucht es emotionale Beruhigung, wie in den vorangegangenen Klärungsschritten ausführlich behandelt. Ungetrübt, d.h. nach Beseitigung hochgradiger gefühlsmäßiger Erregtheit, erfassen Sie sehr klar die Schattenseiten aber auch die Chancen, die der Veränderungsprozess mit sich bringt.

Zweifellos unterliegen Ihre Vorgesetzten der Bringschuld, Ihnen Sinn und Nutzen des Veränderungsprozesses zu verdeutlichen. In der Praxis findet dies, wie bereits erwähnt, oft nur unzureichend statt. Nicht selten hat dies eine ganz simple Ursache. Erstaunlich wenigen Führungskräften ist wirklich klar, wie essentiell wichtig die Vermittlung des Warums ist. Sie verfallen dem Irrtum, dass Sachinformationen völlig genügen. Dahinter verbirgt sich der noch größere Irrtum, dass Emotionen im Beruf nichts zu suchen hätten. Dabei ist es gerade der Sinn einer Tätigkeit, der die positiven Emotionen wachruft, ohne die wirklich engagierte Arbeit nicht möglich ist.

Wir wiederholen daher hier nochmals unsere Empfehlung aus Schritt 3: Fordern Sie, wann immer es möglich ist, von Ihren Ansprechpartner ein, Sie über Sinn und Nutzen des Veränderungsprojekts aufzuklären.

Sie sind jedoch darauf nicht komplett angewiesen, sondern können einen großen Teil der „Sinnstiftung“ selbst erledigen.

Toolbox Selbstcoaching:

Aufwand und Nutzen des Veränderungsprozesses analysieren

Tragen Sie auf einer Skala von 1 bis 10 ein, wie sinnvoll Ihnen die geplante Veränderung jetzt schon erscheint. „1" bedeutet dabei „gar nicht sinnvoll", während „10" für „absolut sinnvoll" steht.
Versuchen Sie im nächsten Schritt, die offensichtlichen und verdeckten Schattenseiten der Veränderung aufzudecken.

Fragen Sie sich:

- Welche Nachteile bringt die Veränderung mit sich?
- Präzisieren Sie die Frage und fragen Sie: welche Nachteile *für mich?*
- Erweitern Sie die Fragstellung: welche Nachteile *für wen noch?*

Stellen Sie nun zwei auf den ersten Blick paradox wirkende Fragen:

- Was für Vorteile könnte es haben, wenn das Ziel des Veränderungsprozesses *nicht* erreicht wird und er nicht erfolgreich abgeschlossen wird? Gehen Sie dabei auch den vom Wandel betroffenen Personenkreis durch: wer könnte welche Vorteile aus einem Scheitern ziehen?
- Welche Nachteile könnte es haben, wenn das Ziel des Veränderungsprozesses doch erreicht wird und er erfolgreich verläuft? Unterscheiden Sie auch hier wieder, für wen welche Nachteile damit verbunden wären.
- Durch diese beiden Fragen können Sie bisher verborgene Nachteile aufdecken. Wenn Sie den personellen, emotionalen und sonstigen Aufwand des Veränderungsprozesses kennen, besitzen Sie eine vernünftige Grundlage, um Ihre weitere Vorgehensweise zu planen.

Wenden Sie sich nun den offensichtlichen oder bis jetzt noch verborgenen **Chancen und Möglichkeiten** des Change Projektes zu.

Fragen Sie zunächst allgemein:

- Was erscheint Ihnen am Veränderungsprozess sinnvoll?
- Welche generellen Vorteile kann er wem bringen?

Unterscheiden Sie weiter:

- Welche Vorteile und welcher Nutzen sind schon nach relativ kurzer Zeit sichtbar und greifbar?
- Welche Vorteile und welcher Nutzen werden erst längerfristig zum Tragen kommen?

Erkunden Sie nun die speziellen Chancen für Sie selbst:

- Welche Vorteile können Sie selbst aus der Veränderung schlagen?

- Was bräuchte es noch zusätzlich, damit Sie diese Chancen tatsächlich nutzen können?

Richten Sie Ihr Augenmerk besonders auch auf die längerfristigen Chancen:

- Wofür könnte es sich lohnen, in der nächsten Zeit mehr und länger arbeiten zu müssen?
- Welche Vorteile für Ihre weitere Laufbahn könnte Ihr Engagement für die Veränderung bringen?
- Wer, der für Sie wichtig ist, sollte mitbekommen und davon erfahren, wie Sie sich für den Wandel einsetzen?

Bewerten Sie nun erneut aus Ihrer Sicht die Sinnhaftigkeit des Change Prozesses. Verwenden Sie erneut die Skala von 1 bis 10. Was hat sich verändert? Mehrheitlich ist der zweite Wert höher als der erste. Damit steigen Ihre Chancen, vom Betroffenen zum Beteiligten zu werden und die Veränderung auf für Sie befriedigende Weise mitzugestalten.

Ist, was selten vorkommt, der zweite Skalenwert kleiner als der erste, stehen Ihnen folgende Möglichkeiten offen:

Bestimmen Sie den tatsächlichen **Umfang des Veränderungsprozesses**, speziell in welchem Ausmaß Sie mitarbeiten müssen.

Handelt es sich um ein relativ kleines und letztlich überschaubares Projekt, ist es günstig, sich einfach damit abzufinden. Ein gewisses „Quantum an Sinnlosigkeit" stellt nicht wirklich ein Problem dar. Erfüllen Sie einfach Ihre Aufgaben und finden Sie Sinn und Erfüllung in Ihren anderen Tätigkeitsbereichen.

Anders ist der Fall gelagert, wenn der Ihnen ziemlich nutzlos erscheinende Wandel einen Großteil Ihrer Zeit und Energie beansprucht:

- Denken Sie darüber nach, ob nicht mittelfristig ein Wechsel angebracht wäre. Falls ja, richten Sie Ihre Fühler nach neuen Positionen und Aufgabenfeldern aus. Geben Sie gleichzeitig in Ihrer jetzigen Funktion Ihr Bestes. Zwar erfüllt Sie diese nicht mit Sinn. Ein „guter Abgang" erleichtert jedoch enorm einen erfolgreichen Neustart.
- Falls dies für Sie keine Alternative darstellt, bedeutet dies, dass doch einiges für die jetzige Situation spricht. Machen Sie sich klar, aus welchen Gründen genau Sie keinen Wechsel anstreben oder ihn auch für schwierig bis unmöglich halten. All die Motive, die Sie dabei erkennen, all das, was Sie bei der jetzigen Situation hält, macht es sinnvoll zu bleiben. Versuchen Sie, aus diesen Motiv-Quellen, die wahrscheinlich nicht direkt mit Ihrer konkreten Tätigkeit zu tun haben, soviel Sinn und Energie wie möglich zu schöpfen.

Falls auch das nur schwer gelingt, relativieren Sie den Stellenwert Ihrer beruflichen Tätigkeit. Schöpfen Sie Sinn und Kraft aus anderen Lebensbereichen! Möglicherweise erscheint Ihnen dieser Rat etwas oberlehrerhaft oder banal. Die Realität ist jedoch, dass Sinn auf längere Sicht betrachtet eine fundamentale „Zutat" zu körperlicher und geistiger Gesundheit darstellt. Und die sollte es Ihnen wert sein.

3. Kapitel

Die eigene Beteiligung: Wie kann ich mich mit der geplanten Veränderung identifizieren?

Führungskräfte können nur dann Veränderungsprozesse erfolgreich gestalten, wenn sie sich als Beteiligte definieren und sich für das Gelingen mitverantwortlich fühlen. Ohne beteiligte und engagierte Führungskräfte gibt es keine beteiligten und engagierten Mitarbeiter.

Navigationshilfe:

Die erste Überraschung und der erste Schock sind überwunden. Im Großen und Ganzen ist Ihnen klar, was mit der Veränderung auf Sie zukommt. Dennoch fällt es Ihnen noch schwer, sich ganz auf den Wandel einzulassen. In diesem Fall sollten Sie die einzelnen Abschnitte des folgenden Kapitels durcharbeiten. Die vielen detaillierten Fragen und Impulse ermöglichen Ihnen, das, was von Ihnen erwartet wird, immer mehr in Einklang mit Ihren eigenen Zielen zu bringen. Schrittweise machen Sie sich so den Auftrag zu Eigen.
Im Wesentlichen ist Ihnen klar, was bei der Durchführung des Wandels von Ihnen erwartet wird. Auch widerspricht dies nicht Ihren eigenen Zielen und Sie gehen grundsätzlich motiviert an Ihre Aufgabe. In diesem Fall reicht es aus, die folgenden Abschnitte kurz zu überfliegen. Wir empfehlen jedoch, sich dennoch dem folgenden Kapitel oder einzelnen ausgewählten Abschnitten etwas intensiver zu widmen. Denn Engagement und Motivation können immer optimiert werden.

3.1 Was muss ich tun? Den Auftrag klären

Sie klären und präzisieren, was konkret von Ihnen während des Veränderungsprojekts erwartet wird.

3.2 Was will ich tun? Eigene Ziele bestimmen

Sie gewinnen Klarheit darüber, wo Ihre Interessen liegen, was Ihnen wichtig ist und welche eigenen Ziele Sie verfolgen.

3.3 Was kann ich tun? Balance zwischen eigenen und Unternehmenszielen

Sie klären, wie und in welchem Umfang die Unternehmens- und ihre eigenen Ziele in dieselbe Richtung weisen und gewissermaßen am selben Strang ziehen. Dadurch gehen Sie sparsam mit Ihrer eigenen Energie um und können sich gleichzeitig mehr engagieren und motivieren.

3.4 Wie kann ich mich motivieren (für die Aufgabe entscheiden)? Sich den Auftrag zu Eigen machen

Mittels lösungsorientierter Tools können Sie den Grad Ihrer Motivation weiter steigern sowie Nachteile, die mit der Veränderung einhergehen, allmählich in Vorteile verwandeln.

Selten werden Veränderungsprojekte von allen uneingeschränkt gewollt und gewünscht. In der Regel ist das Gegenteil der Fall. Man fürchtet die zusätzlichen Belastungen, die auf einen zukommen. Der ungewisse Verlauf des Prozesses führt zu Verunsicherung. Oder man wird von einer unerwarteten Veränderung völlig überrascht, sodass keine Zeit für angemessene Vorbereitung bleibt. Auch die Beziehungen und sozialen Netzwerke werden häufig ziemlich strapaziert. Man fühlt sich übergangen und nur unzureichend informiert. Misstrauisch fragt man sich, ob die eigenen Führungskräfte einem wohl gesonnen sind. Zudem ruft die ungewisse Zukunft Befürchtungen wach, welche negativen Auswirkungen der Wandel auf die eigene Position und den eigenen Status haben könnte. Kollegen können zu Konkurrenten werden, was die zwischenmenschliche Atmosphäre belastet.

Im vorausgegangenen Kapitel haben Sie präzise bestimmt, in welcher Weise der Veränderungsprozess Sie genau betrifft, welche Folgen er für sie hat und wie sie mit den Gefühlen umgehen können, die er bei Ihnen auslöst. Damit haben Sie sich bereits auf den Weg begeben, mehr und mehr zum Beteiligten zu werden. Und das ist, wie wir im ersten Kapitel gesehen haben, einer der wesentlichen Erfolgsfaktoren jeglichen Change Managements. Beteiligt zu sein bedeutet, sich zumindest zu einem beträchtlichen Teil mit dem Wandel identifizieren zu können. Identifizieren wiederum heißt, sich in der Aufgabe wieder finden zu können. Was bedeutet/meint nun, sich in einer Aufgabe wieder finden? Sie muss zumindest im Großen und Ganzen zu den eigenen *Werten* passen, zu dem, was einem wichtig ist. Und sie muss sich in einem ausreichenden Einklang mit den eigenen *Zielen* bringen lassen, mit dem, was man tun und erreichen will. Noch mehr als Ziele bilden die eigenen Werte die Hauptantriebskraft unseres Handelns, das was uns motiviert. Wenn dann diese inneren Energiequellen in dieselbe oder zumindest eine ähnliche Richtung weisen wie das Veränderungsprojekt, dann ist es ein Leichtes, sich auch dafür motivieren zu können. In der Praxis ergibt sich diese Übereinstimmung jedoch selten von alleine, sondern es ist ein Klärungsprozess erforderlich.

Dies bildet daher den Kerninhalt dieses Kapitels: Ihnen den Weg zu bereiten, Ihre Werte und Ziele mit denen des Unternehmens in Balance zu bringen. Dies vollzieht sich in drei Schritten:

- Im ersten Schritt klären Sie, was genau von Ihnen erwartet wird, mit anderen Worten: in welcher Form sollen Sie den Unternehmensinteressen und -zielen dienen.
- Anschließend machen Sie sich bewusst, was Ihre wichtigsten Werte und persönliche Ziele sind.
- Nun können Sie in einem dritten Schritt klären, wie Sie beides die eigenen Werte und Ziele auf der anderen sowie die Ziele des Unternehmens auf der anderen Seite so weitgehend wie möglich unter einen Hut bringen können.

Dem schließt sich ein vierter und letzter Punkt an: sich tatsächlich dafür zu entscheiden, sich auf den Wandel einzulassen und ihn als aktive Beteiligte mit zu gestalten. Damit haben Sie den größten und wichtigsten Schritt getan, auch Ihre Mitarbeiter für die Veränderung zu motivieren; Sie sind nun ein authentisches Vorbild für Ihre Mitarbeiter Und deren erfolgreiche Umsetzung des Projekts wirkt auf Sie zurück.

Infobox:

Werte, Interessen und Ziele

Ein **Wert** ist dann ein Wert, wenn er zum einen etwas bezeichnet, was uns wichtig ist, und zum anderen auch meint, dass wir dies auch wollen. Anders ausgedrückt: Werte bezeichnen Wünschenswertes. Ein Wert sagt uns, was und wie etwas sein soll. Als „Soll-Werte" im wahrsten Sinn des Begriffs dienen Werte als Orientierungspunkte unseres Handelns. Werte stellen daher zentrale Motive unseres Handelns dar. „Motiv" ist abgeleitet vom lateinischen „movere" (bewegen). Werte bilden daher unsere wichtigsten „Beweggründe" und dienen uns als wesentliche Antriebe unseres alltäglichen Tuns.

Haben Sie sich auch schon einmal gefragt, wieso viele Menschen unglaublich viel Mühe und Aufwand darauf verwenden, in den Augen der anderen gut dazustehen und nicht das Gesicht zu verlieren? Einige riskieren dafür sogar Leib und Leben. Von außen betrachtet, mögen sowohl das Verhältnis von Aufwand und Ertrag ziemlich unbefriedigend als auch das ganze Verhalten unvernünftig erscheinen. Dieses Urteil ändert sich jedoch, wenn wir die Werte und Motive berücksichtigen, die Menschen antreiben. So ist es beispielsweise in der chinesischen Kultur extrem wichtig, das Gesicht nicht zu verlieren. Viele Verhaltensweisen, die aus westlicher Sicht anfangs zum Teil bizarr oder auch nur lästig erscheinen, werden erst verständlich, wenn wir um die für die dortige Kultur wichtigen Werte wissen. Dann auch erst können wir unser eigenes Verhalten an die dortige Kultur anpassen.

Wenn etwas für uns wichtig ist und daher einen Wert darstellt, dann sind wir auch daran interessiert, ihn zu erreichen. **„Interesse"** bezeichnet daher unseren Wunsch, einen Wert zu erfüllen bzw. zu verwirklichen. In gewisser Weise kann „Interesse" auch synonym mit dem Begriff „Wert" verwendet werden. Wenn wir zum Beispiel an Freiheit nicht interessiert sind, stellt sie für uns auch keinen Wert dar. Umgekehrt, wenn nichts für uns wichtig und von Wert ist, sind wir auch an nichts interessiert.

Ein **Ziel** wiederum ist der bewusste Vorsatz, die Interessen und Wert zu verwirklichen. Ziele hängen somit aufs Engste von unseren Werten und Interessen ab. In vielen Situationen wissen wir auch gar nicht genau, was wir wollen. Viele Ziele entstehen erst im Verlauf des Geschehens. Sie ergeben sich aus dem, was uns wichtig ist sowie den Chancen und Möglichkeiten, die unser Umfeld für uns bereithält. So lag einem Coachee von uns sehr daran, autonom und eigenverantwortlich zu arbeiten. Ihm war dies nur undeutlich bewusst, doch spürte er es an seiner zunehmenden Unzufriedenheit mit seiner Tätigkeit innerhalb des Teams. Als er während des Mittagessens in der Kantine von einem Vorstand hörte, dass eine Stabsstelle geplant sei, wusste er augenblicklich, dass er sich dafür bewerben werde, mit anderen Worten: Nun hatte er ein Ziel, er wollte die Stelle.

3.1 Was muss ich tun? Den Auftrag klären

Von Beginn bewerten meistens nur diejenigen ein Veränderungsprojekt positiv, die es selbst ins Leben gerufen haben. Alle anderen, und die bilden die überwältigende Mehrheit, zu der wahrscheinlich auch Sie gehören, waren nur zu einem geringen Teil oder gar nicht an der Planung und Vorbereitung der Veränderung beteiligt. Daraus folgt eine wichtige

Konsequenz:

Das Ziel der Veränderung ist zunächst nicht Ihr eigenes Ziel!

Um sich mit dem Veränderungsprojekt identifizieren zu können, müssen Sie sich daher zuerst die damit verfolgten Ziele zueigen machen. Das können Sie aber nur tun, wenn Sie sich so viel Klarheit wie möglich über diese Ziele verschaffen.

Sie benötigen zwei Arten von Informationen:

- Zum einen hinreichendes Wissen über das **Veränderungsprojekt als Ganzes**, wohin sozusagen die Reise gehen soll. Hierfür genügen in der Regel eher global skizzierte Zielvorgaben und Meilensteine. Nur wenn darüber Klarheit herrscht, kann der Veränderung Sinn abgewonnen werden. Fehlt Sinn, fehlt eine der zentralen Quellen von Motivation. Das gilt sowohl für Sie als auch in Folge natürlich für Ihre Mitarbeiter. Bereits im letzten Kapitel konnten Sie damit beginnen, diese Fragen zu klären. Hier werden Sie daher nur noch kurz wiederholt.
- Zum anderen konkretes Wissen darüber, was von Ihnen selbst erwartet wird und was **Ihre Rolle** während dieser Reise darstellt. Ohne zu wissen, was konkret von Ihnen verlangt wird, stolpern Sie während des Veränderungsprozesses mehr oder weniger ziellos umher. Und das strahlt auf Ihre Mitarbeiter aus, auch sie werden eher orientierungslos umherirren. Dadurch wird es schier unmöglich, sie in den Prozess mit einzubeziehen und sie zu beteiligen.

Falls Sie schon über ausreichend Informationen verfügen, etwa durch die Fragebox Selbstcoaching: „Was soll wie genau verändert werden?“ (Kapitel 2), können Sie die folgende Toolbox zur Auftragsklärung überspringen und gleich zum Klärungsschritt zwei übergehen.

Toolbox Selbstcoaching:

Auftragsklärung, erster Teil

Nehmen Sie sich einen Moment Zeit und fassen Sie für sich zusammen, was Sie jetzt bereits schon wissen:

Welche **Ziele** sind mit der Veränderung verbunden?
- Wer verfolgt welche Ziele mit dem Veränderungsprojekt?
- Wie genau oder wie vage sind Sie darüber informiert?
- Inwieweit könnten Sie die Zielvorgaben bereits in konkrete Handlungspläne umsetzen?

Welche **Erwartungen** werden an Sie gerichtet?
- Wer erwartet was von Ihnen?
- Wie genau sind diese Erwartungen definiert?

Achten Sie dabei auch auf „unangenehme Bauchgefühle“, sie können Hinweise auf ungeklärte Punkte sein.

Überprüfen Sie nun Ihre Notizen mit den Kriterien gut und klar formulierter Ziele. Dadurch lässt sich gut ermitteln, wo noch weiterer Klärungsbedarf besteht:

Toolbox Selbstcoaching:

Auftragsklärung, zweiter Teil – Klare Ziele

Klare Ziele weisen folgende Kennzeichen auf:
- Sie sind positiv formuliert
- Sie sind angemessen spezifisch
- Sie definieren präzise, wer welchen Beitrag zu leisten hat

Klare Ziele sind positiv formuliert

Positive Formulierungen liefern eine klare Orientierung und lassen die Beteiligten wissen, wohin die Reise geht. Denken Sie an einen Fahrgast, den der Taxifahrer fragt: „Wohin soll ich sie fahren?“ und der darauf antwortet: „Fahren Sie mich nicht ins Hotel". Selbst wenn der Fahrgast je mit dieser Angabe an sein Ziel käme, die Fahrt würde sehr lange dauern und recht kostspielig sein (was natürlich dem Taxifahrer nur recht sein kann).

Was ist zu tun?

Überprüfen Sie, ob Sie die Ziele des Veränderungsprozesses und die an Sie gerichteten Erwartungen positiv formuliert haben. Wandeln Sie gegebenenfalls negative Formulierungen um (z. B. „Mein Vorgesetzter erwartet von mir, dass ich mich nicht wegen jeder Kleinigkeit an ihn wende" in „Mein Vorgesetzter erwartet von mir, dass ich selbständig entscheide ... ")

Klare Ziele sind angemessen spezifisch

Was heißt „angemessen spezifisch" in diesem Zusammenhang? Damit ist gemeint, dass die Ziele auf dem „Weg nach unten" durch die verschiedenen Hierarchiestufen hinweg immer weiter konkretisiert werden müssen. Unten an der Basis ist der Ort, wo die meisten Maßnahmen tatsächlich konkret realisiert werden. Auf der Ebene der Vorstandsetage reicht ein relativ global formuliertes Ziel meist aus und ist hinreichend spezifisch formuliert. Es wäre auch ein Unding, wenn hier eine Zielplanung bis ins Detail durchgeführt würde. Daran ist die Planwirtschaft in den ehemaligen Ländern des Ostblocks kläglich gescheitert. Die eigentliche Herausforderung liegt darin, die Transformation des Zieles von einer Ebene in die nächste so durchzuführen, dass die Grundorientierung erhalten bleibt und ausreichend Anhaltspunkte in ihm enthalten sind, sodass jedem klar ist, was konkret auf dieser Ebene zu tun ist. Natürlich ist dies auch Aufgabe Ihres Vorgesetzten, dafür zu sorgen. Dies liefert aber keine Ausrede für Sie, sich gemütlich zurückzulehnen und nur zu konsumieren, was Ihnen Ihr Vorgesetzter präsentiert.

Was ist zu tun?

Es liegt auch Ihnen, nachzufragen, was genau Ihr Vorgesetzter von Ihnen erwartet. Überprüfen Sie, wie klar Ihnen seine Erwartungen an Sie sind und wo Sie weitere Konkretisierung brauchen. Folgende Fragen liefern Ihnen einen guten Gesprächsleitfaden:

- Woran könnten Sie fest machen, dass ich Ihre Erwartungen erfülle?
- Was müsste ich Ihnen konkret liefern, wie müsste ich mich wem gegenüber auf welche Art und Weise verhalten, damit Sie sich sicher sein können, dass ich Ihre Erwartungen erfülle?
- Welche Zwischenergebnisse wären für Sie wichtig?
- Welche Eckdaten soll ich erreichen?

Eine häufige Quelle von Unklarheiten und Missverständnissen liegt darin, dass das „Was“ und das „Wie“ nicht klar von einander unterschieden wurden. Fragen Sie daher auch nach, was an der Erwartung Ihres Vorgesetzten den Was-Anteil und was den Wie-Anteil betrifft.

- Mit Was-Anteil sind die Eckdaten und Ergebnisse gemeint, die mit dem Ziel verknüpft sind, wie beispielsweise eine bestimmte Umsatzzahl. Setzt Ihnen Ihr Vorgesetzter ein Was-Ziel, dann ist er nur am Ergebnis interessiert. Wie Sie das Ergebnis erreichen, steht Ihnen frei. Allerdings sind hier in hohem Ausmaß Ihre Problemlösefähigkeiten und Ihre Kreativität gefragt und/oder die Ihres Teams.
- Der Wie-Anteil bezieht sich darauf, auf welche Art und Weise, d. h. *wie* das Ziel erreicht werden soll, also beispielsweise bestimmte Vorgehensweisen und Prozeduren. Setzt Ihnen Ihr Vorgesetzter zusätzlich zum von Ihnen erwarteten Ergebnis ein detailliertes Wie-Ziel, stehen Ihnen weniger Handlungsoptionen zur Verfügung, stattdessen müssen Sie den vorgegebenen und erwünschten Weg beschreiten. Auf der anderen Seite liefert dies mehr Handlungssicherheit.

Was ist zu tun?

Stellen Sie in Gesprächen mit Ihren Vorgesetzten sicher, ob er nur an Ergebnissen interessiert ist oder ob er mehr oder weniger klare Vorstellungen hat, wie Sie das Ergebnis erreichen sollen. Sorgen Sie dafür, dass Ihr eigener Spielraum nicht zu eng definiert wird. Denn wenn Sie über genügend Spielraum verfügen, können Sie auch Ihre Mitarbeiter wesentlich leichter für die Ziele und damit für die erwünschte Veränderung motivieren.

- Erstellen Sie eine konkrete Zeitschiene und binden Sie darin die feststehenden Eckdaten und die zu erreichenden Ergebnisse – die „Was-Anteile" – ein.
- Bestimmen Sie, soweit es jetzt schon möglich ist, auch die jeweiligen „Wie-Anteile". Welche Handlungsspielräume stehen Ihnen in welcher Phase des Prozesses zur Verfügung?

Tipp:

Achten Sie unbedingt darauf, dass die Verantwortung, die Sie mit dem Veränderungsprojekt übernehmen, dem Ihnen zustehenden Handlungsspielraum entspricht. Dies gilt besonders, wenn Ihre Handlungsspielräume eng begrenzt sind. Nur zu oft wird viel Verantwortung übertragen, ohne dass ausreichend Spielräume und Handlungsoptionen mit auf den Weg gegeben werden. In diesem Fall müssten Sie vieles verantworten, das Sie gar nicht beeinflussen und steuern können. **Viel Verantwortung erfordert auch ausreichend Handlungsfreiheit.** Gleichzeitig benötigen Sie neben den Handlungsfreiräumen, die mit gesteigerter Verantwortung einhergehen, auch ausreichend Kompetenzen, vor allem die Kompetenz, eigenständig Entscheidungen fällen zu dürfen und zu können. Stellen Sie daher, soweit es in Ihrer Macht liegt, sicher, dass Ihr Handlungsspielraum, Ihre Verantwortung und Ihre Kompetenz so ausgeglichen wie möglich verteilt sind.

Klare Ziele definieren präzise, wer welchen Beitrag zu leisten hat

Klären Sie im nächsten Schritt, was Sie von den Erwartungen, die an Sie gerichtet sind, selbst erfüllen können. Manche Ziele können Sie komplett im Alleingang erledigen. Bei der Mehrzahl der Ziele jedoch sind Sie auf die Mitarbeit, Kooperation und Unterstützung anderer Menschen angewiesen.

Was ist zu tun?

Präzisieren Sie:
- Wen brauchen Sie, damit Sie die Erwartungen, die an Sie gerichtet sind, erfüllen können?
- Was sollen diese Personen genau tun? Auf welche Weise genau sollen diese Sie unterstützen und mit Ihnen zusammenarbeiten?
- Welche Informationen benötigen diese Menschen, um dies tun zu können?
- Handelt es sich um Mitarbeiter, fragen Sie sich: Wie kann ich ihn/sie für diese Aufgabe motivieren? (Näheres dazu siehe zweiten Abschnitt des vierten Kapitels und fünftes Kapitel)
- Handelt es sich um einen Kollegen oder einen Vorgesetzten, fragen Sie sich: Wie kann ich ihn/sie für mein Ziel gewinnen?

Nun kann es passieren, dass einige Ihrer Kooperationspartner, sofern sie Ihnen nicht unterstellt sind, nicht in der von Ihnen gewünschten Weise mit Ihnen zusammenarbeiten.
- Fragen Sie bereits im Vorfeld Ihren Vorgesetzten, wie er wünscht, dass Sie damit umgehen.
- Fragen Sie nach, ab wann er informiert werden will und mit welcher Unterstützung seinerseits Sie in diesem Fall rechnen können.

Tipp:

Manchmal ist es notwendig, Ihren Vorgesetzten dazu zu motivieren, sich mit Ihnen auf diesen für ihn möglicherweise lästigen Prozess der Auftragsklärung einzulassen. Dazu hilft Ihnen die „Aber-Ja-Strategie", eine Art Einwand-Vorwegnahme, die auch gleichzeitig den Nutzen dieser zeitlichen Investition herausstreicht: „Ich weiß, ich verlange da einiges von Ihnen, Ihre Zeit ist wahrscheinlich noch knapper als meine. Ich möchte jedoch sicherstellen, dass ich (meine Abteilung) nicht von vornherein voller Elan in die falsche Richtung stürme, was dann wirklich ein Verschwendung an Zeit, Energie und anderen Ressourcen darstellen würde… .". Mehr dazu in Abschnitt 6.3.

Fassen Sie Ihre Ergebnisse immer wieder zusammen. Wie klar sind Ihnen die Erwartungen, die an Sie gerichtet sind und Ziele der Veränderung? Erfassen Sie auch die Punkte, die im Moment nicht weiter zu klären sind. Darin könnten sich ungeahnte Freiräume für Ihr Handeln verbergen!

Tipp:

Visualisieren Sie das Ergebnis Ihrer Ziel- und Auftragsklärung. Nimmt das Veränderungsprojekt einen großen Teil Ihrer Zeit in Anspruch, platzieren Sie Ihre Visualisation so, dass Sie jeden Tag einen Blick darauf werfen können. Auf diese Weise dient Sie Ihnen als eine Art Kompass. Jederzeit gut orientiert, ersparen Sie sich unnötigen Zusatzaufwand und Umwege.

3.2 Was will ich tun? Was ist mir wichtig? Eigene Werte und Ziele bestimmen

Wir sind dann mit unserem Leben zufrieden, wenn wir einen Großteil unserer Ziele erreichen. Und das gelingt, wenn wir unser Leben nach dem ausrichten, was uns wichtig ist. Allerdings ist es oft schon im Privaten nicht leicht, die eigenen Interessen und Ziele mit denen anderer zu verbinden. Kinder lassen uns kaum Zeit für unsere wichtigen Hobbys. Erst nach einem regelrechten Verhandlungsmarathon finden wir das für alle passende Urlaubsziel. Man möchte sich einfach nur ausruhen und entspannen, wird jedoch mit dem Wunsch konfrontiert, zuvor noch eine kleine Reparatur im Haushalt zu erledigen usw.

Ziel- und Interessenskonflikte sind ganz normaler Alltag. In besonderem Ausmaß gilt dies für den beruflichen Bereich. Erfüllen wir einen Auftrag, ist dies gleichbedeutend damit, dem Ziel einer oder mehrerer anderer Personen zu dienen. Auch bei Veränderungsprojekten stehen zunächst die Ziele anderer und des Unternehmens im Vordergrund. Doch selbst, wenn Sie grundsätzlich diesem Ziel zustimmen können, bedeutet das noch lange nicht, dass Sie sich voll und ganz darauf einlassen können und wollen. Wir Menschen sind keine eindimensionalen Wesen, sondern verfügen über eine Vielzahl von Facetten und unterschiedlichsten Interessen. Das reicht von persönlichen Vorlieben über berufliche Ziele die Karriere betreffend bis hin zu existenziellen Lebensthemen wie die Erhaltung der Gesundheit. Bei dieser Vielzahl an Aspekten ist es schon bei den eigenen Zielen nur selten gegeben, dass diese ohne weiteres miteinander harmonieren. Wenig verwunderlich, dass dies noch schwieriger wird, wenn von außen an uns heran getragene Ziele hinzukommen. Konflikte sind die Regel. Nun sind Konflikte an sich nichts Krankhaftes oder Schlechtes, im Gegenteil, als „Salz in der Suppe des Lebens" sind sie unverzichtbarer Motor für ein „spannendes" Leben. Problematisch wird es erst dann, wenn die unterschiedlichen Interessen sich unversöhnlich gegenüberstehen und sich dauerhaft gegenseitig behindern und im Wege stehen.

Bevor wir uns jedoch daran machen können, solche inneren und äußeren Konflikte zu klären, müssen wir uns erst über die Werte, die uns antreiben sowie über die Ziele, die wir anstreben im Klaren sein. was Und da lehrt die Erfahrung, dass die meisten Menschen tatsächlich nur eine vage und eher diffuse Vorstellung von ihren Zielen und Interessen besitzen. In der Hektik des Alltags mit seinen vielen Anforderungen geraten sie allzu leicht aus dem Blick. Damit geht auch die wirklich klare Orientierung verloren. Im Extremfall entfernen wir uns so weit von unseren Werte, dass unsere Lebensfreude sowie das Gefühl der Sinnhaftigkeit auf der Strecke bleiben. Und das ist eine der Hauptursachen für das gefürchtete Burn-out-Syndrom!

Wie geht man nun beim Herausfinden, was man wirklich will, vor? Das Wort „wirklich" meint hier unsere oft verborgenen tiefen und umfassenden Bestrebungen. Die Ziele, die wir bewusst setzen, geben diese tiefer liegenden Wünsche nicht immer richtig wieder. Während eines Teamcoachings fragten wir ein Teammitglied, das von den anderen als „Querulant" bezeichnet wurde, was denn sein Ziel sei. „Ich möchte Gruppenleiter werden" bekamen wir zur Antwort. Für die Teamleiterin und auch die anderen Teammitglieder war dies nicht akzeptabel, denn alle Teammitglieder sollten gleich gestellt sein. Also fragten wir weiter: „Warum ist Ihnen das wichtig?" Die folgende Antwort war für das Team überraschend: „Ich möchte anerkannt werden." Mit diesem Ziel konnten sich alle einverstanden erklären. Im weiteren Verlauf ging es dann nicht mehr um die Frage der Gruppenleitung, sondern darum, welche anderen Wege der Anerkennung für die Teammitglieder akzeptabel wären.

Die Aufgabe ist daher, die dahinter und tiefer liegenden Werte und Interessen zu ermitteln. Dies ist erstaunlich einfach und gilt auch für das Erkunden der Werte anderer, was für die nachfolgenden Kapitel von Bedeutung ist. Als Hauptwege stehen zur Verfügung:

- Führen Sie ein entspanntes und offenes Gespräch mit einer Person, der Sie vertrauen. Lassen Sie das Gespräch immer wieder um die eigene Person kreisen. In den Ansichten und Aussagen, die eine andere Person über uns äußert, finden wir uns oftmals „gespiegelt". Dadurch können wir Dinge und Aspekte an uns ersehen, die uns sonst nicht so leicht auffallen würden.
- Variante: Führen Sie ein Selbstgespräch über Ihre Absichten und Wünsche in Ihrem Leben und nehmen Sie es auf. Spielen Sie es dann wieder ab und hören Sie sich offen, entspannt und neugierig einfach zu. Sie werden überrascht sein, wie viel Sie dabei über sich selbst erfahren. Doch selbst wenn sich das Selbstgespräch um eine ganz andere Thematik als die aufgezeichnete gedreht hätte, wären Sie mit großer Wahrscheinlichkeit fündig geworden. Menschen sprechen häufiger über ihre eigentlichen Motive und Werte, als es ihnen bewusst ist. Oft klingen die wichtigsten Beweggründe nebenbei in Bemerkungen am Rande an.
- Benutzen Sie die unten aufgeführten Fragen und notieren Sie sich Ihre Antworten. Alternativ dazu können Sie auch eine andere vertraute Person bitten, Ihnen diese Fragen in Form eines Interviews zu stellen. Auch da sollten die Antworten unbedingt schriftlich dokumentiert werden.

Toolbox Selbstcoaching:

Eigene Werte und Motive erfragen

Benutzen Sie folgende Fragen, um Ihre Beweggründe zu erkunden:
- „Warum möchte ich...? Was ist mir daran wichtig?"
- „Auf was lege ich (beruflich und/oder privat) am meisten Wert?"

Weitere hilfreiche Fragen sind:
- Was erwarte ich mir von... ?
- as erwarte ich mir vor allem...?
- Was will ich, wenn ich... ?
- Worauf kommt es mir an?
- Was ist für mich unverzichtbar?
- Was würde ich gerne haben, sein oder tun?
- Warum ist mir dies wichtig?

Sind Sie mit Ihren Antworten noch nicht ganz zufrieden, fragen Sie gezielt nach einigen Grundmotiven:
- Wie steht es mit Sicherheit? Welche finanziellen Rahmenbedingungen liegen bei mir vor?
- Welche Rolle spielt Zugehörigkeit? Wie wichtig ist mir Harmonie? Wie interessiert bin ich an gemeinsamer Freizeitgestaltung?
- Welchen Stellenwert besitzt Anerkennung für mich? Wie wichtig sind mir äußere Statuszeichen?
- Wie viel bedeutet mir Selbstverwirklichung? Wie wichtig sind mir Punkte wie selbständiges Arbeiten, Weiterbildung, kreatives Arbeiten, freie Arbeitszeitgestaltung?

Bilden Sie nun eine Rangreihe Ihrer gefundenen Werte und Motive: Welche Werte besitzen hohe und höchste Priorität? Sie können dazu die Methode des Paarvergleichs nutzen. Nehmen Sie jeweils zwei Werte und fragen Sie sich:
- „Wenn ich zwischen (Sicherheit) und (Zugehörigkeit) wählen müsste, was davon würde ich bevorzugen? Was hat für mich höhere Priorität?"

Ermitteln Sie dann aus Ihren Antworten Ihre eigene Prioritätenliste.

Nun sind Werte immer auch mehr oder weniger vage und unspezifisch formuliert, besonders wenn es sich um zentrale Werte handelt, wie beispielsweise „Erfolg“ oder „Anerkennung“. Und das hat etwas sehr Gutes! Denn es bedeutet, dass **zahlreiche Wege** existieren, diese **Werte zu verwirklichen** und zu leben. Die unterschiedlichen Wege, Werte zu verwirklichen, werden meist „Kriterien“ genannt. Wenn Sie zehn Menschen fragen, was für sie jeweils Erfolg oder Anerkennung bedeutet, so werden Sie zehn zum Teil ganz unterschiedliche Antworten bzw. Kriterien erhalten. Je mehr Wege Ihnen zur Verfügung stehen, desto höher ist die Wahrscheinlichkeit, dass Sie das, was Ihnen wirklich wichtig ist, auch tatsächlich verwirklichen können. Mithilfe der folgenden Toolbox haben Sie Gelegenheit, sich mit diesen Kriterien – sprich Wegen – zu beschäftigen. Dies unterstützt Sie darin, die Anzahl Ihrer Optionen zu erhöhen.

Toolbox Selbstcoaching:

Kriterien ermitteln

Nehmen Sie Ihre vier bis fünf wichtigsten Werte heran. Finden Sie für jeden einzelnen Wert heraus,

- was eine konkrete Möglichkeit darstellt, Ihren Wert zu verwirklichen und zu realisieren und/oder
- woran Sie konkret erkennen können, dass Ihr Wert realisiert ist.

Hören Sie nicht eher auf, bevor Sie nicht mindestens drei Kriterien für jeden Wert ermittelt haben. Dadurch bleibt Ihnen deutlich, dass stets mehrere Wege offen stehen. Damit haben Sie sich den wichtigsten Handlungsspielraum eröffnet, um später eine Balance zwischen Ihren Zielen und den an Sie heran getragenen erzielen zu können.

Folgendes „Werteformular" kann Ihnen dienlich sein, Ihre Werte und Kriterien übersichtlich darzustellen. Dabei müssen Sie sich natürlich nicht auf nur vier Werte mit jeweils drei Kriterien beschränken.

Wert 1 z.B. Finanzielle Sicherheit	**Kriterium 1**	z.B. durch Zusatzversicherungen Altersversorgung gesichert
	Kriterium 2	z.B. finanzielle Reserven für die Dauer eines Jahres im Falle eines Job-Verlustes
	Kriterium 3	z.B. Hypothekenraten für Hausbau in fünf Jahren abgezahlt
Wert 2	**Kriterium 1**	
	Kriterium 2	
	Kriterium 3	
Wert 3	**Kriterium 1**	
	Kriterium 2	
	Kriterium 3	
Wert 4	**Kriterium 1**	
	Kriterium 2	
	Kriterium 3	

Abb. 2: Das „Werteformular"

Dieses Werteformular können Sie wie einen Kompass benutzen, um immer wieder zwischendurch eine Ortsbestimmung durchführen zu können: Sind Sie in der Lage, viele dieser Werte und Kriterien zu realisieren oder laufen Sie Gefahr, vom Kurs abzukommen? Nicht zuletzt haben Sie dadurch auch ein Instrument in der Hand, Ihre bereits formulierten Ziele weiter zu überprüfen. Denn nur die Ziele, die wirklich Ihren Werten dienen bzw. dafür sorgen, dass Sie Ihre Werte leben können, sind für Sie sinnvolle Ziele. Bei allen anderen Zielen sollten Sie sich überlegen, sich entweder von ihnen zu verabschieden oder sich erneut die Frage zu stellen, warum dieses oder jenes sekundäre Ziel dennoch für Sie wichtig sein könnte.

Toolbox Selbstcoaching:

Ziele überprüfen

Erstellen Sie eine Liste Ihrer wichtigsten beruflichen und privaten Ziele.
Führen Sie nun ein „Ziele-Scanning" durch und ermitteln Sie für jedes einzelne Ziel:

- In welchem Ausmaß passt es zu meinen wichtigen Werten?
- Wo und in welcher Hinsicht widerspricht es (möglicherweise) meinen Werten?

Wenden Sie sich nun den ermittelten Kriterien zu. Häufig fungieren Ziele ebenfalls als Kriterien, denn sie sollten genauso wie Kriterien einen realistischen Weg darstellen, Werte zu verwirklichen. Setzen Sie nun jedes einzelne Ziel auch in Beziehung zu den ermittelten Kriterien:

- Was genau wird sich in meinem Leben verändert haben, wenn ich mein Ziel erreicht habe und in welchem Ausmaß deckt sich dies mit meinen Kriterien?
- Wo und in welcher Hinsicht scheint (möglicherweise) mein Ziel einen untauglichen Weg darzustellen, um meine Werte zu realisieren?

3.3 Was kann ich tun? Balance zwischen eigenen und Unternehmenszielen

Persönliche Ziele sind solche, in denen man sich wiederfindet, die einen vorantreiben und mit denen man sich identifizieren kann. Decken sich diese weitgehend mit den Zielen des Veränderungsprozesses, so fällt es leicht, sich auch im Change Managementprojekt engagiert wiederfinden zu können. Dies bildet das Thema dieses Abschnitts.

Wiederholen wir zunächst unter einem leicht veränderten Blickwinkel einige wichtige Aspekte aus dem vorigen Abschnitt: Konflikte entstehen aus dem Zusammenprallen unterschiedlicher Ziele und Interessen. Interesse heißt, dass etwas wichtig ist. Erst, wenn etwas für mich einen Wert besitzt, ist es für mich wichtig. Anders ausgedrückt: **Konflikte sind immer auch Konflikte zwischen Werten**. Sowohl für uns persönlich als auch innerhalb eines Unternehmens gilt es, die unterschiedlichen Werte so weit wie möglich auszubalancieren.

Ziele des Change-Projekts	meine Werte / Ziele
○ Prozesse sind optimiert (schnellere Durchführbarkeit) → höhere Effizienz → Kosteneinsparung in Höhe von X EUR ○ Implementierung der optimalen Prozesse in Auslandsstandorten → Einsatz in Auslandsstandorten	○ weitere Karriereschritte im Unternehmen ○ finanziell gesicheret und gut gestellt ○ Zeit für Familie ○ fit und gesund sein

Abb. 3: Eigene und Unternehmensziele

Toolbox Selbstcoaching:

Werte und Interessen ausbalancieren

Ihre Ergebnisse aus den beiden vorangegangenen Abschnitten dienen als Ausgangsmaterial. Unterteilen Sie ein Blatt Papier in zwei Hälften.

- Tragen Sie auf der einen Seite die an Sie heran getragenen Ziele des Veränderungsprojekts ein.
- Füllen Sie die andere Seite mit Ihren Werten und Kriterien.

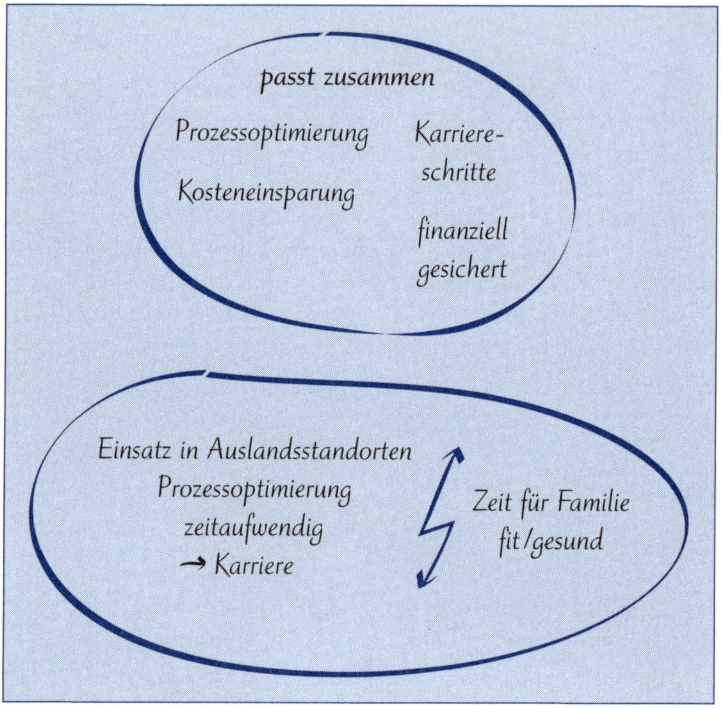

Abb. 4: Zielkonflikte ermitteln

Beginnen Sie nun damit, Schnittmengen zwischen den beiden Hälften zu bilden und genau zu analysieren, in wieweit sich jetzt schon die Werte aus den unterschiedlichen Bereichen zur Deckung bringen lassen. Fragen Sie sich:

- Auf welche Art und Weise kann ich meine persönlichen beruflichen Werte (zum Beispiel Erfolg) mit dem Ziel des Veränderungsprozesses in weitgehende Übereinstimmung bringen?
- Auf welche Art und Weise kann ich meine anderen persönlichen Werte (wie zum Beispiel Lebensqualität, Gesundheit u.a.) mit dem Ziel des Veränderungsprozesses in weitgehende Übereinstimmung bringen?

Hüten Sie sich davor, unbedingt eine vollkommene Übereinstimmung erzielen zu müssen. Erstens ist dies nahezu unmöglich. Zweitens halten wir es mühelos aus, wenn eine gewisse „Restspannung" übrig bleibt. Zudem kann uns drittens der verbliebene Rest in Form einer „kreativen Spannung" geistig frisch halten.

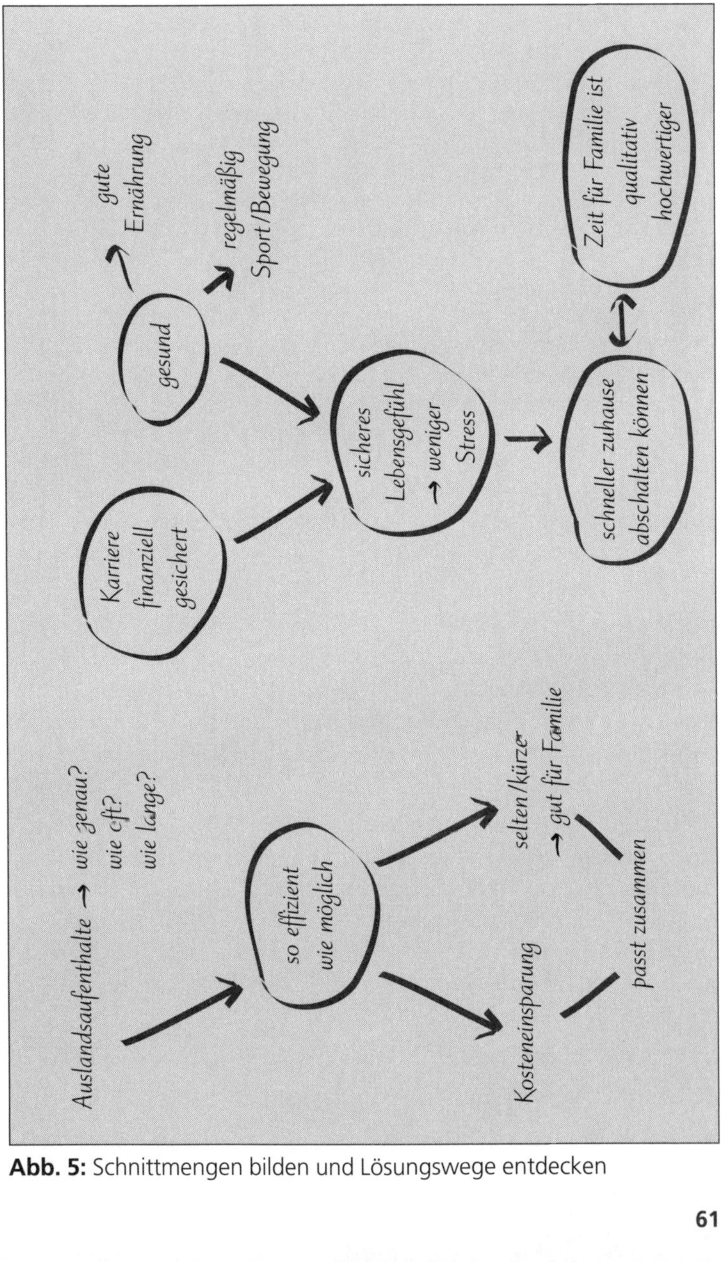

Abb. 5: Schnittmengen bilden und Lösungswege entdecken

Beim ersten Durchgang lässt sich nicht immer auf Anhieb eine ausreichende Schnittmenge und Balance zwischen den unterschiedlichen Interessen finden. Lösungen zu entwickeln, stellt einen kreativen Prozess dar. Und dieser lässt sich nicht erzwingen, sondern braucht zuweilen Zeit. Gönnen Sie sich eine Ruhepause von der Lösungssuche und schlafen Sie nochmals über die Themen. Lassen Sie inzwischen die Fragen auf unbewusster Ebene „weiter arbeiten".
Häufig stellen sich die entscheidenden Antworten wie nebenbei zu einem Moment ein, zu dem man nicht damit rechnet.
Ein weiteres Mittel, Ihren Geist für die Lösungssuche zu stimulieren, ist sich nochmals einen wichtigen Gedanken aus dem vorigen Abschnitt vor Augen zu halten: Für jeden Wert existieren unterschiedliche Kriterien. Mit anderen Worten:
Es gibt nie nur einen Weg, einen Wert zu verwirklichen!
Stellen Sie sich bei jeder sich Ihnen bietenden Gelegenheit folgende Fragen mit „sanfter Hartnäckigkeit" immer wieder aufs Neue:

- Auf welche Art und Weise kann ich meine Werte *noch* verwirklichen?
- Und wie noch?

Halten Sie stets einen Stift oder ein Aufnahmegerät parat, um Ihre Einfälle dokumentieren zu können. Früher oder später werden Sie brauchbare Lösungsansätze „ernten" können.

Auch wenn Sie noch nicht mit den bisher erarbeiteten Wegen und Lösungen zufrieden sind, bedenken Sie eines: Auch erste kleine Schritte, wichtige Lebensziele mit denen des Unternehmens in Einklang zu bringen, können Ihre Ausdauer und Frische bereits erheblich erhöhen. **Schon ein bisschen weniger Reibung lässt vieles „glatter" verlaufen!**

Zudem gibt es weitere Wege, sich – zumindest für eine befristete Zeit – mit einem Veränderungsprojekt zu identifizieren, auch wenn sich Ihre Ziele zunächst nur schwer damit in Einklang bringen lassen. Kein Ziel steht im luftleeren Raum für sich allein, weder die Ihren noch die des Veränderungsprozesses. Reichern Sie daher die Ziele des Veränderungsprozesses mit zusätzlichem Sinn an und stellen Sie sie in einen größeren Rahmen:

- Was wird durch das Ziel für mich längerfristig ermöglicht?
- Wofür könnte es Mittel zum Zweck sein?
- Für welches persönliche größere Lebensziel könnte es einen wichtigen Zwischenschritt darstellen?

Als Zwischenetappe auf dem Weg zu einem größeren Ziel erscheint es sinnvoller, sich auf die Veränderung einzulassen und das bisher wenig geliebte Ziel bekommt eine größere Wichtigkeit. Der Ansporn wächst, und es werden starke motivierende Kräfte freigesetzt.

Veränderungsprozesse und politische Interessen

Veränderungsprozesse erfassen nicht nur die funktionale Struktur eines Unternehmens, sondern sie wirken sich auch auf das Beziehungsgeflecht der Beteiligten aus. Und auf dieser Ebene geht es keinesfalls ausschließlich um die sachlichen Belange und Interessen des Unternehmens. Mitunter werden sie fast vollständig ausgeklammert. Die Interessen, um die es auf dieser Ebene geht, sind zum großen Teil auch *politische* Interessen: Wer verfügt über welche Macht und welchen Einfluss und wie verändert sich dies im Verlauf der gesamten Veränderung? Nun ist das Verfolgen politischer Interessen völlig legitim. Keiner will als Verlierer des Veränderungsprozesses dastehen, auch dann nicht, wenn der Veränderungsprozess als solches erfolgreich war und die in ihn gesetzten Erwartungen erfüllt wurden.

Mit dem Ausbalancieren der unterschiedlichen Interessen und Wichtigkeiten verfügen Sie nun über ein Grundinstrumentarium, um die eigentlichen Ziele des Veränderungsprozesses den persönlichen Zielen und Werten, die oft auch politische sind, anzunähern. In jedem Ziel steckt Energie. Je mehr die Ziele auf ein gemeinsames übergeordnetes Ziel ausgerichtet sind, umso mehr ergänzen und potenzieren sich die einzelnen Energien. Reibungsverluste können minimiert werden. Im Idealfall ziehen alle an einem Strang.

Eine qualitative Studie konnte dies bemerkenswert bestätigen. Beim Vergleich und der Analyse von beinahe 200 großen und umfassenden betrieblichen Veränderungsprojekten kristallisierte sich als einer der wesentlichen Erfolgsfaktoren die gemeinsame Ausrichtung („Alignment") von persönlichen und Unternehmenszielen heraus.

Für Ihre eigene Motivation kann aber noch wesentlicher sein, dass durch diese gemeinsame Ausrichtung nicht nur Unternehmensziele besser erreicht werden, sondern auch Ihre eigenen! Für beide Ziele ist weniger Kraftaufwand erforderlich. Ermüdungserscheinungen treten seltener auf, was besonders für den langfristigen Erfolg wesentlich ist. Ermüden können sowohl das Engagement und die Begeisterung für das Veränderungsprojekt als auch die eigenen persönlichen Ressourcen.

Nochmals:

Wenn Sie Ihre eigenen Ziele …
… mit denen des Unternehmens in eine für Sie wirklich passende Weise in Deckung bringen, tun Sie in erster Linie auch sich selbst etwas Gutes!

3.4 Wie kann ich mich motivieren? Sich den Auftrag zu Eigen machen

Wer das Buch bis jetzt genau gelesen und sorgfältig durchgearbeitet hat, könnte der Meinung sein, dass dieser letzte Klärungsschritt eigentlich überflüssig ist. Und tatsächlich: Alles, was es dazu braucht, um sich mit dem Veränderungsprojekt zu identifizieren und sich dafür zu motivieren, liegt nun nahezu vollständig erarbeitet vor. Was allerdings noch aussteht, ist die tatsächliche Entscheidung – oder auf Neudeutsch das tatsächliche Commitment. So banal es erscheinen mag: Auch wenn ich der Veränderung Sinn abgewinnen und ich mich prinzipiell mit ihr identifizieren kann, heißt das noch lange nicht, dies auch wirklich zu tun. Und genau darum geht es in diesem Schritt.

Fassen wir die wichtigsten Ergebnisse aus den vorangegangenen zwei Kapiteln nochmals zusammen:

- Sie wissen mehr oder weniger genau, was sich konkret verändern soll und welche Auswirkungen dies auf Ihren eigenen Bereich hat.
- Sie haben sich mit Methoden beschäftigt, negative Emotionen, die die geplante Veränderung möglicherweise bei Ihnen hervorgerufen hat, soweit zu bändigen und zu steuern, dass Sie sich dennoch ein klares Bild der Situation machen können.
- Sie haben bereits im zweiten Kapitel versucht, den Sinn und Zweck des Veränderungsprojekts herauszukristallisieren. Damit haben Sie das erste Motiv, sich auf den Prozess einzulassen, erarbeitet. Wenn etwas für mich Sinn ergibt, fällt es mir leichter, es auch tun zu wollen.

- Schließlich haben Sie Ihre eigenen Ziele und die des Veränderungsprozesses präzise geklärt. Zusätzlich haben Sie Wege identifiziert, wie und in welchem Umfang Sie diese unterschiedlichen Ziele in Deckung bringen können. Dies liefert das zweite starke Motiv, sich mit dem Wandel zu identifizieren. Was meinen eigenen Interessen dient, das will ich auch tun.

Dabei wurde klar, dass es nicht notwendig ist, alles was mit der Veränderung verbunden ist, für gänzlich sinnvoll und nützlich zu halten und die eigenen mit den von außen herangetragenen Zielen vollständig zur Deckung zu bringen. Für sämtliche Lebensbereiche gilt, dass Ziele nie ohne Nachteile zu haben sind und daher auch gegen jedes Motiv Einwände vorliegen – und seien sie noch so klein. Das Einzige, was zählt ist, dass die Vorteile die Nachteile deutlich überwiegen. Tatsächlich scheint psychologisch gesehen eine „Zweidrittel-Mehrheit" vollauf zu genügen. Stelle Sie sich daher nicht die ultimative Frage stellen: „Kann ich mich mit der erwünschten Veränderung identifizieren oder nicht?". Setzen Sie anstelle dessen den **„Lösungshebel offene Fragen**" an:

- „Womit davon kann und will ich mich (jetzt schon) identifizieren?"
- „Was vom geplanten Veränderungsprozess kann und will ich mir (jetzt schon) zu Eigen machen?"

Um dies weiter zu verfeinern, nutzen Sie die folgende Toolbox.

Toolbox Selbstcoaching:

Die „jetzt schon"- und „noch"- Strategie

Vom berühmten österreichischen Philosophen Ludwig Wittgenstein stammt die Aussage „Die Grenzen meiner Sprache sind die Grenzen meiner Welt" .Wenn Sie sich fragen, womit Sie sich identifizieren können, schwingt dabei unausgesprochen mit, dass dies auch für die Zukunft gilt. Tatsächlich ist jedoch die Zukunft offen. Nachteile müssen nicht Nachteile bleiben. (Vorteile allerdings auch nicht; darauf werden wir in Abschnitt 8.3 unter der Überschrift „Schlafmittel Erfolg" genauer eingehen). Die Formulierung „jetzt schon" drückt aus, dass es möglich ist, Nachteile in Vorteile umzuwandeln. Umgekehrtes gilt für „noch": Nachteile können mehr oder weniger schnell zu Vorteilen werden. Wenden Sie diese Methode immer

dann an, wenn Ihnen eigene oder fremde Äußerungen Zuversicht rauben. Trainieren Sie Ihre Fähigkeit, Sätze zu transformieren. Hier einige **Beispiele**:
- „Die Aufgabe ist kaum zu lösen" in „*Im Moment / noch* scheint es kaum möglich, diese Aufgabe zu lösen"
- „Es gibt nur wenig, was für die Veränderung spricht" in „Auch wenn es wenig erscheint, dies spricht *jetzt schon* für die Veränderung"
- „Ich kann den Sinn darin nicht erkennen" in „*Noch* kann ich den Sinn darin nicht erkennen" oder – wenn Sie zusätzlich auf das Tool „Differenzierte Sprache" zurückgreifen (siehe Kapitel 2, Schritt 4) – „Ich halte diesen einen Aspekt *jetzt schon* für sinnvoll"

Jetzt steht der Selbstverpflichtung nichts mehr im Wege. Dokumentieren Sie Ihre Antworten auf die vorhergehenden Fragen schriftlich und fügen Sie dem einen Satz hinzu, der eindeutig ausdrückt, dass Sie dies auch umsetzen wollen, beispielsweise:

„Ich kann mich mit den wichtigsten Aspekten des Veränderungsprozesses identifizieren und deswegen trage ich meinen Teil dazu bei, ihn auch zum Erfolg zu führen."

Mehrheitlich spricht sich Ihr „inneres Team" *für* die Veränderung aus. Sie können die „Mehrheitsverhältnisse jedoch noch weiter verbessern. Machen Sie sich daran, die Nachteile, die der Veränderungsprozess nach wie vor mit sich bringt, direkt anzugehen und zu versuchen, sie nach und nach in Vorteile bzw. Lösungen zu verwandeln. Dazu können Sie folgendes Schema benutzen:

Nachteil:	ca. 6 Wochen Einarbeitungszeit, pro Tag ca. zwei bis drei Stunden
Für wen:	Projektteam-Mitglieder
Erste Lösungsansätze:	Überstunden aufbauen, die später abgefeiert werden können
Transformation in eine Aufgabe (positiv formuliert):	Wie können die bisherigen Aufgaben so priorisiert und /oder delegiert werden, dass keine oder so wenig Überstunden wie möglich benötigt werden?
Wer könnte damit betraut werden, weitere Lösungsmöglichkeiten zu entwickeln (Mitarbeiter, Kollegen, externe Experten, ...):	Führungskraft zusammen mit einem Projektteam-Mitglied

Abb. 6: Lösungsansätze für Nachteile ermitteln

Was tun mit den „Resten", die sich nicht verwandeln lassen?

Falls keine befriedigenden Lösungsansätze ersichtlich sind oder sie mit erheblichem Aufwand verknüpft sind, so halten wir es für eine kluge Vorgehensweise, diese Nachteile als gegeben hinzunehmen und als Bestandteil oder Herausforderung in Ihre Aufgaben zu integrieren:

- „Auf welche Art und Weise wird es mir gelingen, trotz oder gerade wegen dieses Nachteils die an mich gerichteten Erwartungen zu erfüllen?"
- Was sind die besten Strategien, um mit diesem Nachteil umzugehen?"

4. Kapitel

Wie schaffe ich mir beste Ausgangsbedingungen?

Im ersten Teil des Buches (Kapitel 1–3) haben Sie sich mit Ihrer eigenen Rolle beschäftigt: Wie Sie vom Betroffenen zum Beteiligten werden können. Sie haben sich zudem nochmals bewusst gemacht, welche Faktoren ein Veränderungsprojekt zum Erfolg führen.

Der nun folgende zweite Teil (Kapitel 4–8) begleitet Sie dabei, Ihr Veränderungsprojekt aktiv und erfolgreich umzusetzen und zu gestalten.

Veränderungsprozesse gelingen nur durch Kooperation. Ohne Unterstützung durch andere stehen Sie vor einer schier unlösbaren Aufgabe. Erfolgreiches Change Management beginnt daher damit, sich gute Ausgangsbedingungen zu verschaffen.

Navigationshilfe:

Es handelt sich um Ihr erstes oder eines Ihrer ersten Veränderungsprojekte, das Sie verantwortlich durchführen sollen. Oder Sie haben bereits einen breiten Erfahrungshintergrund, sind jedoch neu im Unternehmen. In beiden Fällen sollten Sie sich die Zeit nehmen, das folgende Kapitel gründlich zu lesen und durchzuarbeiten. So ersparen Sie sich einiges an späterem Zusatzaufwand und Anstrengung.

Sie sind bereits ein „Change-Profi“ und kennen sich im Unternehmen aus. Auch dann lohnt es sich, sich zumindest einen kurzen „Boxenstopp“ zur Neubewertung bzw. zum „Fein-Tuning“ Ihrer Startposition zu gönnen. Denn nie bleibt die Ausgangslage völlig unverändert und je mehr Sie diesen Wandel berücksichtigen, umso leichter wird Ihnen der Start der Veränderung gelingen.

4.1 Wie kann ich mir Unterstützung holen? Netzwerke und Schlüsselpersonen identifizieren

Sie suchen Ihr Unternehmen und Ihr Netzwerk nach Schlüsselpersonen und potenziellen Unterstützern ab. Sie wissen, welche Personen Sie noch überzeugen und gewinnen müssen und gehen sparsam mit Ihren Energien und Ressourcen um.

4.2 Wo stehen meine Mitarbeiter? Interessen, Bedürfnisse und Unterschiede erkennen und nutzen

Genauso wie alle Menschen Veränderungen unterliegen, wünschen sich auch alle Menschen, dass wenigstens ein Teil ihres gewohnten Umfelds Bestand hat. Nur der jeweilige Grad unterscheidet diese Menschen voneinander. Wenn Sie wissen, wo Ihre Mitarbeiter stehen, können Sie ihnen Sinn und Nutzen des Veränderungsprojekts überzeugend „verkaufen".

Kaum jemand kann einen Veränderungsprozess alleine durchführen. Wir sind darauf angewiesen, dass andere uns unterstützen und mit uns zusammenarbeiten. Unterstützung brauchen die im Innen – die eigenen Mitarbeiter, die das Projekt umzusetzen haben – und natürlich auch im Außen – die Netzwerke und wichtigen Schlüsselpersonen, ohne die Erfolg, wenn er sich denn einstellt, meist sehr schwer erkämpft ist.

4.1 Wie kann ich mir Unterstützung holen? Netzwerke und Schlüsselpersonen identifizieren

Netzwerke mit gleich gesinnten Partnern und Kollegen in der Organisation bilden

Unternehmen sind nie nach wirtschaftlichen Interessen allein ausgerichtet. Viele Handlungen sind nur zu erklären und zu verstehen, wenn man sie auch unter politischen Gesichtspunkten betrachtet. Netzwerke zu bilden und die eigene Position abzusichern, sind wichtige Triebfedern der Menschen im Unternehmen. Und das ist bis zu einem bestimmten Ausmaß auch völlig legitim. Gerade größere Veränderungen gelingen nur, wenn ausreichend „Stimmung" in den informellen Beziehungsnetzen gemacht wurde.

Zusätzlich zur Unterstützung durch wichtige Schlüsselpersonen sollten Sie sich mit gleich gesinnten Partnern und Kollegen in der Organisation vernetzten. Innerhalb des Netzwerks können Sie sich mit anderen „Netzwerkern" austauschen und sich gegenseitig unterstützen.

Gerade in den schwierigen Phasen eines Veränderungsprozesses ist dieses Netzwerk besonders nutzbringend. Auf der informellen Ebene von Netzwerken lassen sich manche formelle und bürokratische Barrieren überraschend leicht umgehen. Informelle Netzwerke sorgen für kurze Wege. Kontraproduktiv gestaltet sich dies allerdings dann, wenn Sie dabei zu sehr im Verborgenen agieren müssen.

Fragebox Selbstcoaching:

Das eigene Netzwerk

Erstellen Sie eine Liste der Menschen, mit denen Sie während und nach dem Veränderungsprojekt zu tun haben. Fragen Sie sich:

- ☐ Von wem fühlen Sie sich unterstützt?
- ☐ Wer erscheint Ihnen eher wohlgesonnen?
- ☐ Wer könnte Ihnen Steine in den Weg legen?
- ☐ Von wem fühlen Sie sich nicht ausreichend respektiert?

Fragen Sie bei jedem Einzelnen auch:

- ☐ Wie viel Macht und Einfluss besitzt die jeweilige Person?

Erstellen Sie eine Zeichnung, die buchstäblich Ihr Netzwerk abbildet.

Tipp:

Halten Sie sich an eine gut bewährte praktische Regel: Handeln Sie auch im informellen Bereich stets so, dass Sie es prinzipiell veröffentlichen könnten. Je mehr Sie Ihr Tun im Verborgenen verharren lassen müssen, desto angreifbarer und erpressbarer werden Sie. Und damit wäre der Hauptvorteil informeller Netzwerke – flexible Handlungsspielräume – wieder dahin.

Schlüsselpersonen und Mentoren identifizieren

Selten sind alle wichtigen Menschen bereits im eigenen Netzwerk vertreten. Daher lohnt es sich sehr, nach weiteren Schlüsselpersonen Ausschau zu halten. Sie bilden häufig das Zünglein an der Waage, das für den Erfolg eines Veränderungsprozesses ausschlaggebend sein kann. Schlüsselpersonen sind Menschen, die innerhalb des Unternehmens einflussreich und mächtig sind und die von vielen, wenn nicht den meisten, anerkannt sind. Dabei spielt es eine nur geringe Rolle, ob diese Personen ihren Einfluss eher im informellen oder im offiziellen Bereich ausüben.

Toolbox Selbstcoaching:

Schlüsselpersonen identifizieren

Sichten Sie in Ihrem Umfeld:

- Welche Menschen können für das Veränderungsprojekt als Schlüsselpersonen dienen?
- Wer hat bereits diese Rolle übernommen?
- Wie könnte diese Person Sie speziell unterstützen, etwa, indem sie an einer Besprechung, die Sie mit Ihrem Team durchführen, teilnimmt?

Suchen Sie aber auch in Ihrer Abteilung nach internen Schlüsselpersonen:

- Wer ist von den meisten oder allen Kollegen wertgeschätzt und anerkannt?
- Auf wen hören Ihre Mitarbeiter am meisten?

Interne Schlüsselpersonen verdanken ihre Rolle vor allem ihrem informellen Einfluss und dem des ihnen zur Verfügung stehenden Beziehungsnetzwerkes. Selten ist es die offizielle Position als solche, die dazu führt. Diese meist informelle Autorität, die dieser Person zukommt, wird aus mehreren Quellen genährt.

Toolbox Selbstcoaching:

Interne Schlüsselpersonen identifizieren

Überlegen Sie sich daher, wer von Ihren Mitarbeitern

- über herausragende fachliche Qualifikationen verfügt,
- eine hohe soziale Kompetenz aufweist,
- offen Feedback geben und nehmen kann,

- sich auf Neues relativ leicht einstellen kann,
- bereits positive Erfahrungen mit einem Veränderungsprozess gemacht hat, vielleicht in einer anderen Abteilung oder in einem anderen Unternehmen.

Konzentrieren Sie sich anfangs vor allem darauf, die Schlüsselpersonen vom Sinn und der Notwendigkeit der Veränderung zu überzeugen. Einmal überzeugt, werden sie als Multiplikatoren dafür sorgen, dass auch die anderen Mitarbeiter mitziehen.

Nicht immer stehen gerade die Schlüsselpersonen einer Veränderung positiv gegenüber. Manchmal leisten sie sogar den heftigsten Widerstand. In diesem Fall sind sie „negative Multiplikatoren", die für die Ablehnung der Veränderung Propaganda machen. Gerade deshalb ist es ratsam, sich auf diese Personen besonders zu konzentrieren und nichts unversucht zu lassen, um sie vom Sinn und Nutzen der Veränderung zu überzeugen. Achten Sie dabei jedoch darauf, auch diejenigen, die die Veränderung bereits befürworten, nicht gänzlich aus dem Blick zu verlieren!

Praxisbeispiel: Im Rahmen eines größeren Veränderungsprojektes sollten die Mitarbeiter einer Vertriebsabteilung lernen, die Informationen, die sie „draußen beim Kunden" erfuhren, proaktiv nicht nur an die Produktion, sondern auch an die Entwicklungsabteilung weiterzuleiten. Die Unternehmensführung versprach sich davon einen verbesserten und vor allem rascheren Produktzyklus. Der Abteilungsleiter konnte sich sehr gut mit den Unternehmenszielen identifizieren. Jedoch stand ein langjähriger und etwas älterer Mitarbeiter der geplanten Veränderung sehr ablehnend gegenüber. Da ihn jüngere Kollegen häufig um fachlichen Rat fragten, hatten seine Einstellung und Meinung ziemlich negative Auswirkungen auf die Gesamtstimmung im Team. Der Abteilungsleiter verschob deswegen einen bereits geplanten Teamworkshop auf einen späteren Termin, um zuerst in Einzelgesprächen zu versuchen, den Ton angebenden Mitarbeiter auf seine Seite zu ziehen und ihn vom Veränderungsprojekt zu überzeugen. In diesen Gesprächen wurde deutlich, dass der Mitarbeiter befürchtete, im Zuge des Veränderungsprozesses an Einfluss zu verlieren. Da diese Befürchtung – neutral gesehen – jeglicher berechtigter Grundlage entbehrte, konnte der Abteilungsleiter die Bedenken seines Mitarbeiters allmählich zerstreuen. Zusätzlich wurde ihm in Aussicht gestellt, in dem inzwischen recht groß gewordenen Team eine offizielle Gruppenleiterfunktion einzunehmen. Da diese den bisherigen informellen Einfluss des Mitarbeiters nun auch formell bestätigte, wurde er Schritt für Schritt zu einem wichtigen Multiplikator *für* die Veränderung.

4.2 Wo stehen meine Mitarbeiter? Interessen, Bedürfnisse und Unterschiede erkennen und nutzen

Die Bewältigung der beruflichen Alltagsanforderungen lässt Führungskräften meist nur wenig Zeit, was vor allem auf Kosten strategischer Reflexionen und Überlegungen geht. Die Folge sind unüberlegt und überhastet ausgeführten Aktionen, die mehr Probleme verursachen als sie lösen können. Und dann passiert genau das, was man vermeiden wollte: Es kommt zu Pannen und man muss erst recht zusätzliche Zeit aufbringen, um die aufgetretenen Schwierigkeiten beheben zu können. Daraus kann man eine wichtige Lehre ziehen: Bevor Sie mit der Umsetzung des Veränderungsprojektes loslegen, halten Sie einen Moment inne und analysieren Sie Ihre Ausgangslage. In erster Linie zählen dazu Ihre Mitarbeiter, denn von deren Beitrag hängt letztendlich der Erfolg des Projekts ab. Mit anderen Worten: **Sie müssen wissen, mit wem Sie es zu tun haben!**

Wie sind Ihre Mitarbeiter „gestrickt"?

Wie „ticken" und funktionieren nun die Menschen, mit deren Hilfe Sie die Veränderung gestalten wollen? Wie werden Sie auf den Veränderungsprozess reagieren? Wie sind Ihre Mitarbeiter „gestrickt"?

Um darauf Antworten zu finden müssen Sie eine an sich selbstverständliche Tatsache im Auge behalten, die aber nur allzu leicht vergessen wird:

Menschen sind unterschiedlich!

Oder anders formuliert: Jeder Mensch ist eine Welt für sich.

Im Grunde ist dies eine sehr positive Nachricht. Gerade weil Ihre Mitarbeiter unterschiedlich sind, wird es leichter sein, die verschiedenen Funktionen und Aufgaben besser zu besetzen. Dass Menschen unterschiedlich sind, heißt natürlich auch, dass sie auch unterschiedlich auf Veränderungen reagieren. Manche warten begierig auf Neues. Sie halten Routine nur schwer aus und wenn, dann nur kurzfristig. Andere wiederum hängen am Althergebrachten und wollen so viel wie möglich, wenn nicht alles, davon bewahren.

Im Folgenden geben wir Ihnen einige Indikatoren an die Hand, die es Ihnen ermöglichen, Ihre Mitarbeiter besser einzuschätzen. Zuvor möchten wir jedoch eine Warnung aussprechen:

Merke:

Seien Sie sich bei allen Beurteilungen nie ganz sicher!

Ein Indiz ist noch kein Beweis, es liefert nur Hinweise.

Beurteilen Sie auch Ihre **eigenen emotionalen Reaktionen**. Ist Ihnen der betreffende Mitarbeiter sympathisch oder eher weniger sympathisch? Derartige gefühlsmäßige Einschätzungen verzerren schnell das Bild. Berücksichtigen Sie daher auch Ihren „Sympathie- bzw. Antipathiefaktor".

Und am allerwichtigsten: Behalten Sie im Auge, dass Sie **nur das Verhalten der Person**, nicht die Person an sich beurteilen können! Je nach Situation kann sich ein und dieselbe Person gänzlich unterschiedlich verhalten. So manche Führungskraft liebt an ihrem Beruf besonders die Herausforderung, sich mit immer neuen Situationen und Veränderungen auseinandersetzen zu müssen, während sie im Urlaub das Bekannte und Altbewährte absolut vorzieht. Ein anderer wiederum übt seit Jahrzehnten mehr oder weniger dieselbe Funktion aus und liebt die Routine über alles. Abseits des Berufes jedoch neigt er zu riskanten Abenteuersportarten.

Auf den Punkt gebracht:

Menschen sind nicht nur untereinander unterschiedlich, sondern sie neigen dazu, sich in unterschiedlichen Situationen auch unterschiedlich zu verhalten.

Grob kann man die Reaktionen bzw. die Verhaltensweisen von Menschen in drei Kategorien unterteilen:

(1) Manche wollen, dass alles mehr oder weniger **gleich** bleibt.

(2) Andere wünschen gelegentliche und vor allem **allmähliche Veränderungen.**

(3) Eine dritte Gruppe sucht häufige und meist **größere Veränderungen**.

Wie können Sie nun feststellen, welche dieser Kategorien auf Ihre jeweiligen Mitarbeiter am besten zutrifft?

Toolbox:

Schätzen Sie die Reaktion Ihrer Mitarbeiter auf Veränderungen ein

Um dies herauszufinden, stehen Ihnen verschiedene Wege zur Verfügung:

Tool 1: Reflektieren Sie die bisherige berufliche Laufbahn Ihrer Mitarbeiter

- Welche größeren Veränderungen weist die bisherige berufliche Laufbahn auf?
- Wie häufig traten diese Ereignisse auf?
- Welche dieser Veränderungen waren vom Mitarbeiter selbst hervorgerufen worden?

Traten größere Veränderungen nur alle 10 bis 15 Jahren auf, weist dies auf Kategorie A hin. Für Kategorie B sprechen Veränderungen, die sich alle fünf bis sieben Jahre ereigneten, während Intervalle von durchschnittlich ein bis zwei Jahren der Kategorie C zuzurechnen sind.

Tool 2: Nutzen Sie Gespräche mit Ihren Mitarbeitern

Stellen Sie an einer passenden Stelle während eines Gesprächs Ihrem Mitarbeiter folgende Frage:

„Vergleichen Sie Ihre momentane Tätigkeit mit dem, was Sie vor zwei Jahren getan haben. Welche Beziehung besteht zwischen Ihrer jetzigen und Ihrer vorherigen Arbeit?"

Mitarbeiter, denen Beständigkeit am wichtigsten ist (Kategorie A), werden Ihnen schildern, welche Gemeinsamkeiten bestehen und was alles gleich geblieben ist.

Beispiel: Herr Müller antwortet auf die obige Frage seines Abteilungsgleiters „Unser bisheriges Vorgehen hat sich bewährt und wir konnten unseren hohen Standard halten. Auch freut es mich besonders, dass auch die gute Arbeitsatmosphäre gleich geblieben ist."

Mitarbeiter der Kategorie B werden Ihnen von Entwicklungsprozessen berichten, die allmählich auf Bestehendes aufbauen.

Beispiel: Frau Schmidt antwortet auf dieselbe Frage mit „Wir sind heute in der Lage, schneller und flexibler auf die Forderungen unserer Kunden zu reagieren als noch vor zwei Jahren. Zugleich konnten wir auch unsere Kosten senken."

Falls Sie Ihr Mitarbeiter etwas verständnislos anschaut und die Frage nicht wirklich versteht, haben Sie es wahrscheinlich mit jemandem aus der Kategorie C zu tun.

Beispiel: Die Antwort von Herrn Meier lautet „Könnten Sie bitte Ihre Frage wiederholen, ich bin mir nicht sicher, ob ich Sie richtig verstanden habe."

Tool 3: Bisherige Erfahrungen mit den Mitarbeitern reflektieren

Denken Sie über sich selbst nach. In welche dieser Kategorien würden Sie sich selbst einordnen? Gerade wenn Ihre Mitarbeiter unter andere Kategorien fallen, kommt der „Sympathie- bzw. Antipathiefaktor" ins Spiel. In der Regel wirken Menschen, die uns ähneln, auf uns ad hoc sympathisch.

Wie verhielten sich Ihre Mitarbeiter, wenn Sie Ihnen Herausforderungen anboten? Nahmen sie diese willig an oder stießen Sie eher auf offene oder unterschwellige Ablehnung?

Wurden die Leistungen von machen Mitarbeitern besser oder schlechter, wenn sie längere Routineaufgaben durchzuführen hatten?

Erstellen Sie nun in Ruhe ein Profil zu Ihren einzelnen Mitarbeitern, indem Sie auf Ihre Erfahrungen zurückgreifen. Wie haben sie bisher auf geforderte Veränderungen reagiert?
Spontane Zustimmung zur Veränderung lassen auf Kategorie C schließen. Menschen der Kategorie B brauchen Zeit zum Überlegen und lassen sich eher allmählich auf die Veränderung ein. Andere wiederum scheinen hinhaltenden Widerstand gegenüber den meisten Veränderungen zu leisten und beharren auf dem Bisherigen (Kategorie A).

Tool 4: Ergebnisse prüfen und Vergleiche anstellen

Vergleichen Sie nun Ihre Beurteilungen aus den Punkten eins bis drei. Wie groß ist die Übereinstimmung?
Ziehen Sie andere Quellen mit hinzu.

- Wie schätzen Ihre Vorgesetzten, Ihre Kollegen usw. Ihre Mitarbeiter ein?
- In welchem Umfang deckt sich Ihre Sicht mit der Ihrer Vorgesetzten oder Kollegen?

Beachten Sie dabei bitte die Regeln der Vertraulichkeit!
Bleiben Sie bei all dem vorsichtig in Ihrer Beurteilung. Denken Sie daran, wie unterschiedlich sich Menschen in unterschiedlichen Situationen verhalten können. Es spricht nichts dagegen und ist auch nicht zu vermeiden, Menschen vorübergehend in Schubladen zu stecken. Problematisch wird es jedoch dann, wenn wir nicht mehr bereit sind, unser einmal gewonnenes Bild erneut zu überprüfen und bei Bedarf zu korrigieren. Halten Sie daher Ihre Schubladen immer einen Spalt breit offen!

Was kann ich mit diesen Erkenntnissen anfangen? Die Veränderung „verkaufen"

Stellen Sie sich folgenden Fall vor: Ihre Analyse ergab, dass Ihre Mitarbeiter zum großen Teil der Kategorie A zuzurechnen sind und lieber alles beim Alten belassen würden. Ist damit die erwünschte Veränderung bereits im Vorfeld gescheitert? Heißt das, dass Ihnen eine beinahe unlösbare Aufgabe ins Haus steht? Wir glauben nein!

Auch Menschen, die Kontinuität bevorzugen, können sich verändern und verändern sich auch tatsächlich. Umgekehrt bleibt auch bei denjenigen, die über einen starken Drang nach Veränderung verfügen, vieles gleich. Was die beiden Gruppen trennt, beruht zum größten Teil auf der unterschiedlichen Wahrnehmung von Veränderungen.

Sicherlich kennen Sie Momente, in denen Sie sagen „Am liebsten möchte ich alles verändern", vielleicht, weil Ihnen wieder einmal alles über den Kopf gewachsen ist. Was würde aber dieses „Alles verändern" – buchstäblich beim Wort genommen – wirklich bedeuten? Ihr Leben wäre total umgekrempelt und Sie müssten alles und zwar wirklich alles neu lernen, angefangen vom Laufen, vom Sprechen usw. Ganz gewiss jedoch haben Sie dies nicht gemeint. „Alles" bedeutet lediglich, dass ein bestimmter Ausschnitt des Ganzen verändert werden soll.

Umgekehrt filtern auch Aussagen wie „immer dasselbe" wesentliche Aspekte der Situation heraus. Vergleichen Sie dazu Ihre Ansichten, Ihre Fähigkeiten, Ihre Lebensgewohnheiten mit denen von vor zwanzig Jahren! Manche Ihrer Ansichten haben möglicherweise die Zeit überdauert, viele jedoch werden sich sicherlich gewandelt haben, alleine schon deswegen, weil jedes Lebensalter seine eigenen Perspektiven aufweist. Ähnlich wird es auch um Ihre Fähigkeiten bestellt sein. Sicherlich werden sich diese verändert und weiterentwickelt haben. Auch wäre es außerordentlich schwierig, tatsächlich alles über einen solch langen Zeitraum konstant zu halten. Sie haben eine andere Stellung und ein anderes Einkommen als vor zwanzig Jahren. Sie müssten schon viel Mühe aufwenden, um Ihren Lebensstil davon gänzlich unberührt zu lassen!

Auf den Punkt gebracht:

Alle Menschen unterliegen Veränderungen und alle Menschen wünschen, dass etwas beständig bleibt. Nur der jeweilige Grad unterscheidet Menschen voneinander.

Ihre Mitarbeiter sind Ihre Zielgruppe! Ihnen wollen Sie Ihr „Produkt", den erwünschten Veränderungsprozess, verkaufen. Wie in vielen anderen Bereichen ist auch hier die Zielgruppe nicht einheitlich, sondern heterogen. Um Ihr Produkt an den Mann oder die Frau zu bringen, müssen Sie daher die unterschiedlichen „Kunden" ihren Bedürfnissen gemäß bedienen. Ihre Aufgabe ist es, Ihren Mitarbeitern Ihr Produkt so zu „verkaufen", dass diese es Ihnen „abkaufen".

„Wieso soll ich meine Mitarbeiter hier als Kunden betrachten?", werden Sie sich möglicherweise fragen. Ihr Argument könnte lauten: „Schließlich werden sie ja dafür bezahlt, dass sie die ihnen aufgetragenen Aufgaben erfüllen. Weigern sie sich, dann kann ich notfalls disziplinarisch gegen sie vorgehen."

Natürlich haben Sie mit dieser Meinung in gewisser Weise Recht. Ihre Mitarbeiter müssen bzw. sollten ihre Aufgaben nach Ihren Anweisungen durchführen. Auf der anderen Seite besteht jedoch ein **riesiger Unterschied zwischen Müssen und Wollen!**

Wenn es Ihnen gelingt, Ihre Mitarbeiter wirklich *für die Veränderung* zu gewinnen, wird das Gesamtergebnis wesentlich besser ausfallen. Motivierte Mitarbeiter arbeiten weitaus produktiver und effektiver als nicht motivierte. Sie ziehen alle an einem Strang, was sich auf das Projekt, und sicherlich nicht zuletzt auch auf Ihren eigenen Vorteil, positiv auswirkt.

Das ist also der große Nutzen, den Sie aus der vorhergehenden Analyse ziehen können: Den optimalen Weg zu finden, wie Sie jeden Ihrer Mitarbeiter auf seine Weise für die erwünschte Veränderung gewinnen können, sodass er sein Engagement und sein Können voll und ganz in den Dienst der Sache stellen kann.

Toolbox:

Mitarbeitern die Veränderung „verkaufen"

Sortieren Sie in einem ersten Schritt die unterschiedlichen Aufgaben, die im Zuge der Veränderung auf Ihr Team zukommen.
Untersuchen Sie nun jede dieser Aufgaben im Detail:

- Was an dieser Aufgabe ähnelt dem bisherigen Pflichtenheft?
- Was an dieser Aufgabe bringt ein neues Anforderungsprofil mit sich?
- Schätzen Sie das Verhältnis von Neuem und Gleichbleibendem ein.

Überlegen Sie sich nun, welche dieser Aufgaben zu welchem Teammitglied bzw. zu welchem Ihrer Mitarbeiter passt.
Verwenden Sie in den „Verkaufsgesprächen" mit Ihren Mitarbeitern die für die jeweilige Kategorie passenden Sprachmuster:

- Betonen Sie bei Menschen aus „Schublade A" das, was in der Veränderung gleich bleibt. Hier einige Beispielsätze:

Diese auf den ersten Blick neue Aufgabe weist folgende Gemeinsamkeiten mit ... auf.",
„Sie ist im Grunde das Gleiche wie... .",
„Sie können dafür vieles nutzen, was Sie bereits wissen",
„Sie können im Wesentlichen so vorgehen, wie Sie es schon immer gemacht haben", usw.

- Menschen der „Schublade B" reagieren positiv auf Sprachmuster, die eine allmähliche Entwicklung anzeigen. Hier beispielhaft einige Sätze und Redewendungen:

„Im Grunde ist die neue Aufgabe das Gleiche wie bisher, mit der Ausnahme ... "
„Sie stellt einen Fortschritt und eine Verbesserung dar"
„Sie ist eine neue Version von... "
Verwenden Sie auch immer wieder vergleichende Begriffe wie „mehr", „besser", „weniger", „im Vergleich zu" und ähnliches.

- Ganz anders müssen Sie Menschen der „Schublade C" ansprechen. Betonen Sie die neuartigen Aspekte der Aufgabe und die Veränderungen, die mit ihnen einhergehen:

„Es wartet eine neue Aufgabe auf Sie, die vollkommen anders als Ihr bisheriger Aufgabenbereich ist",
„Dies ist eine einzigartige und einmalige Gelegenheit für... "
„Es handelt sich um eine vollständige Neuentwicklung, die noch nie da gewesen ist" usw.

Bereiten Sie sich vor, wenn Sie diese Sprachmuster anwenden wollen. Skizzieren Sie schriftlich einige Sätze, die Sie Ihren Mitarbeitern sagen wollen. Machen Sie auch einige „Trockenübungen" und versuchen Sie, bei passender Gelegenheit, diese Sprachmuster in einem harmlosen Kontext anzuwenden.
Üben Sie dies besonders, wenn der jeweilige Mitarbeiter sich in einer anderen Schublade aufhält als Sie selbst. Die dafür passenden Sprachmuster werden Ihnen nicht so geläufig sein wie die eigenen.

Ein Hinweis: Die hier vorgestellten Sprachmuster stellen bei größeren und drastischen Veränderungen meist nur den ersten Schritt dar. Alleine reichen sie selten aus, um Mitarbeiter zu überzeugen, geschweige denn, um sie zu motivieren. Sie werden jedoch bei Ihren Mitarbeitern zumindest ein offenes Ohr finden, was oft schon die halbe Miete ist.

5. Kapitel

Offene und klare Kommunikation

Kommunikation spielt eine Schlüsselrolle im Change Management. Sie stellt sicher, dass alle Mitarbeiter zu Beteiligten werden und ihren Teil zum Erfolg beitragen.

Navigationshilfe:

Wie zahlreiche Studien ergeben haben, sind fast sämtliche Führungskräfte sehr davon überzeugt, dass sie gut kommunizieren. Die Mitarbeiter sehen dies jedoch häufig anders. Wir möchten Sie hier „positiv verunsichern". Gerade wenn Sie ein Kommunikationsprofi sind, sollten Sie jede Gelegenheit nutzen, Ihr eigenes Gesprächsverhalten immer wieder unter die Lupe zu nehmen. Aus diesem Grund empfehlen wir es in jedem Fall, dieses Kapitel zu lesen. Jedoch müssen die einzelnen Abschnitte nicht gleichermaßen wichtig für Sie sein.

Offen zu kommunizieren fällt Ihnen nicht leicht oder Sie befürchten, zu offen zu sein. In beiden Fällen lohnt es, sich den Abschnitt über Transparenz besonders ausführlich zu Gemüte zu führen.

Es fällt Ihnen nicht leicht, Ihre Mitarbeiter zu überzeugen und mit deren Gegenargumenten konstruktiv umzugehen. Nutzen Sie den Gesprächsleitfaden im Abschnitt über klares Kommunizieren und verbessern Sie Ihre eigene Gesprächskultur.

Sie starten engagiert in das Veränderungsprojekt und es gelingt Ihnen auch, Ihre Mitarbeiter mitzureißen. Der erste Elan verfliegt jedoch recht schnell. Beschäftigen Sie sich in diesem Fall gründlich mit dem Abschnitt über langfristige Motivation.

Trotz aller Überzeugungsversuche stehen Ihre Mitarbeiter der Veränderung weiterhin eher misstrauisch gegenüber. Erfahren Sie im Abschnitt über Vertrauen, wie sie dieses gewinnen und pflegen können.

Sie haben einiges erlebt in Ihrem bisherigen Berufsleben und haben die Mitarbeiterrolle am eigenen Leib kennen gelernt. Lassen Sie sich vom letzten Abschnitt dieses Kapitels dazu anregen, Ihre Erfahrungen ganz bewusst für erfolgreiches Change Management einzusetzen.

5.1 Welche Rolle spielt Transparenz?

Der Sinn transparenter Kommunikation und transparenter Vorgänge ist nicht die völlige „Durchsichtigkeit". Transparenz dient dazu, dass die von den Vorgängen Betroffenen ausreichend darüber Bescheid wissen, was auf sie zukommt und warum dies so ist. Transparenz bildet die Brücke vom Überreden zum Überzeugen. Betroffene können bestenfalls überredet werden, Beteiligte sind überzeugt von Ihrer Aufgabe.

5.2 Wie kann ich klar kommunizieren?

Eine klare Struktur macht Gespräche erfolgreicher. Zusätzliche Perspektivenwechsel während der Vorbereitung helfen, allfällige Gegenargumente entkräften und Nachteile in Vorteile umwandeln zu können.

5.3 Wie kann ich die Motivation langfristig aufrecht erhalten?

Kurzfristig eintretende erste Erfolge stärken den „langen Atmen" für langfristige Motivation.

5.4 Wie gewinne und erhalte ich das Vertrauen meiner Mitarbeiter?

Erfolgreiches Changemanagement erfordert Zusammenhalt und Zusammenarbeit. Das entscheidende Bindeglied hierfür ist Vertrauen. Vertrauen kann man nicht per Knopfdruck erzeugen. Vertrauen muss wachsen und gepflegt werden.

5.5 Wie kann ich in der Kommunikation souverän bleiben?

Die eigenen Achillesfersen in der Kommunikation zu erkennen, hilft Handlungsspielraum und innere Souveränität zurückzugewinnen.

Das 1. Kapitel hat uns einen Überblick über die Faktoren erfolgreichen Change Managements gegeben. Einer der wichigsten lautete offene und klare Kommunikation. Besonders für Führungskräfte auf unteren und mittleren Ebenen, die im direkten Kontakt mit den Mitarbeitern vor Ort stehen, stellt die Kommunikation einen der wichtigsten Aspekte dar, den Veränderungsprozess positiv mit zu beeinflussen.

Betrachten wir für einen Moment die Situation, in der sich solche Führungskräfte befinden. Auf den ersten Blick sind sie nicht zu beneiden. Sie stehen zwischen der obersten Führungsriege, die die Veränderung plant und den Mitarbeitern, die sie letztlich umzusetzen haben. Auf die Manager im mittleren und unteren Bereich wartet damit eine anspruchsvolle Aufgabe. Sie müssen die global formulierten Ziele und Visionen des Topmanagements an ihre Mitarbeiter weitergeben. Gleichzeitig müssen sie diese immer weiter in kleinere Arbeitsschritte herunterbrechen und konkretisieren, um den Veränderungsprozess motivierend präsentieren zu können und fassbar zu machen. Stets lauert die Gefahr, dass der Spagat, die Balance zwischen den Interessen der Geschäftsführung und denen der Mitarbeiter zu halten, misslingt. Nur eines kann diese Gefahr, zwischen den Mühlrädern aufgerieben zu werden, zuverlässig bannen: Klare und offene Kommunikation.

Auch hier spielt wieder die aktive eigene Beteiligung eine Hauptrolle. Ohne diese fehlt Führungskräften die Glaubwürdigkeit, die notwendig ist, um Mitarbeiter wirklich vom Sinn und Zweck des Wandels zu überzeugen.

Auf den Punkt gebracht:

Kommunikation spielt eine Schlüsselrolle im Change Management. Sie stellt sicher, dass alle Mitarbeiter zu Beteiligten werden und ihren Teil zum Erfolg beitragen.
Dies beinhaltet zum einen Klarheit, um
- die Ziele des Veränderungsprojekts nachvollziehbar und präzise kommunizieren zu können.
- den Sinn und Zweck der Veränderung überzeugend zu vermitteln.

Zum anderen erfordert es ausreichend Transparenz und Offenheit,
- damit den Mitarbeitern die Entscheidungen und Schritte nachvollziehbar werden.
- die alle Beteiligten ermutigt, die Stärken und Schwächen des Projekts aus unterschiedlichen Perspektiven zu beleuchten.
- die eine Atmosphäre fördert, in der Fehler erlaubt sind, um sie als Lernquelle zu benutzen.

Notwendig für diese klare und offene Kommunikation ist, wie bereits angesprochen, Ihre eigene Beteiligung. Überprüfen Sie diese mittels folgenden kurzen Checks und verbessern Sie gegebenenfalls Ihre eigene Informationslage. Fällt es Ihnen nach wie vor schwer, sich mit dem Projekt zu identifizieren, arbeiten Sie am besten nochmals ausführlich die Kapitel 2 und 3 durch.

Toolbox Selbstcoaching:

Eigene Beteiligung überprüfen

Hier stellt sich die Frage, wie transparent Ihnen selbst die Ziele und Entscheidungsprozesse Ihrer unmittelbaren Vorgesetzten bzw. der Firmenleitungsind. Natürlich müssen Sie nicht über Alles Bescheid wissen, Sie brauchen jedoch ausreichend Informationen. Fragen Sie sich:

- Verfügen Sie über genügend Informationen, damit Ihnen das geplante Veränderungsprojekt und die damit verbundenen Erwartungen einsichtig genug sind?
- Ermöglichen Ihnen die bereits vorhandenen Informationen, sich ausreichend mit dem Veränderungsprojekt zu identifizieren und Ihren Mitarbeitern gegenüber dahinter zu stehen?
- Verfügen Sie über genügend „Ownership", haben Sie sich das Projekt schon ausreichend angeeignet?

Seien Sie bei der Beantwortung der Fragen ehrlich sich selbst gegenüber und filtern Sie heraus, welche Informationen Sie noch von Ihren Vorgesetzten brauchen.

Toolbox Selbstcoaching:

Von Vorgesetzten Informationen erhalten

Wie beschaffen Sie sich nun von Ihrem Vorgesetzten die benötigten Informationen?

Vermitteln Sie Ihrem Vorgesetzten, welche Vorteile und welcher Nutzen damit verknüpft sind, wenn Sie noch mehr über das Changeprojekt wissen. Nehmen Sie zusätzlich mögliche Einwände von seiner Seite vorweg: „Ich kann mir vorstellen, dass es für Sie mit Mühen verbunden ist oder es Ihnen sogar überflüssig erscheinen mag, mich noch genauer über das geplante Projekt zu informieren. Ich bin mir jedoch sicher, dass diese Informationen mir helfen, von vornherein das Projekt auf die richtige Schiene zu bringen, sodass wir später keine Zeit mit Abstimmungsproblemen verschwenden müsse. Auch kann ich so meine Mitarbeiter leichter ins Boot holen, sodass sie vollen Einsatz zeigen.

Erkundigen Sie sich zusätzlich danach, unter welchen Bedingungen es Ihrem Vorgesetzten möglich ist, Sie mit den benötigten Informationen zu versorgen.
In diesem Zusammenhang sollten Sie auch gemeinsam besprechen und festlegen, wie Sie die Informationen weiter verwenden können: Was darf mit den Informationen geschehen und was nicht? Verschaffen Sie sich an diesem Punkt absolute Klarheit darüber, welche Informationen von Ihnen vertraulich behandelt werden sollen und welche gewissermaßen „freigegeben" sind. Im weiteren Verlauf könnte sonst eine unzureichende Klärung für viel böses Blut sorgen und Ihnen sehr zum Nachteil gereichen. Bei Ihrem Vorgesetzten könnte es den Eindruck erwecken, dass Sie ihm gegenüber nicht loyal sind. Die zerbrochenen Scherben dann wieder zu kitten, ist sehr mühselig und aufwändig, zuweilen auch gar nicht mehr möglich.
Nun kann auch sein, dass Ihr Vorgesetzter Ihnen die gewünschten Informationen nicht liefern kann oder will, selbst wenn Sie ihm die Vorteile davon noch so deutlich und überzeugend geschildert haben. Erläutern Sie in diesem Fall, wofür genau Sie die Informationen benötigen, was Sie dadurch erreichen wollen und welche Ziele Sie damit anstreben. Fragen Sie anschließend, welche Alternativen Ihr Vorgesetzter Ihnen anbieten kann, damit Sie auch ohne die spezifischen Informationen die von Ihnen anvisierten Ziele erreichen können. Oder bitten Sie Ihren Vorgesetzten, Ihnen, sofern es möglich ist, die guten Gründe zu nennen, weswegen er Ihnen diese Informationen nicht geben kann, beispielsweise aufgrund von sensiblen strategischen Überlegungen.

5.1 Welche Rolle spielt Transparenz?

Selten sind sich die Autoren von populären als auch wissenschaftlichen Büchern und Veröffentlichungen zum Thema Change Management so einig wie in diesem Punkt:

Die Transparenz ...

... von Zielen und Entscheidungsprozessen stellt einen zentralen Einflussfaktor für erfolgreichen Wandel dar.

Was heißt aber „Transparenz" eigentlich? Das Gegenteil von Transparenz ist die Verhüllung und Verdunkelung. Transparenz meint daher, dass die Vorgänge, um die es geht, nachvollziehbar und „einsichtig“ sind. Transparenz ist dann verwirklicht, wenn die Ziele und die Entscheidungsprozesse ausreichend „einsehbar“ sind, sodass die Mitarbeiter deren Sinn auch „einsehen“ können.

Der Sinn transparenter Kommunikation ...

... und transparenter Vorgänge ist nicht die völlige „Durchsichtigkeit". Transparenz dient dazu, dass die von den Vorgängen Betroffenen ausreichend darüber Bescheid wissen, was auf sie zukommt und warum dies so ist.

Transparenz signalisiert den Betroffenen, dass sie mündige Prozesspartner darstellen, die auch ein Anrecht darauf haben, informiert zu werden. Schon kleine Kinder kämpfen mit ihren Eltern um Transparenz: „Warum darf ich das nicht?“ Die häufige Antwort geplagter und zuweilen auch überforderter Eltern – „Darum!“ – ist schon für Kinder völlig unbefriedigend, wenn vielleicht auch aus dem Moment heraus verständlich. Ohne weitere Begründungen können Maßnahmen nur mit mehr oder weniger Gewalt durchgesetzt werden. Mitarbeiter, die einem gewissermaßen „tyrannischem“ Führungsstil ausgesetzt sind, empfinden dies in der Regel als abwertend. Abwertung wiederum stellt eine Kränkung dar, die Reaktionen nach sich zieht. Die erste Reaktion ist nahezu immer der Verlust an Motivation. Häufig gesellt sich auch das Motiv nach Rache hinzu: „Denen werde ich es zeigen“, was sich im nicht seltenen Extremfall als regelrechte Sabotage am Veränderungsprojekt äußern kann. Völlig unabhängig davon, was man glaubt, wie Führungskräfte Menschen zu behandeln hätten, was in Ordnung sei und was nicht, können wir hier feststellen:

Auf den Punkt gebracht:

Mangelnde Transparenz ist in Veränderungsprozessen kontraproduktiv.

Ein „undurchsichtiger“ Führungsstil führt in Wandlungsprozessen weit eher als ein transparenter zu Misserfolgen. Verschleierndes und verhüllendes Vorgehen wird eben nicht dazu führen, was in den meisten Veränderungsprozessen absolut erforderlich ist: Die Fähigkeit aller Beteiligten, selbstständig ihren Anteil zum Erfolg beizutragen. Transparenz ist daher ein unerlässlicher Faktor für „Ownership", mit anderen Worten: um Betroffene zu Beteiligten zu machen.

Transparenz bildet die Brücke ...

... vom Überreden zum Überzeugen. Betroffene können bestenfalls überredet werden, Beteiligte sind überzeugt von Ihrer Aufgabe.

Risiken und Chancen offener Kommunikation

Nun macht ein einzelnes Gespräch oder Teammeeting alleine noch keinen Sommer und Schönwetter. Bis wirklich alle Mitarbeiter und Teammitglieder im Boot des Veränderungsprozesses sitzen, braucht es meist einen längeren Diskussionsprozess. Zum einen ist es um die Fähigkeiten und die Motivation Ihrer Mitarbeiter unterschiedlich bestellt. Zum anderen weichen auch die jeweils persönlichen Ziele, die sich in der Mikropolitik auswirken, in unterschiedlichem Ausmaß von den Zielen des Veränderungsprozesses ab.

Für den Erfolg des Veränderungsprojekts ist es jedoch von entscheidender Bedeutung, die betroffenen Mitarbeiter zu beteiligten „Change-Akteuren" zu machen. Daher bieten wir Ihnen hier auch kein „Standardvorgehen" an.

Auf den Punkt gebracht:

Geben Sie Ihren Mitarbeitern Zeit, sich kritisch mit dem geplanten Veränderungsprojekt auseinanderzusetzen. Dadurch können sich Ihre Mitarbeiter das Projekt leichter zu ihrem eigenen machen. Dann erst werden sie bereit sein, auch die potenziellen Nachteile in Kauf zu nehmen.

Dieser Prozess kann für Sie als Führungskraft sehr herausfordernd sein. Vielleicht befürchten Sie, dass Ihr Einfluss und Ihre Autorität schwinden. Oder es bereitet Ihnen Sorgen, wie es um die Außenwirkung Ihrer Abteilung bestellt ist. Falls in den anderen Abteilungen und Unternehmensbereichen keine kritische Diskussionskultur gepflegt wird, sind diese Sorgen nicht ganz unangebracht. Denn nun müssen Sie einen Balanceakt leisten. Was Sie bei der Stange hält, ist die Hoffnung, dass die nach außen sichtbare Leistung Ihrer Abteilung so bald wie möglich Ihre Vorgehensweise rechtfertigt. Trotz dieser Risiken spricht jedoch einiges dafür, dennoch einen kritisch-offenen Kommunikationsstil zu pflegen, auch wenn er von der gesamten Kultur im Unternehmen abweicht.

Gerade bei einer internen Offenheit …

… fällt es Mitarbeitern leichter, Verschwiegenheit nach außen zu bewahren.

Wie sagte schon der römische Philosoph Seneca: „Wenn die Sklaven nicht mit dem Herrn reden dürfen, dann reden sie über ihn". Natürlich sind die Begriffe Sklave und Herr heute nicht mehr angebracht, den gruppendynamischen Effekt hatte Seneca jedoch bereits damals glasklar erfasst:

Offene interne Kommunikation …

… erhöht die Loyalität gegenüber der eigenen Gruppe.

Dennoch bleibt eines bestehen: Offene Kommunikation birgt auch Risiken. Sie geben als Führungskraft zunächst mehr Macht ab. Ihre Meinungen werden ebenfalls einer Kritik unterzogen. Zudem funktioniert offene Kommunikation nur dann, wenn Sie selbst dem Prozess gegenüber positiv eingestellt sind. Mitarbeiter nehmen sehr genau wahr und spüren intuitiv, wie Reden und Handeln zueinander passen. Fordern Sie von Ihren Mitarbeitern kritische und offene Diskussion, reagieren jedoch selbst schon bei leiser und vorsichtiger Kritik sehr empfindlich, werden Ihre Mitarbeitern das sehr aufmerksam zur Kenntnis nehmen und sich in Zukunft zurückhalten.

Dies ist besonders dann gefährlich, wenn Sie sich Ihrer eigenen Empfindlichkeit gar nicht bewusst sind.

Auf den Punkt gebracht:

Bei Ihren Gesprächspartnern kommt eher das an, was Sie tun, und nicht das, was Sie verbal von ihnen einfordern.

Was können Sie diesen Risiken entgegensetzen?

Viele Menschen befürchten, in der Achtung ihrer Mitmenschen zu sinken, wenn sie ihre Meinungen revidieren und auch einmal einen Fehler oder eine falsche Einschätzung zugeben können. Dabei ist gewöhnlich das Gegenteil der Fall. Wir bringen Menschen, die den Mut dazu aufbringen, eigene Schwächen einzugestehen, meist viel Wertschätzung entgegen. Wer Fehler zugeben kann, wirkt souverän, denn er steht zu sich. Überprüfen Sie dies anhand eigener Erfahrungen und denken Sie an das Verhalten von jemanden, den Sie sehr respektieren.

Auf den Punkt gebracht:

Autorität erwächst nicht aus autoritärem Verhalten.

Autoritäres Verhalten erzeugt Ärger sowie Furcht und gerade in einem Veränderungsprozess sind diese Reaktionen kontraproduktiv. Autorität erwächst aus der inneren Stärke, die kein starres Festhalten an Positionen und Rechthaberei braucht.

Sie müssen jedoch nicht alle Zügel aus der Hand geben, ganz im Gegenteil. Auch wenn Sie zu kritischer Diskussion und Aneignung des Veränderungsprozesses einladen, behalten Sie nach wie vor die **Richtlinienkompetenz**. Machen Sie sich immer wieder klar, über welche Punkte nicht diskutiert wird. Diese betreffen vor allem die Grenzen des Handlungsspielraums sowie die Grundorientierung und Zielrichtung.

Zeigen Sie Stärke, ...

... wenn an Ihrer Richtlinienkompetenz gerüttelt wird. Auch für Ihre Mitarbeiter ist es wichtig, dass die Grenzen klar sind.

Ohne klare Grenzen machen sich auf Dauer Unsicherheit und Orientierungslosigkeit breit. Gerade in Zeiten der Verunsicherung, die mit Veränderungsprozessen regelmäßig einhergehen, braucht es bei allen Spielräumen genug Sicherheit. Und für diese Sicherheit sind die meisten Menschen bereit, auch einen Preis zu zahlen, nämlich Einschränkungen des Handlungsspielraums hinzunehmen.

Lassen Sie sich daher nicht verunsichern, wenn Ihre Mitarbeiter ihre Grenzen ausloten. Das heißt noch lange nicht, dass sie die von Ihnen abgesteckten Grenzen nicht akzeptieren. Sehr häufig verbirgt sich hinter provozierendem, grenzüberschreitenden Verhalten das psychologische Motiv nach einem klaren Gegenüber, nach einer eindeutigen Grenze und damit nach Sicherheit. Eine derartige Provokation will dann im wahrsten Sinne des Wortes etwas hervorrufen: Sie will Ihre Stärke und Ihre Autorität sehen.

Unterschiedliche Perspektiven nutzen

Als Manager eines Veränderungsprojekts wird eine ordentliche Portion an Flexibilität von Ihnen gefordert. Vor allem ist es wichtig, dass Sie sich auf verschiedene Meinungen und Sichtweisen einlassen können. Nun sind wir es gewohnt, die Welt zunächst nur aus unserer Perspektive heraus zu betrachten und zu beurteilen. Da kommt es einer ziemlichen Umstellung gleich, diesen sicheren Hort (vorübergehend) zu verlassen.

Auf den Punkt gebracht:

Je komplexer sich jedoch eine Situation darstellt, desto weniger Aussagekraft besitzt eine einzige Perspektive. Um ein komplettes Bild der Lage zu erhalten, müssen **verschiedene Ansichten und Meinungen** zusammengetragen und gebündelt werden.

Das bedeutet gerade für Sie als Führungskraft eine ziemliche Herausforderung. Perspektiven wechseln zu können, verlangt von Ihnen, Ihre eigene Meinung und Ihren eigenen Standpunkt relativieren zu können. Zahlreiche Vorteile sprechen allerdings dafür:

- Sie gewinnen eine weit umfassendere Informationsbasis für Entscheidungen, wenn Sie sich nicht nur auf eine Meinung und eine Perspektive verlassen.
- Sie vermitteln Ihren Mitarbeitern, dass ihre Meinungen und ihr Wissen gefragt sind, was sich sehr positiv auf deren Engagement auswirkt.
- Sie ermöglichen dadurch ein Klima offener Diskussion und sachlicher Konfliktkultur, wodurch sich die Qualität der Problemlösungen erheblich verbessert.
- Sie gewinnen ein tieferes Verständnis für die Belange anderer Beteiligter, seien es Ihre eigenen Vorgesetzten, Ihre Kollegen oder Ihre Mitarbeiter. Dadurch gelingt es Ihnen besser, für einen ausgewogenen Interessensausgleich zu sorgen. Gleichzeitig steigt Ihre Überzeugungskraft, da Sie sowohl Ihre Argumente als auch die Interessen der anderen Beteiligten berücksichtigen.

Machen Sie es sich zur Gewohnheit, während des Nachdenkens über und Besprechen von Problemen immer wieder unterschiedliche Perspektiven einzunehmen. Damit erweitern Sie im wahrsten Sinne des Wortes Ihren Horizont. Wer sich in verschiedene Sichtweisen versetzt, sieht mehr. Wer Themen aus unterschiedlichen Blickwinkeln betrachten kann, dem eröffnet sich eine Fülle von Lösungsmöglichkeiten. Sie werden Einwände Ihrer Mitarbeiter vorwegnehmen und mehr Verständnis für sie aufbringen können. Sie sind dadurch auch in der Lage, Interessenskollisionen früher und vor allem rechtzeitig zu erkennen. Schon im Vorfeld können Sie Maßnahmen und Argumente zur weitgehenden Vermeidung von Konflikten entwickeln. Ihnen werden zahlreiche Ideen zufliegen, wie Sie Interessen verbinden und vernetzen können. So können Sie Ihre Vorstellungen viel leichter an den Mann oder die Frau bringen. Und gleichzeitig fühlen sich Ihre Mitarbeiter von Ihnen akzeptiert, weil sie merken, dass Sie in Ihrer Argumentation auf deren Standpunkte eingehen.

Im Folgenden behandeln wir zwei weitere Aspekte im Zusammenhang mit Transparenz. Der eine betrifft die Frage, was man denn transparent machen soll, wenn gar nicht klar ist, was eigentlich im Veränderungsprojekt genau geschehen wird. Der zweite Aspekt wirft zusätzlich moralische Fragen auf und behandelt das Verhältnis von Transparenz und Korruption. Aus diesem Grund haben wir beide Themen in Form von „Themenboxen" dargestellt, die Sie bei Interesse bzw. Bedarf lesen und ansonsten überspringen können.

Themenbox:

Was, wenn keiner wirklich weiß, was geschehen wird?

In der Praxis kommt es gar nicht so selten vor, dass selbst die Führungsebene nicht genau weiß, was auf sie zukommt. Dies kann etwa der Fall sein, wenn ein Unternehmen von einem anderen übernommen wird. Auch das Topmanagement hat nur vage Vorstellungen davon, was genau geschehen wird. Sollten Führungskräfte in diesem Fall ihre eigene Unsicherheit und eigenes Unwissen transparent machen? Diese Frage ist nicht leicht zu beantworten. Selbst wenn Sie wirklich noch nicht wissen, wer genau was plant und wie es konkret weitergehen soll, so bedeutet das noch lange nicht, dass die Mitarbeiter Ihnen dies auch glauben. In unüberschaubaren, komplexen und verunsichernden Situationen machen Menschen gerne irgendeinen „Bösewicht" für das Chaos verantwortlich. Nicht anders verhält es sich bei Veränderungsprozessen in Unternehmen. Auch sie sind von Unüberschaubarkeit und Unsicherheit gekennzeichnet. Schnell breitet sich Misstrauen aus. Es wird gemunkelt, was „die da oben" wirklich vorhaben und welche Karten sie hinter verdeckter Hand zurückhalten. Der Gedanke, dass selbst die Top-Manager das Ganze nicht komplett im Griff haben und auch nicht bis ins kleinste Detail überblicken können, ist für viele Mitarbeiter ziemlich beunruhigend. Menschen halten gerne an der Illusion fest, dass irgendjemand Überblick und Kontrolle besitzt. Die Vorstellung, dass das Topmanagement Pläne hat und durchziehen will, die sich für die Belegschaft nachteilig auswirken, ist da zuweilen fast leichter zu ertragen, als das Wissen, dass niemand den Prozess kontrolliert.

Erneut können wir hier Ihnen kein schnell wirkendes Patentrezept an die Hand geben, um dem vorzubeugen. Es geht an dieser Stelle nicht um Verhalten, sondern um Einstellungen. Diese zu verändern, gelingt am leichtesten, wenn mit dem Wandel positive Erfahrungen verknüpft sind. Dazu muss den Mitarbeitern glaubhaft vermittelt werden, dass sie durch ihr eigenständiges Handeln den Ver-

änderungsprozess mitgestalten können. Zusätzlich unterstützend wirkt hierbei, wenn in die Unternehmensphilosophie einfließt, dass kein Mensch, auch kein Vorstandsvorsitzender, in der Lage ist, einen umfassenden Veränderungsprozess in all seiner Komplexität zu überschauen. Es ist die Regel und nicht die Ausnahme, dass während eines Wandels immer wieder zwischendurch die Orientierung und damit der Bodenkontakt verloren gehen. Die Konsequenz daraus lautet:
Alle „schwimmen" zwischendurch während eines Veränderungsprozesses – und daher müssen alle schwimmen lernen! „Schwimmen können" bezeichnet die Kompetenz, Unsicherheit vorübergehend aushalten zu können. Die äußere Instabilität kann dann durch ein gewisses Maß an innerer Sicherheit kompensiert werden.
Nützliche Leitfragen zum Umgang mit unsicheren Situationen sind unter anderem:
- Was ist das Beste, das wir in dieser unsicheren Situation tun können?
- Welche Optionen werden gerade durch diese unsichere Situation eröffnet?
- Welche Szenarien (worst case / best case) sollten wir durchspielen?

Sind in Ihrem Unternehmen und in Ihrer Abteilung die Voraussetzungen dafür gegeben, zieldienlich mit Unsicherheiten umzugehen, empfiehlt es sich, auch Nichtwissen transparent zu machen!

Themenbox:

Transparenz und „Verdunkelung"

Im Zusammenhang mit Transparenz müssen wir aber noch einen weiteren Punkt ansprechen. Wir leben nicht in einer heilen Welt, in der das Gute immer die Oberhand hat. Fehlende Transparenz hat häufig die Funktion, persönliche Interessen zu verbergen oder zu verschleiern, Interessen, die mehr oder weniger stark von den Unternehmensinteressen abweichen. Kann ich mir meine Machtstellung dadurch sichern, indem ich Informationen zurückhalte, ist die Versuchung groß, dies auch zu tun, selbst wenn es auf Kosten anderer und des Unternehmens geht.
Dauerhafte Abhilfe schaffen hier nur klare, transparente und auch menschenwürdige, d.h. den natürlichen Bedürfnissen von Menschen angepasste, betriebliche Strukturen. Hier kommt dieses Buch an seine Grenzen. Allerdings können Sie bis zu einem gewissen Ausmaß dafür sorgen, diese Strukturen in Ihrem eigenen Bereich einzurichten oder zu verbessern. Achten Sie besonders darauf, nach welchen Mustern und Kriterien Sie belohnen oder sanktionieren. Nur wenn transparente Kommunikation belohnt und mit positiven Konsequenzen verbunden wird, kann sie dauerhaft sichergestellt werden.

Transparenz und Korruption

Natürlich ist es menschlich und völlig legitim, die eigenen Interessen im Blick zu behalten. Auch ist es in der Praxis ein wohl nie oder nur sehr selten erreichter Idealfall, dass die eigenen Interessen mit denen des Unternehmens vollständig zur Deckung gelangen. Problematisch wird es jedoch dann, wenn die Kluft zwischen beiden Seiten sehr groß ist. Daher braucht es sowohl von der Seite des Unternehmens als auch aus Sicht der darin arbeitenden Menschen ein Grundverständnis und eine Grundakzeptanz darüber, dass die wechselseitigen Interessen grundsätzlich legitim sind. Nur so ist eine befriedigende Ausbalancierung möglich. Schwierig wird es, wenn die Interessen des Gegenübers aus dem Blick verloren werden. Aus der Perspektive des Unternehmens ist dies dann der Fall, wenn Mitarbeiter ausschließlich als „Humankapital" betrachtet werden, das man nach Belieben hin- und herschieben kann.

Wir möchten hier jedoch vor allzu schnellen Bewertungen und Urteilen warnen. Manche Unternehmensinteressen passen einfach nicht vollständig zu den eigenen, und es wäre unfair, sie alle unsortiert in die Schublade „unmenschliche Behandlung" zu stecken. Hier braucht es die Fähigkeit, differenziert und ausgewogen urteilen zu können.

Auch in diesem Kontext stellt Transparenz einen wichtigen Schlüsselfaktor dar. Je mehr über Ziele und Entscheidungsprozesse offen kommuniziert wird, desto leichter gelingt es Menschen, sich auch bei teils abweichenden Interessen mit dem Unternehmen zu identifizieren und sich in ihm wohl zu fühlen.

Umgekehrt können sich Interessen auch in eine einseitige Richtung verlagern, wenn von Einzelnen fast ausschließlich persönliche Vorteile gesucht werden. Häufig werden dabei die Grenzen der Legalität überschritten, wie es etwa bei Korruption der Fall ist. Auch hier ist das beste Gegenmittel die Transparenz:

Je transparenter die Abläufe ...

... in einem Unternehmen oder einer Abteilung sind, desto schwerer ist es, einseitige Vorteile herauszuschinden.

Wir können hier keine Ratschläge geben, wie Sie damit umgehen sollten, wenn Sie in Ihrem Unternehmen Korruption entdecken. Anders sieht dies aus, wenn sich ein solcher Vorfall in Ihrer Abteilung ereignet. In diesem Fall sollten Sie diesem unlauteren Vorgehen so schnell wie möglich Abhilfe verschaffen, auch zu Ihrem eigenen Vorteil als Führungskraft. Allzu leicht könnten sonst unklare und dubiose Vorgänge auf Sie selbst zurückfallen. So werden Sie möglicherweise misstrauisch beäugt, ob Sie nicht mit dem korrupten Mitarbeiter eventuell unter einer Decke stecken und sich ebenfalls Vorteile verschafft haben. Doch selbst wenn dies niemand denkt oder äußert: Sobald Sie korrupte, einseitige Vorteilnahme in Ihrem Einflussbereich dulden, wird das sehr wahrscheinlich als Anzeichen von Führungsschwäche angesehen.

Natürlich erhebt sich die Frage: Wo fängt Korruption an und wo hören legitime Eigeninteressen auf? Wir sind alle keine völligen Unschuldslämmer, sondern eben „menschlich" mit all den damit verbundenen Schwächen. Schon ein Blumenstrauß für die Sekretärin für einen raschen Termin beim Chef könnte ja – streng genommen – bereits als Bestechung gewertet werden! Und Hand aufs Herz, wer ist wirklich gegen jede Versuchung absolut gefeit, für einen eigenen Vorteil jemand anderem eine „kleine Gefälligkeit" zu gewähren?

Zwei Dinge sollten Sie unserer Meinung nach dabei berücksichtigen:

Überlegen Sie sich gut, wie hoch die Kosten in diesem Fall tatsächlich sind. Tatsächlich sind diese in der Regel weit höher, als es im Moment erscheinen mag, besonders auf lange Sicht betrachtet. Denn ab nun haben Sie etwas zu verbergen, und das macht Sie angreifbar und erpressbar. Das kann Sie um den Schlaf bringen – damit Ihre Lebensqualität mindern – oder schlimmstenfalls sogar hinter Gittern enden. Wenn Sie all das, was Sie tun – oder zumindest das meiste davon –, prinzipiell veröffentlichen könnten, kann Ihnen kaum etwas passieren. Selbst jemand, der gegen Sie intrigieren möchten, hat schlechte Karten, denn er hat buchstäblich nichts gegen Sie in der Hand. Hingegen sind erschlichene kleine Vorteile oft wie Schnellkredite, an deren Rückzahlung Sie wegen der Wucherzinsen später jahrelang zu knabbern hätten. Mit anderen Worten: Die langfristigen Kosten sind der wahre Preis, und da schneiden Ehrlichkeit und Offenheit meist erstaunlich kostengünstig ab!

Zum anderen hat Intransparenz, wie sie zwangsläufig mit „dunklen Geschäften" einhergeht, noch weitere negative Folgen. Mangelnde Transparenz erzeugt nahezu immer grundsätzliches Misstrauen. Ihre

Mitarbeiter werden allmählich zu rätseln beginnen, was Sie wohl vorhaben, und Ihnen eher schlechte als gute Absichten unterstellen.

Zusammenfassend können wir sagen, dass die Vorteile der **Transparenz** bei weitem überwiegen. Dies vor allem auch deswegen, weil sie **für alle Beteiligten mit Vorteilen verbunden** ist. Der Vorteil für das Unternehmen liegt darin, dass die Chancen auf einen erfolgreichen Veränderungsprozess gewaltig ansteigen: Ihre Mitarbeiter können sich leichter mit dem Veränderungsprozess identifizieren und haben mehr Vertrauen zu Ihnen. All dies steigert deren Arbeitszufriedenheit und Lebensqualität. Schließlich genießen auch Sie selbst große Vorteile, wenn Sie offen kommunizieren. Ihr transparentes Verhalten macht Sie glaubwürdig und lässt Sie souveräne Führungsqualitäten zeigen. Gleichzeitig bieten Sie weniger Angriffsfläche, denn Sie haben nichts zu verbergen.

5.2 Wie kann ich klar kommunizieren?

In einer offenen Atmosphäre voller Transparenz gedeiht klare Kommunikation am besten. Offenheit alleine reicht jedoch nicht aus. Im Folgenden präsentieren wir daher einen Gesprächsleitfaden, der sich in der Praxis bewährt hat. Darin bildet die reine Information – z.B. über die Ziele des Projekts – nur einen relativ geringen Bestandteil. Weit wichtiger als ein Monolog über einen Sachverhalt ist der konstruktive und auch kritische Dialog. Indem die Gesprächspartner aufgefordert werden, sich intensiv mit dem Thema auseinander zu setzen, fällt es ihnen auf Dauer wesentlich leichter, sich mit den Zielen der Veränderung zu identifizieren, selbst wenn das mit einigen persönlichen Nachteilen verknüpft ist.

Die systematische Vorgehensweise des Leitfadens benutzt eine Art „Dreischritt“, der vom Allgemeinen zum Konkreten und dann wieder zurück zum Allgemeinen geht:

- Geben Sie in einem ersten Schritt Ihren Mitarbeitern Überblick und beginnen Sie mit der globalen Vision und den großen Zielen des Veränderungsprojekts.

- Werden Sie dann konkreter und erläutern Sie die spezifischen Teilziele samt den Aufgaben, die daraus abgeleitet werden. Besprechen Sie hier Vor- und Nachteile der Veränderung und geben Sie ausreichend Raum für detaillierte Fragen und Diskussionen.
- Kehren Sie anschließend wieder zurück zum Globalen, indem Sie etwa einen Blick in die Zukunft werfen. Stellen Sie dar, welchen langfristigen Nutzen ein erfolgreiches Veränderungsprojekt für Ihre Abteilung bzw. Ihre Mitarbeiter bringt und welche weiteren Vorteile dies nach sich ziehen kann.

Ein erfolgreiches Gespräch lebt von einer guten Vorbereitung. Mitunter bedarf diese mehr Zeit als das eigentliche Gespräch. Doch je mehr von einem erfolgreichen Gesprächsverlauf abhängt, desto lohnenswerter ist die Zeit, die in die Vorbereitung investiert wird. Daher widmen wir diesem Thema im Anschluss ziemlich viel Platz. Natürlich muss nicht jedes Gespräch so akribisch vorbereitet werden. Wir möchten lediglich einige Optionen anbieten, die Sie je nach Bedarf nutzen können.

Vorbereitung eines Gesprächs

Was kann und will ich an Informationen weitergeben? Sie sollten sich bereits vor Gesprächsbeginn absolut klar sein, welche Informationen Sie weitergeben wollen und welche Sie zumindest vorerst zurückhalten.

Toolbox:

Entscheidungskriterien

Folgende Kriterien können hier als Entscheidungshilfen dienen:

- Geben Sie nur Informationen weiter, die Ihnen freigegeben wurden. In dieser Hinsicht sollten Sie Ihrem eigenen Vorgesetzten und dem Unternehmen gegenüber unbedingt loyal bleiben.
- Eine zu frühzeitige Veröffentlichung könnte den Erfolg mancher unternehmerischen Strategie zunichte machen, wie beispielsweise die Absicht, ein anderes Unternehmen zu übernehmen. Die Konkurrenz schläft nicht, und allzu leicht können wichtige vertrauliche Informationen durch unbedachte Äußerungen nach außen dringen. Es kann sich jedoch sehr vertrauensbildend aus-

wirken, wenn Sie nach erfolgreichem Abschluss des Vorhabens im Nachhinein die Pläne und die damit verbundenen Überlegungen veröffentlichen. Die meisten Ihrer Mitarbeiter werden es einsehen, dass Sie zu Beginn der Aktion wichtige Informationen zurückgehalten haben. Zusätzlich sichern Sie sich dadurch einen Vertrauensvorschuss für das nächste Mal.

Bei „außenpolitischen" Gründen ist es für die meisten leicht nachvollziehbar, wenn Informationen über Entscheidungsprozesse zunächst vorenthalten werden. Dies gilt jedoch nicht im selben Ausmaß für unternehmensinterne Vorgänge, etwa dem geplanten Abbau von Stellen. Wenn solche Informationen nur sehr zögerlich und spärlich an die interne Öffentlichkeit gelangen, beginnt es in der Gerüchteküche zu brodeln. Genau darin liegt jedoch eine große Gefahr. Nur wenn die Führungsebene absolut dicht halten kann, hat Zurückhaltung überhaupt einen Sinn. Werden Informationen mehr oder weniger verschleiert und nur tröpfchenweise weitergegeben, erzeugt dies bei den Mitarbeitern Unsicherheiten und Ängste, Gefühle, die den Veränderungsprozess empfindlich negativ beeinträchtigen könnten.

Merke:

Kann die absolute Verschwiegenheit nicht sichergestellt werden, so führt das Verhüllen von Informationen geradewegs zu dem, was durch sie vermieden hätte werden sollen, nämlich zu einer massiven Verunsicherung der Belegschaft mit all den negativen Konsequenzen, die diese nach sich zieht.

Meist ist es weit hilfreicher, den Gerüchten durch Transparenz vorzubeugen. Besonders schwierig gestaltet sich die Situation allerdings dann, wenn Sie einerseits um Gerüchte und Verunsicherung wissen, andererseits aus Loyalität Ihren eigenen Führungskräften gegenüber zur Verschwiegenheit verpflichtet sind.

Tipp:

Melden Sie in diesem Fall Ihren Führungskräften zurück, was im Unternehmen informell kommuniziert wird und wie sehr dadurch die Zufriedenheit und das Engagement der Mitarbeiter bereits beeinträchtigt ist.

Wie kann ich meine Gesprächspartner besser erreichen? Perspektivenwechsel zur Vorbereitung von Gesprächen

Die ausschließliche Konzentration darauf, *was man selbst* sagen und an Inhalten vermitteln will, ist ein aussichtsreicher Kandidat für die „Top drei der häufigsten Fehler der Gesprächsführung". Wenn nicht bereits im Vorfeld überlegt wird, wo meine Gesprächspartner stehen und was sie interessiert, wird sehr wahrscheinlich im wahrsten Sinne des Wortes aneinander vorbei geredet. Die Worte und Botschaften „treffen" nicht auf Zustimmung und die Gesprächspartner fühlen sich nicht angesprochen. Im besten Fall geht es zum einen Ohr hinein und zum anderen wieder hinaus. Oder es wird als Kränkung erlebt, was weit negativere Folgen zeitigt. Um dies zu vermeiden, ist es sehr nützlich, sich vor einem Gespräch in die Situation und Perspektive des Gesprächspartners zu versetzen. Welche Blickwinkel zählen und sollten von Ihnen berücksichtigt werden?

- Da sind zum einen Ihre eigene Sichtweise der Dinge sowie Ihre persönlichen Interessen.
- Als Nächstes sollten Sie die Blickwinkel und Positionen Ihrer Mitarbeiter mit berücksichtigen.
- Aber auch Ihre Vorgesetzten, Ihre Kollegen sowie das Unternehmen als Ganzes gilt es in das Gesamtbild mit einzubeziehen.
- Und schließlich erhalten Sie wertvolle Einsichten, wenn Sie alles aus der Sicht eines neutralen und außen stehenden Beobachters überblicken können.

Toolbox Selbstcoaching:

Perspektivenwechsel zur Gesprächsvorbereitung

Beginnen Sie die Planung damit, indem Sie sich in die verschiedenen Positionen und Sichtweisen der Beteiligten versetzen:

Machen Sie sich zu allererst bewusst, was Sie selbst erreichen wollen. Formulieren Sie Ihren Standpunkt und das, was Sie von den anderen wollen.

Wie präsentiert sich Ihnen das Thema, wenn Sie es aus dem Blickwinkel Ihrer Mitarbeiter betrachten?

- Welche Interessen und Motive könnten Ihre Mitarbeiter bewegen?
- Wie stehen sie vermutlich zum ganzen Unternehmen?
- Wie könnten Ihre Mitarbeiter Ihre Position sehen?
- Wie kommt das, was Sie von ihnen wollen, wahrscheinlich bei ihnen an?
- Was erwarten die Mitarbeiter vermutlich von Ihnen?

Natürlich können Sie nicht wirklich sicher sein, dass Ihre Mitarbeiter dies alles tatsächlich so sehen. Durch diese Vorbereitung werden Sie jedoch viel offener für den Gedanken, dass Ihre Mitarbeiter *andere* Meinungen und Sichtweisen haben und dass diese auch nachvollziehbar sind (was noch lange nicht heißen muss, dass Sie damit übereinstimmen müssen).

Versetzen Sie sich in die Position des gesamten Unternehmens, beispielsweise, indem Sie versuchen, die Thematik aus der Warte des Vorstandsvorsitzenden zu betrachten.

- Welche Unternehmensinteressen könnten von der Veränderung berührt sein?
- Welche Interessen verfolgen vermutlich Ihre Vorgesetzten?
- Welchen Standpunkt nehmen sie ein?

Wechseln Sie erneut den Blickwinkel:

- Wie stellt sich Ihnen das Projekt aus den Augen eines neutralen Betrachters dar?

Kehren Sie schließlich in Ihre eigene Position zurück.

- Welche neuen Ideen haben Sie durch den Wechsel der Sichtweisen kreieren können?
- Welche Strategie und Vorgehensweise scheint Ihnen jetzt sehr Erfolg versprechend?

Wie kann ich meinen Gesprächspartnern den Wind aus den Segeln nehmen? Nachteile in Argumente verwandeln – die „Ja-aber-Strategie"

Bereits im ersten Teil des Buches war davon die Rede, dass jeder Veränderungsprozess auch Nachteile mit sich führt. Warten Sie nicht darauf, dass Ihre Gesprächspartner dies auf den Tisch bringen, sondern beschäftigen Sie sich bereits im Vorfeld auch mit den negativen Aspekten, besonders mit denen, die auch Ihre Gesprächspartner betreffen. Dies hat mehrere Vorteile:

- Sie halten dadurch die Führung des Gesprächs aufrecht.
- Sie signalisieren Ihren Gesprächspartnern, dass Sie sich auch mit deren Situation auseinander gesetzt haben. Ihre Gesprächspartner wissen dadurch, dass Sie Verständnis für sie aufbringen.
- Nachteile müssen nicht Nachteile bleiben. Sie können bereits vor dem Gespräch Argumente finden, wie den Nachteilen zu begegnen ist.

Toolbox Selbstcoaching:

„Advocatus diaboli"

Fragen Sie sich im Rahmen einer „Kostenüberprüfung" des Veränderungsprojekts: Was alles spricht gegen das Ziel und gegen den Veränderungsprozess? Versetzen Sie sich dazu auch in die Perspektive der anderen Beteiligten.
Listen Sie die möglichen Probleme und Nachteile auf. Achten Sie besonders darauf, dies auch aus Sicht Ihrer Mitarbeiter zu tun. Wenn Sie auf deren Einwände gut eingehen können, wird es Ihnen wesentlich leichter gelingen, sie für das Veränderungsprojekt zu gewinnen und das ist ja eine wichtige Voraussetzung dafür, dass auch Sie die in Sie gesetzten Erwartungen erfüllen können.

Veränderungsprozesse verlaufen selten isoliert in einem klar abgegrenzten Bereich wie etwa in einem Team. In der Regel ziehen sie weitere Kreise und führen dazu, dass eine ganze Reihe weiterer Personen in den Changeprozess involviert wird, wenn auch in unterschiedlichem Ausmaß. Jede Veränderung bringt neben den Vorteilen Nachteile mit sich, und das gilt auch für Ihre Prozesspartner, seien es Kollegen einer anderen Abteilung, interne oder externe Kunden usw. Im Folgenden wollen wir noch einen Schritt weitergehen und eventuelle Vor- und Nachteile für die verschiedenen Prozesspartner unter die Lupe nehmen.

Toolbox Selbstcoaching:

Auswirkungen der Veränderung auf meine Prozesspartner

Nehmen Sie wieder Ihre Liste der Vor- und Nachteile zur Hand und verschaffen Sie sich ein differenziertes Bild über die Verteilung der Aus- und Nebenwirkungen des Wandels bei Ihren Prozesspartnern:

Prozesspartner:	
Relative Position zu mir (Kollege, Mitarbeiter, etc.):	
Ausmaß des Involviertseins in den Veränderungsprozess:	
Was brauche ich von ihm/ihr?	
Was braucht er/sie von mir bzw. was kann ich ihm/ihr geben?	
Welche Vorteile erwachsen meinem Prozesspartner aus dem Veränderungsprozess?	
Welche Nachteile erwachsen meinem Prozesspartner aus dem Veränderungsprozess?	

Diese Auflistung bzw. Tabelle liefert Ihnen wertvolles Rohmaterial, um Ihre Prozesspartner für eine fruchtbare Zusammenarbeit zu gewinnen und in den Veränderungsprozess positiv einzubinden.

– Dabei stellen die Vorteile für die jeweiligen Prozesspartner gewichtige „Verkaufsargumente" dar, um sie zu überzeugen (und nicht nur zu überreden), mit Ihnen zusammenzuarbeiten.
– Aber auch die von Ihnen gefundenen Nachteile müssen für Sie nicht wirklich nachteilig sein! Zum einen können Sie nach Wegen suchen, diesen Nachteilen zu begegnen. Zum anderen können Sie Ihren Gesprächspartnern den Wind aus den Segeln nehmen, indem Sie potenzielle Einwände vorwegnehmen und auch die Nachteile eines Projekts offen ansprechen.

Behalten Sie aber im Auge, dass es sich dabei immer um Ihre eigenen Vermutungen und Hypothesen handelt. Für Ihre Prozesspartner kann sich die Lage ganz anders darstellen.

Wie schon mehrmals erwähnt: Nachteile müssen nicht Nachteile bleiben. Nutzen Sie folgende Toolbox, um Lösungsansätze zu finden, die den Nachteilen begegnen können. Dies müssen Sie jedoch nicht allein im stillen Kämmerlein tun, sondern Sie können daraus auch eine gemeinsame Aufgabe für Ihr Projekt-Team machen. Sie werden hier eine Tabelle wiederfinden, die Sie im dritten Kapitel, vierter Abschnitt, bereits für sich selbst benutzt haben.

Toolbox Selbstcoaching:

Nachteile bearbeiten

Nachteil:	
Für wen:	
Erste Lösungsansätze:	
Transformation in eine Aufgabe (positiv formuliert):	
Wer könnte damit betraut werden, weitere Lösungsmöglichkeiten zu entwickeln (Mitarbeiter, Kollegen, externe Experten, …):	

Besonders wenn Sie mit Prozesspartnern zu tun haben, denen Sie nicht disziplinarisch vorangestellt sind, ist die Analyse der Vor- und Nachteile nahezu unerlässlich für effektive Kooperation. Doch auch bei Ihren Mitarbeitern sollte dies den Königsweg darstellen. Die disziplinarischen Möglichkeiten bilden nur den Rahmen und geben Ihnen die Sicherheit, im Notfall darauf zurückgreifen zu können. Gerade im eigenen Interesse sollte Ihnen jedoch daran gelegen sein, Ihre Mitarbeiter wirklich zu überzeugen und dadurch zu Beteiligten zu machen. Deren Engagement, Identifikation und Motivation wird weitaus höher sein als bei „Betroffenen", die sich nur halbherzig und mit innerem Widerwillen an die Umsetzung der Maßnahmen machen – aus Furcht vor disziplinarischen Konsequenzen.

Durchführung eines Gesprächs

Der Gesprächsleitfaden führt durch drei Phasen, die wir vorhin als „Dreischritt" bezeichnet haben. Zuerst geben Sie Ihren Gesprächspartnern Orientierung und kommunizieren den großen Rahmen. Dann ermöglichen Sie Ihren Gesprächspartnern, sich im Detail mit den unterschiedlichen Facetten und Aspekten des Themas auseinander zu setzen. Schlussendlich fassen Sie zusammen und richten den Blick auf die Zukunft.

Den großen Rahmen kommunizieren

Wenn Menschen wesentliche Informationen vorenthalten und sie nur mit kleinen Info-Häppchen abgespeist werden, fühlen sie sich schnell zu bloßen Rädchen in der Maschinerie der Organisation reduziert. Und Rädchen motivieren sich nicht zu einem nennenswerten Engagement. Im besten Fall funktionieren sie einfach.

Toolbox Selbstcoaching:

Den großen Rahmen kommunizieren

Informieren Sie Ihre Mitarbeiter daher über den großen Rahmen des beabsichtigten Veränderungsprojekts.

- Was soll auf der Ebene des Gesamtunternehmens damit erreicht werden?
- Welche übergreifenden Ideen stecken dahinter? Welche Vision ist damit verknüpft? Je mehr Ihre Mitarbeiter an der Vision teilhaben können, desto eher ergibt die Veränderung Sinn für sie.
- Welche langfristigen und strategischen Ziele sind mit dem Veränderungsprojekt verbunden?

Diskussion im Detail

Hier beginnt die eigentliche Arbeitsphase. Zum einen geht es darum, die Vor- und Nachteile des Veränderungsprojekts offen darzulegen und miteinander im Team zu diskutieren. Anschließend richtet sich der Fokus auf das, was konkret zu tun ist. Dabei werden vor allem die Handlungsspielräume so genau wie möglich definiert.

Nun können Sie die Früchte Ihrer Vorbereitung ernten. Die sorgfältige Analyse der Vor- und Nachteile des Veränderungsprojekts für die jeweiligen Mitarbeiter ermöglicht Ihnen zweierlei:

- Entwickeln Sie aus jedem Vorteil auf Ihrer Liste ein klares, überzeugendes Argument für den Veränderungsprozess. Beachten Sie dabei, dass Sie sich auf die **Vorteile** konzentrieren, die Ihre Mitarbeiter aus dem Veränderungsprozess erzielen werden.
- Bringen Sie auch die **Nachteile** deutlich zur Sprache.

Viele Führungskräfte machen hier den Fehler, die – zumindest auf den ersten Blick – unangenehm anmutenden Aspekte einer Veränderung nicht anzusprechen. Sie verhalten sich wie Kinder, die glauben, dass alle Probleme verschwinden, wenn sie nur die Augen fest genug verschließen und nicht hinsehen. Meist ist jedoch das Gegenteil der Fall.

Auf den Punkt gebracht:

Je mehr auf der offiziellen Ebene Nachteile nicht zur Sprache kommen, umso mehr wird über sie getuschelt.

Ihre Mitarbeiter sind ja nicht dumm. Ihnen ist sehr deutlich bewusst, welche negativen Konsequenzen das Veränderungsprojekt für sie nach sich zieht oder nach sich ziehen kann. Wenn das nicht „aufs Tablett" kommt, vermuten Ihre Mitarbeiter, dass Ihnen das entweder gar nicht bewusst ist oder dass Ihnen diese unangenehmen Folgen mehr oder weniger egal sind. In beiden Fällen wird das Hauptinteresse Ihrer Mitarbeiter darin bestehen, diese Nachteile so weit wie möglich zu vermeiden, auch wenn dies auf Kosten des Projekterfolgs geht.

Machen Sie die Diskussion zu den Nebenwirkungen und potenziellen Nachteilen jedoch zu einer öffentlichen Angelegenheit, ist es wesentlich leichter, Wege zu finden, diese zu transformieren oder zumindest zu minimieren. Die Bearbeitung der Nachteile gestaltet sich als gemeinsame Aufgabe. Dadurch vermeiden Sie eine Frontstellung zwischen sich und Ihren Mitarbeitern, bei der ein Verlierer schon von Anfang an feststeht: Der Erfolg des Veränderungsprozesses.

Toolbox Selbstcoaching:

Konstruktiver Dialog über Nachteile

Folgende Punkte fördern eine konstruktive Beschäftigung mit potenziellen Nachteilen des Veränderungsprozesses:

- Das Wichtigste zuerst: Scheuen Sie sich nicht, Nachteile offen anzusprechen, vor allem dann, wenn Sie sich sicher sind, dass Ihre Mitarbeiter diese Punkte ebenfalls als Nachteile ansehen. Damit signalisieren Sie sowohl Ihre Bereitschaft, sich damit auseinander zu setzen, als auch Ihr Verständnis für die Belange Ihrer Mitarbeiter.

- Schaffen Sie einen geeigneten Rahmen, um in einen offenen und konstruktiven Dialog zu treten. Je nach den spezifischen Umständen kann das entweder im Rahmen eines Teammeetings oder in einer Reihe von Vier-Augen-Gesprächen geschehen. Ebenso kann die Erörterung der Nachteile auch das zentrale Thema eines moderierten Workshops bilden. (Siehe dazu auch Kapitel acht, zweiter Abschnitt).
- Implementieren Sie von Anfang an die Idee, die potenziellen Nachteile in Aufgaben zu verwandeln. Wie und mit welchen Strategien kann den negativen Auswirkungen begegnet werden?
- Verwechseln Sie nicht offen artikulierten Ärger oder Angst mit schwelender unterschwelliger Unzufriedenheit. Geben Sie Ihren Mitarbeitern Raum, auch einmal „Dampf abzulassen". Manche Nachteile werden bestehen bleiben, nicht alle lassen sich in Aufgaben oder sogar Ressourcen verwandeln.

Oft können negative Aspekte viel leichter stehen gelassen und akzeptiert werden, wenn vorher die Gelegenheit bestanden hat, sich Luft zu verschaffen. Da reicht meist schon ein „Ja, es ist schwierig"!

- Stecken Sie den Rahmen deutlich ab. Kommunizieren Sie auch klar, was von Ihren Mitarbeitern, von Ihnen und vom Unternehmen dennoch erwartet wird, unabhängig davon, welche Nachteile mit dem Veränderungsprojekt verknüpft sind.
- Wenn die Emotionen sich wieder etwas beruhigt haben, können Sie gemeinsam mit Ihren Mitarbeitern daran gehen, mögliche Gegenstrategien zu entwickeln. Halten Sie sich eher mit eigenen Vorschlägen und Ideen zurück. Je mehr Ideen von Ihren Mitarbeitern kommen, um die Nachteile zu minimieren, umso größer ist deren Commitment für diese Ideen. Gleichzeitig nehmen dadurch Ihre Mitarbeiter eine aktive Rolle ein, die sicherstellt, dass sie sich nicht nur konstruktiv mit den potenziellen Nachteilen, sondern gleichzeitig auch mit dem Veränderungsprozess als Ganzen auseinander setzen. Dies ist ein wichtiger Schritt in Richtung Identifikation.
- Achten Sie darauf, Vor- und Nachteile gut auszubalancieren. Bei allen Nachteilen sollten auch die Vorteile für Ihre Mitarbeiter deutlich zu erkennen sein. Achten Sie dabei aber aufs Timing. Es bringt wenig, Mitarbeitern, die gerade mit ihrem Ärger oder ihrer Angst beschäftigt sind, die Vorteile des Veränderungsprozesses „aufs Auge zu drücken". Warten Sie lieber einen Moment, bis die negativen Gefühle sich wieder etwas beruhigt haben.
- Wenn Sie bei sich Ungeduld wahrnehmen, machen Sie sich bewusst, dass jede Minute „Einwandbehandlung" eine äußerst gute Investition darstellt. Gerade wenn Sie wirklich ungeduldig sind und möglichst schnell Erfolge durch den Veränderungsprozess erzielen wollen, sollten Sie sich an dieser Stelle zügeln und geduldig bleiben: Geduld im Dienste der Ungeduld!

Mit diesem Vorgehen schlagen Sie mehrere Fliegen mit einer Klappe. Zum einen wissen nun Ihre Mitarbeiter, woran sie sind. Zum anderen verringern Sie durch Ihre Glaubwürdigkeit und Ihre Bereitschaft, potenzielle Nachteile offen zu besprechen, Widerstand gegenüber dem Veränderungsprojekt. Weitere Möglichkeiten, konstruktiv mit Widerständen umzugehen, finden Sie im nächsten Kapitel.

Nun kehrt das Gespräch wieder zu den ursprünglichen Zielen des Veränderungsprojekts zurück. Der nächste Schritt besteht darin, sehr klar die **Handlungsspielräume Ihrer Mitarbeiter** zu definieren. Hier sollte es zu keinen Missverständnissen kommen. Ihren Mitarbeitern sollte absolut klar sein, was Sie sich an Ergebnissen und Resultaten erwarten. An früherer Stelle hatten wir das die „Was-Ziele“ genannt. Sie sind unerlässlich für die Orientierung Ihrer Mitarbeiter.

Viel Fingerspitzengefühl verlangt jedoch die Entscheidung, wie weit oder eng der Handlungsspielraum gesetzt werden sollte. Je erfahrener, kompetenter und selbstständiger Ihre Mitarbeiter sind, desto mehr Handlungsfreiräume können Sie ihnen geben. Bei der Absteckung der Grenzen gilt es zwei Aspekte zu beachten und auszubalancieren:

- Ist der Handlungsspielraum zu weit gefasst, so resultieren daraus leicht Orientierungslosigkeit gepaart mit Gefühlen der Überforderung.
- Ist er hingegen zu eng gefasst, ist die Gefahr groß, dass Eigeninitiative erstickt wird und damit gerade dasjenige, was für den Erfolg eines Veränderungsprozesses ausschlaggebend sein kann: Motivation und Engagement Ihrer Mitarbeiter. Aus der Arbeitspsychologie wissen wir, wie ein Mangel an Einflussmöglichkeiten zu demotiviertem Verhalten der Mitarbeiter führt.

Die Abwägung des richtigen Maßes wird dadurch erschwert, dass Ihre Mitarbeiter unterschiedlich „gestrickt“ sind. Was den einen überfordert, erlebt der andere schon als Einengung.

Tipp:

Falls Ihre **Mannschaft sehr heterogen** ist, empfehlen sich eher Einzelgespräche, in denen Sie mit Ihrem Mitarbeiter individuelle Aufgaben sowie gegenseitige Erwartungen festlegen und auch vom Mitarbeiter eingebrachte Vorschläge besprechen.
Bei einem eher **homogenen Team** sind Teambesprechungen die beste Wahl.

Überlassen Sie dem Team innerhalb der präzise bestimmten Handlungsspielräume so viel Gestaltungsfreiheit wie möglich. Je mehr das Team selbst entscheidet, was es wann und wie bewältigt und wer sich jeweils dafür verantwortlich zeigt, desto größer ist automatisch das Commitment der Mitarbeiter zur jeweiligen Aufgabe und auch zum ganzen Veränderungsprojekt. Achten Sie nur darauf, dass die Terminierung des jeweiligen Arbeitsauftrags zu Ihrer eigenen Zeitschiene passt.

Gesprächsabschluss und Ausblick in die Zukunft

Bündeln Sie immer wieder zwischendurch die einzelnen Punkte und fassen Sie das bisher erreichte Ergebnis zusammen.

Tipp:

Die Zusammenfassungen der Resultate sollten unbedingt visualisiert werden. Zum einen sind sie dadurch dokumentiert und können bei der nächsten Besprechung wieder herangeholt werden. Zum anderen entsteht buchstäblich ein gemeinsames Bild, das alle weiteren Diskussionen wesentlich erleichtert.

Toolbox Selbstcoaching:

Blick in die Zukunft

Erweitern Sie anschließend den Rahmen:

- Verweisen Sie zum Abschluss wieder darauf, wie die Arbeit Ihres Teams in das Gesamtprojekt eingegliedert ist und welchen wertvollen Beitrag Ihre Abteilung dazu leistet.

- Richten Sie die Aufmerksamkeit Ihrer Mitarbeiter auch auf positive Auswirkungen und Möglichkeiten, die über das konkrete Veränderungsprojekt hinausreichen. Heben Sie speziell die Vorteile hervor, die Ihren Mitarbeitern aus einem erfolgreich abgeschlossenen Veränderungsprojekt erwachsen können. Dies hilft, langfristige Motivation zu aktivieren.

Beharren Sie nicht darauf, dass Ihre Mitarbeiter sich schon während des ersten Gesprächs positiv über den Veränderungsprozess äußern. Geben Sie Ihren Mitarbeitern ausreichend Zeit, sich mit der Veränderung anzufreunden und kommen Sie immer wieder darauf zu sprechen. Untersuchungen erfolgreicher Veränderungsprojekte zeigen, dass die Visionen und Ziele gar nicht oft genug kommuniziert werden können. Nutzen Sie daher jede passende und unpassende Gelegenheit!

5.3 Wie kann ich die Motivation langfristig aufrechterhalten?

Umfassende und tief greifende Veränderungsprozesse erfordern von allen Beteiligten einen „langen Atem". Die Gefahr ist groß, dass nach einer Weile die „Luft raus ist" und dem Projekt die Puste ausgeht. Im Verlauf eines Veränderungsprozesses müssen Sie also immer wieder dafür sorgen, dass alle Beteiligten zwischendurch zum „Luft holen" kommen und sich mit neuer Energie und Frische auftanken können.

Kurz- und langfristiges Denken und Handeln

Wir Menschen sind vor allem und in erster Linie **Sinneswesen**. Eine weit in die Zukunft hineinreichende Vision verblasst, wenn sie nicht immer wieder „greifbar" und „begreifbar" erlebt werden kann. Ein langfristiges Ziel bleibt abstrakt, solange wir keinen „Vorgeschmack" auf das Zukünftige erlangen können. So mancher in diesem Sinne „natürlicher" Widerstand erklärt sich allein aus dieser Tatsache heraus.

Bitte langsam lesen:

Der zukünftige Nutzen konkurriert mit dem jetzigen Nachteil und ohne zusätzliche Unterstützung ist der gegenwärtige Nachteil im Vorteil und überwiegt den zukünftigen Nutzen.

Ein kleines alltägliches Beispiel mag dies illustrieren. Sie nehmen sich vor, regelmäßig zu joggen. Sie versprechen sich davon eine verbesserte Fitness und Gesundheit. Das ist der zukünftige Nutzen. Doch heute ist es kalt und regnerisch und eigentlich haben Sie gar nicht so richtig Zeit fürs Laufen. Das ist der aktuelle Nachteil. Sie müssen schon viel Selbstdisziplin aufbringen, damit Ihr Vorhaben tatsächlich „ins Laufen“ kommt.

Wir spüren den zukünftigen Nutzen längst nicht so deutlich, wie die aktuellen Kosten bzw. Nachteile. Erst wenn er spürbarer wird und „näher rückt“, beginnt der zukünftige Nutzen eine unmittelbar motivierende Kraft auszuüben. Im Folgenden werden einige Wege beschrieben, wie Sie jetzt schon den zukünftigen Nutzen für Ihre Mitarbeiter spürbar und erlebbar gestalten können.

In die Zukunft reisen

Nutzen Sie die Besprechungen mit Ihren Mitarbeitern immer wieder dazu, die positiven Folgen des Veränderungsprozesses darzustellen.

Entwickeln Sie dabei Szenarien, die einladend sind, um sich hineinzuversetzen. Beteiligen Sie auch Ihre Mitarbeiter daran, sich diese Szenarien konkret „in leuchtenden Farben auszumalen“. Liefern Sie dazu Details – unabhängig davon, ob diese nun genauso kommen werden, es geht hier um mögliche Details. Es reicht nicht, wenn Sie sagen: „Nach Abschluss des Projekts werden wir unsere Kommunikationswege wesentlich verkürzt haben“. Dies ist abstrakt formuliert und ruft für sich allein wohl nur wenig Begeisterung hervor (natürlich ist es möglich, dass Ihre Mitarbeiter von sich aus Ihre Aussage mit Details ausschmücken, davon können Sie jedoch nicht ausgehen). Schildern Sie dies in Form einer kleinen Geschichte oder als ein Beispiel: „Wenn Sie dann für Ihr weiteres Vorgehen noch etwas wissen müssen, brauchen Sie dazu nicht mehr erst Herrn Y einzuschalten, sondern Sie gehen geradewegs gleich zu Herrn V, der Sie dann prompt mit der Bestellnummer xyz versorgt." Lebendige Schilderungen vermitteln einen „Vorgeschmack" und einen ersten spürbaren „Eindruck" des zukünftigen Nutzens. Dadurch wird er überzeugender und glaubwürdiger.

Auf den Punkt gebracht:

Daran, was wir erleben und spüren, glauben wir einfach mehr.

Dies gilt auch für die Vermittlung einer Vision. Von ihrem Wesen her ist die Vision ein allgemeines übergeordnetes Ziel. Sie kümmert sich daher nicht um die „Kleinigkeiten". Um aber eine Sogwirkung ausüben zu können, muss die Vision in lebendige Vorstellungen heruntergebrochen werden.

Toolbox Selbstcoaching:

Visionen lebendig vermitteln

- Was wird konkret besser und anders sein, wenn die Vision verwirklicht wurde? Beispielsweise konnten in einem Unternehmen nach der Einführung eines neuen EDV-Programms bestimmte Belege einfach eingescannt werden. Zum einen wurde dadurch die Ablagearbeit wesentlich erleichtert, zum anderen konnten nun bei Bedarf die Belege rasch und mühelos aufgefunden werden.
- Wie werden wir dann miteinander umgehen?
- Wir schaut ein konkreter Ausschnitt aus dem alltäglichen Arbeitsleben aus?

Als angenehme Nebenwirkung wird durch Ihre Antworten auch für Sie die Vision lebendiger und „fassbarer". Und Sie werden Sie Ihren Mitarbeitern dadurch noch glaubwürdiger und überzeugender kommunizieren können.

Achten Sie jedoch darauf, sich nicht im Detail zu verlieren und kommen Sie immer wieder auf die großen Topics zu sprechen. Diese bilden das notwendige Skelett, ohne das alles zusammenbricht. Die Ausschmückungen fügen gewissermaßen das Fleisch hinzu, um die Vision so richtig schmackhaft zu machen.

Tipp:

Detaillierten Ausschmückungen brauchen Sie sich nicht in Ihrem stillen Kämmerlein auszudenken und bildlich auszumalen. Bleibt es nämlich allein Ihnen überlassen, immer wieder neue Energie in den Prozess hineinzupumpen, dann gestaltet sich das für Sie auf lange Sicht ziemlich anstrengend. Sie können eine sehr nachhaltige Wirkung erzeugen, indem Sie auch Ihrem Team „Gelegenheiten zum Träumen" einräumen. Am besten bietet sich dazu ein Extratermin an, beispielsweise ein ein- bis zweistündiger Kurzworkshop.

Ermuntern Sie daher Ihre Mitarbeiter dazu, die Vision und die Ziele des Veränderungsprozesses selbst mit auszuschmücken. Dadurch werden diese für Ihre Mitarbeiter nicht nur viel greifbarer, sondern – was noch wichtiger ist – die in „Eigenarbeit" ausgearbeiteten Visionen und Ziele werden bis zu einem gewissen Ausmaß als eigene erlebt. Diese Aneignung wiederum führt dazu, dass die spürbaren Eindrücke der zukünftigen Vorteile im Erleben länger präsent bleiben und nachhaltig motivierend wirken.

Den großen Brocken in kleine Häppchen aufteilen

Nun liegt es nicht jeder Führungskraft, Visionen so überzeugend und charismatisch zu vermitteln. Aber selbst wenn Sie die Vision des Veränderungsprojekts noch so mitreißend kommunizieren, selbst wenn Ihre Mitarbeiter noch so aktiv an der Ausgestaltung des großen Ziels mitarbeiten, mit ziemlicher Sicherheit kommt es irgendwann – nach Tagen oder Wochen – zum Erwachen aus dem „visionären Rausch“. Die Ernüchterung folgt bei Fuß. Ihnen und Ihren Mitarbeitern wird nun klar, dass noch ein langes Stück Weg vor Ihnen liegt.

Tipp:

Sorgen Sie daher während eines Veränderungsprojekts so schnell wie möglich für erste Erfolgserlebnisse.

Toolbox Selbstcoaching:

Erste Erfolgserlebnisse schaffen

Definieren Sie zunächst die „Veränderungsstrecke": Welchen Weg müssen Sie und Ihre Mannschaft von der Ist-Situation bis zum Ziel bzw. der erstrebten Veränderung zurücklegen? Am besten eignet sich dazu eine großflächige Visualisierung.

Bestimmen Sie als nächstes Teil- und Etappenziele als notwendige Zwischenstufen auf dem Weg zum großen Ziel. Präsentieren Sie dies Ihrem Team als ersten Vorschlag und geben Sie ihm die Gelegenheit, diese Teilziele weiter zu präzisieren. Erarbeiten Sie in dieser Phase gemeinsam mit Ihren Mitarbeitern präzise Kriterien, die konkrete Aussagen darüber zulassen, ob und in welchem Ausmaß die einzelnen Zwischenziele erreicht wurden.

Identifizieren Sie in einem weiteren gemeinsamen Schritt, welche Vorteile für das Team mit der Erreichung der Zwischenziele verbunden sind. Stellen Sie hier ausreichend Zeit zur Verfügung und stellen Sie sicher, dass die Vorteile auch von allen oder zumindest von den Schlüsselpersonen als solche angesehen werden können.

Planen Sie gemeinsam mit Ihrem Team die notwendigen Aktivitäten, um das Zwischenziel zu erreichen. Legen Sie Funktionen, Rollen, Verantwortlichkeiten und Termine exakt fest.

Und am allerwichtigsten:

Sorgen Sie **mit allen Ihnen zur Verfügung stehenden Mitteln** dafür, dass dieses erste Ziel auch tatsächlich erreicht wird. Hier lohnt es sich, einen Extraaufwand zu betreiben.

Geben Sie schließlich sich und Ihrem Team Gelegenheit, diese ersten Erfolge auch gebührend zu feiern. Feiern führt dazu, dass die Erfolge zum Erlebnis werden. Und das ist das stärkste Argument für den Veränderungsprozess. Erfolgreich absolvierte Zwischenziele sind wie Zapfsäulen, an denen die Beteiligten sich wieder mit Energie und Motivation sowie Inspiration voll tanken, damit sie sich gut gerüstet auf die weitere Reise begeben können. Auch bei dem Bau eines Hauses wird nicht erst am Ende die Einweihung gefeiert. Schon weit vorher wird als wesentliches Etappenziel die Firsterstellung gebührend begangen. Je länger ein Projekt dauert, umso wichtiger ist es, zwischendurch aufzutanken und neue Motivation zu schöpfen.

Praxisbeispiel: Ein kleineres Unternehmen mit ca. 70 Mitarbeitern hat diese Idee in die eigene Organisationskultur implementiert. Bei Neueinstellungen ist es gängiger Usus, die Einführung in die neue Tätigkeit so zu gestalten, dass die betreffende Person innerhalb der ersten zehn Tage einen Erfolg erringen kann, auch wenn er noch so klein ist. Es ist dabei nicht so entscheidend, worin genau der neue Mitarbeiter seinen Erfolg feiert, sondern dass er erfolgreich war. Wesentlich ist dabei, dass auch der neue Mitarbeiter dieses Ereignis als Erfolg definieren kann. Die Ausrichtung auf erste und schnell spürbare Erfolge ist in der Organisation so verinnerlicht, dass auch bei Veränderungsprojekten automatisch nach diesem Muster verfahren wird. Die meisten Projekte wurden auch tatsächlich erfolgreich umgesetzt.

5.4 Wie gewinne und erhalte ich das Vertrauen meiner Mitarbeiter?

Während eines Veränderungsprozesses navigieren Sie in unsicheren Gewässern mit zum Teil unvorhersehbaren Tücken und gefährlichen Überraschungen. Anders im „Normalbetrieb". Da verlassen Sie sich auf bewährte und standardisierte Verfahren und Abläufe. In Krisenzeiten hingegen – und jeder Veränderungsprozess kann auch als (positive) Krise beschrieben werden – können Sie sich nicht sicher sein, ob und inwieweit diese bewährten Instrumente auch tatsächlich greifen.

In Krisenzeiten, ...

... wie sie jeder Veränderungsprozess zumindest zu Beginn darstellt, werden mehr denn je Zusammenhalt und Zusammenarbeit verlangt. Das entscheidende Bindeglied hierfür ist Vertrauen.

Mangelndes Vertrauen ähnelt einem löchrigen Netz oder einem wackeligen Fundament mit erodierten Trägern. Wie wollen Sie einen Gipfelsturm wagen, wenn Sie und Ihre Mitarbeiter sich nicht darauf verlassen können, gut angeseilt zu sein und von den jeweiligen Kollegen abgesichert zu werden?

Im Wort Vertrauen steckt das Verb „trauen". Vertrauen erfordert, wie dieser Hinweis zeigt, auch Mut und ist mit Risiken behaftet. Gleichzeitig zeigen jedoch wissenschaftliche Untersuchungen, dass Vertrauen eine der entscheidenden Größen für den Erfolg von Veränderungsprozessen bildet.

Erst ein angstfreier und vertrauensvoller Umgang miteinander schafft die Voraussetzungen dafür,

- dass sich die Mitarbeiter auf die mit Veränderung einhergehenden Lernprozesse einlassen können,
- dass sie ihr kreatives Potenzial entfalten können,
- dass sie Mut aufbringen, eigene Entscheidungen und Lösungsideen zu generieren,
- dass sie ihre Handlungsspielräume auch nutzen,
- dass Konflikte und Spannungen, die während einer Veränderung zwangsläufig auftreten, nicht im Verborgenen schwelen, sondern offen angesprochen und auf konstruktive Weise gelöst werden können,
- die Angst vor Misserfolgen zu verringern und sich mutig in die Gestaltung des Veränderungsprozesses hineinzubegeben,
- sich motiviert und engagiert mit dem Veränderungsprozess zu identifizieren (Commitment).

Wenn wir vertrauen, begeben wir uns zu einem gewissen Grad in die Hand anderer. Vertrauen unterstellt, dass uns andere Menschen wohlwollend begegnen. Vertrauen ist daher eine riskante Form des zwischenmenschlichen Kontakts. Wenn wir vertrauen, liefern wir uns teilweise aus und werden dadurch verletzlicher und verwundbarer. Manche Autoren vergleichen daher Vertrauen auch mit einer „leicht verderblichen Ware".

Mit anderen Worten:

Vertrauen muss gepflegt werden.

Wenn erst in Krisenzeiten damit begonnen wird, Vertrauen „herzustellen“, ist dies meist zu spät.

Auf den Punkt gebracht:

Vertrauen kann man nicht per Knopfdruck erzeugen. Vertrauen erwächst aus einer gemeinsamen Geschichte positiver Erfahrungen.

Im Privaten ist „blindes Vertrauen“ nicht selten anzutreffen, in der heutigen Arbeitswelt so gut wie kaum mehr. „Gesundes Vertrauen“ umfasst zweierlei:

- reale positive Erfahrungen mit demjenigen, dem man vertraut. Diese Erfahrungen sind gewissermaßen die Gründe, um zu vertrauen.
- Von diesem sicheren Boden aus wird nun eine Schlussfolgerung für die weitere Zukunft gezogen.

Auf den Punkt gebracht:

Gesundes Vertrauen steht auf zwei Beinen:

- ☐ mit dem „Standbein" auf dem sicheren „Boden der realen Erfahrungen", während
- ☐ das „Spielbein" Neuland und noch unbekanntes und ungewisses Terrain erkundet.

Der Mythos des allwissenden und alles im Griff habenden Führers hat lange den Blick dafür verdunkelt, wie sehr Führungskräfte auf Vertrauen angewiesen sind. Es ist unmöglich, alles überschauen zu können. Die Führungskraft kann nicht alles kontrollieren. Mitarbeiter müssen eigeninitiativ und selbst organisiert handeln und entscheiden können.

Beginnen Sie daher rechtzeitig mit der „Vertrauensspirale“ und gewähren Sie Ihren Mitarbeitern einen Vertrauensvorschuss: Vertrauen setzt in der Regel einen Prozess in Gang, der noch mehr Vertrauen aktiviert. Vertrauen wird wiederum mit Vertrauen beantwortet.

Praxisbeispiel: Dies gilt auch im umgekehrten Fall. In einem technischen Unternehmen wurden Kontrollen eingeführt, um zu verhindern, dass die Mitarbeiter elektronische Bauteile mit nach Hause nehmen. Und in der Tat schienen die Kontrollen gerechtfertigt gewesen zu sein, denn es wurden zahlreiche Mitarbeiter dabei ertappt, Bauteile zu entwenden. Eine anonyme Befragung der Belegschaft ergab jedoch einen überraschenden Befund. Ab dem Zeitpunkt der Einführung der verschärften Kontrolle wurde es für die Mitarbeiter zunehmend zu einer fast sportlichen Herausforderung, die Kontrollmechanismen zu überlisten. Sie empfanden die Einführung der Kontrollen als bösartige Unterstellung, dass sie alle Diebe seien, und wollten es dann dem Management heimzahlen. Eine Zeit lang kam es zu einem regelrechten Wettrüsten: Je raffinierter die Tricks der Mitarbeiter wurden, umso umfangreicher wurden die Kontrollen praktiziert. Als das Treiben schließlich ein bestimmtes Ausmaß erreichte, wurde das Kontrollsystem völlig unökonomisch. Der Aufwand stand in keinem Verhältnis zum Ergebnis mehr, hinzu kamen die „Risiken und Nebenwirkungen" dieser Intervention in Form von vergiftetem Arbeitsklima.

Tipp:

Nun heißt Vertrauen nicht, auf Kontrolle zu verzichten, im Gegenteil, erst gegenseitiges Vertrauen ermöglicht effektive Kontrolle.

In einem vertrauensvollen Arbeitsklima können Fehler offen angesprochen und analysiert werden. Wichtige Lernprozesse und Verbesserungen werden dadurch oft erst ermöglicht und angeregt. Gegenseitige Kontrolle verwandelt sich auf diese Weise in gegenseitige Unterstützung.

Vertrauen entfaltet dann seinen größten Segen, wenn es gegenseitig ist. Sie müssen Ihren Mitarbeitern vertrauen können, diese aber auch Ihnen. Und je mehr Ihre Mitarbeiter Ihnen vertrauen, umso weniger Widerstände werden gegen Veränderungsmaßnahmen auftreten.

Infobox

„Vertrauensbildende Maßnahmen"

Direkter Kontakt. Für den Aufbau von Vertrauen ist direkter Kontakt essenziell. Führen Sie so oft wie möglich persönliche Gespräche mit Ihren Mitarbeitern. Selbst „Einminutengespräche" tragen viel dazu bei, Vertrauen zu fördern. Dies ist auch mitunter ein Grund dafür, warum in der Literatur häufig „management by walking around" als einer der Erfolg versprechenden Führungsstile während eines Veränderungsprozesses genannt wird.

Viele Gespräche. Sprechen und nochmals sprechen ist der günstigste Nährboden für gegenseitiges Vertrauen. Dies gilt auch für die Mitarbeiter untereinander. Achten Sie daher darauf, dass es genug Möglichkeiten für Austausch gibt.

Offene und ehrliche Kommunikation. Wenn Sie Ihre Mitarbeiter umfassend und transparent mit Informationen versorgen, werden sie Ihnen wesentlich leichter vertrauen können.

Klare Strukturen. Klare Strukturen erleichtern es Ihren Mitarbeitern, Entscheidungen und Prozesse nachzuvollziehen.

Fehlertoleranz. Fehlertoleranz heißt nicht, Fehler einfach so stehen zu lassen. Es geht um eine Atmosphäre und Kultur, in der Mitarbeiter sich trauen, Fehler, die sie gemacht haben, offen anzusprechen. Dazu müssen sie sicher sein, nicht dafür bestraft zu werden. Das Einzige, was Sie in diesem Fall wirklich von Ihren Mitarbeitern verlangen und fordern sollten, ist, dass sie aus den Fehlern lernen.

Einbeziehung und Einbindung der Mitarbeiter (Stichwort Partizipation). Laden Sie Ihre Mitarbeiter ein, mitzudenken und mitzuwirken. Sorgen Sie dafür, dass im Rahmen des Möglichen Strukturen geschaffen werden, in denen Ihre Mitarbeiter das Veränderungsprojekt selbstständig mitgestalten können.

Fachkompetenz. Wenn Sie wissen, dass jemand über ausreichend Kompetenz verfügt, besitzen Sie gute Gründe, auf seine Leistung zu vertrauen. Je mehr Sie Ihre Mitarbeiter darin unterstützen, ihre Kompetenzen zu erweitern, umso besser werden sie ihre Aufgaben erledigen und umso weniger Kontrolle wird nötig sein.

Betreiben Sie „Prophylaxe" und nutzen Sie Ihre persönlichen Erfahrungen

Vertrauen kann auch indirekt gepflegt werden – einfach indem Sie vermeiden, Ihre Mitarbeiter zu demotivieren oder sogar zu kränken. Nutzen Sie dafür die Erinnerung an Ihren eigenen beruflichen Werdegang. Sie haben sicherlich in zahlreichen Situationen am eigenen Leib erfahren, wodurch Sie motiviert und wodurch Sie eher demotiviert wurden und werden. Viele wichtige Erlebnisse nehmen wir aus unterschiedlichen Sichtweisen und Rollen wahr. Einmal sind wir Sender einer motivierenden oder demotivierenden Botschaft, ein anderes Mal der Empfänger. Durchleuchten Sie mit der folgenden Übung Ihre berufliche Lebensgeschichte und gewinnen Sie dadurch wertvolle Hinweise für Ihr eigenes Führungsverhalten.

Toolbox:

Eigene Erfahrungen auswerten und nutzen

Legen Sie zunächst eine kleine „Sammlung" eigener Erlebnisse und Erfahrungen an:

- Welche Verhaltensweisen und Behandlungen, die ich während meiner beruflichen Laufbahn erlebt habe, haben mich besonders gekränkt?
- Was habe ich als sehr achtsamen und respektvollen Umgang mit mir erlebt?
- Durch welche Vorgehensweise meiner Vorgesetzten fühlte ich mich demotiviert?
- Auf welche Art und Weise haben meine Vorgesetzten und Kollegen mich stark motivieren können?

Werten Sie Ihre Erfahrungen aus:

- Wie möchte ich behandelt werden? Was ist mir dabei das Wichtigste?

Überprüfen Sie nun Ihr eigenes Verhalten:

- Was an meiner Art, mit meinen Mitarbeitern umzugehen, könnte von ihnen als kränkend oder demotivierend aufgefasst werden?
- Wenn ich mich für einen Moment in einen Mitarbeiter hineinversetzte, wie würde ich meinen Umgang mit ihm an seiner statt wahrnehmen – besonders dann, wenn ich einen „schlechten Tag" erwischt habe?
- Welche meiner Verhaltensweisen und Arten der Kommunikation vermitteln meinen Mitarbeitern (allem Anschein nach) Achtung und Respekt?

- Welche meiner Handlungen als Führungskraft wirken auf sie (vermutlich) motivierend?

Fassen Sie nun das für Sie Wesentliche zusammen. Achten Sie darauf, dass Sie dazu immer wieder auch in die Rolle eines außen stehenden Beobachters schlüpfen:

- Welche Verhaltensweisen haben die stärksten positiven Auswirkungen auf Achtung und Motivation?
- Welche Verhaltensweisen haben die stärksten negativen Auswirkungen auf Achtung und Motivation?
- Was würde es Ihnen erleichtern, die positiven Verhaltensweisen weiter auszubauen?
- Was bräuchten Sie, um Ihre sich negativ auswirkenden Verhaltensweisen abschwächen zu können?

Vereinbaren Sie mit sich selbst eine erste Maßnahme:

- Was kann / werde ich demnächst (in diesem Kontext mit dieser Person) tun, um einen Schritt weiter in die positive Richtung gehen zu können?

5.5 Wie kann ich in der Kommunikation souverän bleiben?

Wenn Mitarbeiter ihren Chef demotivieren

Unsere persönliche Lebensgeschichte prägt auch, wie wir auf Menschen und Ereignisse reagieren. Wir entwickeln neben unseren Stärken gewisse Empfindlichkeiten. Da reicht ein kleiner Anlass und Auslöser, heftige Gefühle auszulösen. Und dann sind wir nicht mehr wirklich Herr der Situation. Hier gilt es wieder Souveränität zurückzugewinnen.

Auch Führungskräfte sind nicht immer 100-prozentig motiviert. Sie haben ebenfalls ihre Durchhänger und möchten manchmal am liebsten „den ganzen Kram hinschmeißen". Oft hören wir Aussagen wie „Wenn Herr X mit dem und dem kommt, kann ich mich einfach nicht mehr beherrschen und reagiere ungehalten". Dabei ist das „Sich nicht mehr beherrschen" gar nicht einmal das Schlimmste. Schwerwiegender ist, damit auch von außen beherrscht zu sein. Mit einem bestimmten Verhalten kann ein anderer Mensch uns dazu veranlassen, absolut voraussagbar zu reagieren. Wir springen auf bestimmte Auslöser automatisch wie Roboter an, oft ohne dass es uns bewusst ist.

Sorgen Sie für mehr eigenen Spielraum. Souverän sein bedeutet nicht, sich zwanghaft zu beherrschen und eigene Impulse zu unterdrücken. Vielmehr meint Souveränität eine Haltung, die zu mehr Freiheit führt: Ich kann frei wählen, ob ich wütend, gelassen oder wie auch immer auf eine Aussage antworte. Somit behalte ich die Herrschaft über die Situation und lasse mich nicht durch andere Menschen steuern.

Toolbox:

Innere Souveränität wieder zurückgewinnen

Analysieren Sie im Folgenden, wo sich in Ihrem Verhalten Ihre schwachen Stellen und Ihre Achillesferse befinden und fragen Sie sich:

- Welche Verhaltensweisen meiner Mitarbeiter machen mich „rasend", auf welche reagiere ich besonders empfindlich?
- Bei welcher Reaktion meines Gegenübers möchte am liebsten alles hinschmeißen?
- Welche „Knöpfe" können bei mir leicht gedrückt werden?
- Bei welchen Mitarbeitern passiert dies besonders schnell?

Identifizieren Sie anschließend Ihre genaue Reaktion:

- Welche Gefühle genau werden dadurch ausgelöst?
- Welche Gedanken und Überzeugungen werden dann bei mir hervorgerufen?

Gehen Sie nun innerlich in eine Position, in der Sie einen gewissen Abstand zu sich selbst einnehmen können:

- Wenn Sie sich von außen betrachten, welchen Ratschlag können Sie sich in einer derartigen Situation geben?
- Welche Idee, welcher Gedanke oder auch welches Selbstgespräch wäre in einer solchen Situation für Sie hilfreich?
- Wie könnte es Ihnen am leichtesten gelingen, nicht mehr wie ein Automat zu reagieren?

Hier noch ein Warnhinweis:

Ein von außen steuerbarer Spielball eigener Emotionen zu sein, kann einen ersten Hinweis auf ein sich abzeichnendes „Ausgebranntsein" geben, in der Fachsprache „Burnout-Syndrom" genannt. Ein weiteres Alarmsignal ist, wenn Sie zusätzlich bemerken, dass Sie häufig über Ihre Mitarbeiter zynisch und abschätzig denken und reden („Mitarbeiter-Blaming"). Holen Sie sich in diesem Fall fachlichen Rat und professionelle Unterstützung. Je früher Sie dem mit Depressionen verwandten Burnout-Syndrom entgegensteuern, desto leichter können Sie wieder zu Ihrer Gelassenheit zurückfinden. Leider wird diese schleichende Gefahr von den meisten Führungskräften immer noch gewaltig unterschätzt. Unbehandelt kann dieses Phänomen jedoch zu sehr ernsthaften seelischen und körperlichen Schwierigkeiten führen.

6. Kapitel

Umgang mit Widerstand

Veränderung ruft immer auch Widerstände gegen sie hervor. Damit umgehen zu können, ist eine der Schlüsselqualifikationen erfolgreicher Change Manager.

Navigationshilfe:

Sie bemerken oder befürchten starke Verunsicherung bei Ihren Mitarbeitern. Die „Sicherheitsformel" in Abschnitt 6.1 bietet zahlreiche Stellschrauben, um das Sicherheitsgefühl der Mitarbeiter erhöhen zu können.
Sie nehmen bei sich und Ihren Mitarbeitern Polarisierungstendenzen wahr, entweder absolut für oder gegen das Veränderungsprojekt, verbunden mit entsprechender „emotionaler Ladung". Im Abschnitt 6.2 finden Sie Wege und Instrumente, um sich und den Mitarbeitern zu ermöglichen, ein differenziertes Bild des Wandels zu gewinnen und Widerstände konstruktiv zu diskutieren.
Sie sind interessiert daran, Ihr Repertoire an Möglichkeiten, Widerstände aufzufangen und aufzulösen, noch mehr zu vergrößern. In Abschnitt 6.3 lernen Sie dazu weitere Strategien kennen.

6.1 Wie kann ich das Sicherheitsgefühl meiner Mitarbeiter erhöhen? Die „Sicherheitsformel"

Das Gefühl der Sicherheit in Zeiten des Wandels vermitteln zu können ist einer der wichtigsten Voraussetzungen dafür, dass die Mitarbeiter den Veränderungsprozess akzeptieren können.

6.2 Wie können wir ein differenziertes Bild des Veränderungsprozesses gewinnen?

Keine Veränderung läuft ganz ohne Nachteile ab. Können diese Schwachstellen ohne Scheuklappen und ohne Schwarz-Weiß-Denken offen diskutiert werden, verringern sich Widerstände gegen den Wandel oder lösen sich komplett auf. Eine zentrale Stelle nimmt dabei das Beleuchten der emotionalen Aspekte ein.

6.3 Was kann ich bei Widerstand gegen die Veränderung noch tun?

Viele Wege führen zum Ziel. Je mehr Strategien zur Verfügung stehen, Widerstände zu bearbeiten, desto größer ist die Wahrscheinlichkeit, dass eine davon auch „greift".

Sie kommen etwas zu spät zu einem Meeting. Noch ein wenig außer Atem schließen Sie hastig die Tür, eilen auf Ihren Platz – und müssen plötzlich innehalten, denn er ist besetzt! Im ersten Moment sind Sie irritiert und wissen nicht so recht, was das soll. Schnell stellt sich jedoch das Gefühl von Verärgerung ein, Verärgerung über denjenigen, der sich ohne „Berechtigung" auf „Ihrem Platz" niedergelassen hat.

Dies mag eine alltägliche und mehr oder weniger harmlos banale Begebenheit sein, dennoch ist das Geschehen sehr aufschlussreich. Solche Ereignisse zeigen deutlich, wie schwer es uns im Allgemeinen fällt, uns auf Veränderungen einzustellen und positiv auf sie zu reagieren. Unser normales Leben ruht auf dem Fundament alltäglicher Gewohnheiten. Spätestens dann, wenn sie zum zweiten Mal denselben Sitzplatz eingenommen haben, betrachten viele Menschen diesen Platz nun als „ihren Platz". Regelmäßigkeiten und Gewohnheiten vermitteln das Gefühl von Stabilität und Sicherheit. Lieber möchten wir Gewohntes weiterhin beibehalten anstatt uns plötzlich auf Neues umzustellen. Wenn dies nun schon bei Kleinigkeiten der Fall ist, wie sehr wird sich diese Neigung wohl erst bei wirklich gravierenden Veränderungen auswirken?

Keine Führungskraft sollte daher überrascht sein, wenn sich Mitarbeiter gegen Veränderungen sträuben. Widerstand ist ein natürliches Phänomen, das bei jedem Veränderungsprozess auftritt. Denn jeder Wandel löst Verunsicherung und Ängste aus. Die gewohnten Sicherheiten erscheinen gefährdet. Und schon lange weiß man in der Psychologie, dass Menschen ein fundamentales Bedürfnis nach Sicherheit haben. Dabei müssen wir jedoch zwischen diesem Bedürfnis selbst und den Wegen, die zu Sicherheit führen, klar unterscheiden. Und diese Wege sind so unterschiedlich wie die Menschen, die nach Sicherheit streben. Dem einen reicht schon der Zugang zu umfassender und ehrlicher Information, um sich in seinem Arbeitsumfeld sicher zu fühlen, während ein anderer dazu wiederholte persönliche Gespräche mit seiner Führungskraft braucht, in denen ihm beispielsweise immer wieder ausdrückliche Wertschätzung vermittelt wird.

Auch das Ausmaß der Verunsicherung oder Irritation wird unterschiedlich erlebt. Zwar mag es stimmen, dass Menschen in erster Linie bewahren wollen. Auf der anderen Seite lassen sich Menschen auch gerne auf eine überraschend eintretende Unterbrechung der täglichen Routine ein, wenn etwa die Tätigkeit als sehr langweilig empfunden wird. Denn dem Wunsch nach Sicherheit steht ein gewichtiger Gegenspieler gegenüber: ein starkes Bedürfnis nach Abwechslung. Schon vor über 50 Jahren stellte man bei Kindern, die in einem Waisenhaus aufwuchsen, fest, dass gute Ernährung und körperliche Pflege alleine keineswegs für das Gesamtwohlbefinden ausreichen. Wenn das Bedürfnis nach Anregung und Abwechslung nicht befriedigt wird, verwahrlosen diese Kinder seelisch. Und noch schlimmer: Eine erschreckend hohe Zahl dieser Kinder verstarb, ohne dass eine körperliche Ursache dafür ausfindig gemacht werden konnte.

Auf den Punkt gebracht:

Sicherheit alleine genügt nicht – zum Überleben braucht es auch Abwechslung. Aber ohne ein gewisses Maß an Sicherheit geht (fast) nichts!

6.1 Wie kann ich das Sicherheitsgefühl meiner Mitarbeiter erhöhen? Die „Sicherheitsformel"

Das zentrale „Lösungsmittel", um Widerstände zu verringern oder gar zum Verschwinden zu bringen, ist die Vermittlung von Sicherheit. Nun entspringt Sicherheit nicht aus einer Quelle alleine, sondern entsteht aus dem Zusammenspiel einer Vielzahl von Faktoren. Daher stellen wir im Folgenden eine „Formel" vor, die die wichtigsten Aspekte enthält, um das Gefühl von Sicherheit zu erzeugen. Und je besser Sie mit diesen Punkten vertraut sind, umso leichter wird es Ihnen gelingen, an den entscheidenden Stellschrauben anzusetzen, die das Sicherheitsgefühl Ihrer Mitarbeiter erhöht und die Widerstände gegen anstehende Veränderungen verringert.

Zunächst einmal hängt Sicherheit von der jeweiligen **äußeren Ausgangslage** ab:

- Wie stabil und voraussagbar ist momentan mein Umfeld bzw. wie instabil und nicht-voraussagbar erscheint es mir?

Daneben spielen auch die **innere Ausgangslage** und die **Persönlichkeit** eine wichtige Rolle:

- Wie ist es um grundsätzliche Persönlichkeitstendenzen bestellt, um die emotionale Stabilität bzw. Ängstlichkeit einer bestimmten Person?

Jedoch auch diese zwei Aspekte alleine bestimmen noch längst nicht, wie sicher oder unsicher sich jemand fühlt. Mindestens genauso wichtig ist die **Bewertung der Ausgangslage**:

- Inwieweit betrachte ich ein instabiles Umfeld eher als Herausforderung oder vielmehr als Gefahr?
- In welche Richtung gehen meine Vorlieben, tendiere ich eher zu Abwechslung oder zu Beständigkeit? (siehe auch zweiter Abschnitt, viertes Kapitel: „Reaktion auf Veränderung")

- Beide Bedürfnisse sind bei jedem Menschen vorhanden, nur das „Mischverhältnis“ unterscheidet sich sowohl je nach Typ als auch abhängig von der jeweiligen Situation.

Damit noch nicht genug. Eine wesentliche Rolle für das Gefühl von Sicherheit spielen vorhandene **Kompetenzen und Möglichkeiten**:

- Über welche Fähigkeiten und Strategien verfüge ich, um mit der Situation adäquat umgehen zu können, bzw. welche fehlen mir oder sind nicht ausreichend vorhanden?
- In welchem Ausmaß verfüge ich über ausreichende Möglichkeiten und Handlungsspielräume bzw. wo und wie sind sie nur eingeschränkt vorhanden?

Auch weitere **externe Abhängigkeiten** wirken sich auf das Gefühl der Sicherheit aus:

- Welchen Abhängigkeiten, die nichts mit meiner beruflichen Stellung als solche zu tun haben, unterliege ich? Im Hinblick auf das Stabilitätsbedürfnis innerhalb Ihrer beruflichen Tätigkeit macht es beispielsweise einen wesentlichen Unterschied, ob Sie „nebenbei“ gerade ein Haus bauen und/oder eine Familie zu versorgen haben oder ob Sie von solchen finanziellen, sozialen oder anderweitigen Verpflichtungen gänzlich befreit sind. All diese und ähnliche Faktoren beeinflussen massiv die Art und Weise, wie gelassen oder besorgt Sie auf eine Veränderung in Ihrem Arbeitsalltag reagieren.

In Folge bildet auch die **soziale Unterstützung** einen sehr wesentlichen Faktor:

- In welchem Ausmaß werde ich von anderen Menschen unterstützt?
- Welche privaten und beruflichen Kontakte helfen mir, auch eine schwierige Veränderungssituation gut zu bewältigen?
- Werden auch Fehler akzeptiert?

Das subjektive Gefühl von Sicherheit ...

... ist das Resultat

- ☐ einer stabilen und voraussagbaren Umwelt, plus
- ☐ einer grundsätzlichen emotionalen Stabilität, plus
- ☐ des daraus resultierenden Vermögens, unsichere Außenbedingungen als Herausforderung bewerten und begreifen zu können, plus
- ☐ einer mehr oder weniger ausgeprägten Vorliebe für Abwechslung oder Beständigkeit, plus
- ☐ dem Gefühl, über ausreichende Fähigkeiten und Strategien für den Umgang mit der Situation zu verfügen, plus
- ☐ der Einschätzung, ausreichende Möglichkeiten und Handlungsspielräume für den Gestaltungsprozess zu haben, plus
- ☐ dem jeweiligen Ausmaß weiterer äußerer Abhängigkeiten, die nur mittelbar mit dem beruflichen Aufgabenfeld zu tun haben, plus
- ☐ dem Grad sozialer Unterstützung.

Was nützt nun diese Formel?

In einem ersten Schritt erweitert sie Ihr Wissen und fördert dadurch Ihr Verständnis:

- Sie macht verständlich, wie es zu den unterschiedlichsten Reaktionen von Menschen auf Veränderungen kommt.
- Sie führt deutlich vor Augen, dass Veränderungen und unstabile äußere Verhältnisse nicht immer von vornherein Unsicherheiten und Ängste – und damit Widerstand – hervorrufen müssen.
- Schließlich zeigt die Formel auch klar auf, dass Ängste und Widerstände nicht allein in der Persönlichkeit der Menschen begründet sind, auch wenn es vielen Managern so vorkommen mag. Wie oft hörten wir in unseren Seminaren bereits die Klage: „Die Mitarbeiter sträuben sich gegen die Veränderung". Nimmt man diese Aussage als gegeben hin, dann müsste die überwiegende Mehrzahl der Mitarbeiter ängstliche Persönlichkeitsstrukturen aufweisen, während die meisten Führungskräfte mit einer grundsätzlich optimistischen Persönlichkeit ausgestattet wären. Gewöhnlich wird von Führungskräften viel zu wenig berück-

sichtigt, welchen Einfluss Fähigkeiten und vorhandene Möglichkeiten auf das Gefühl von Sicherheit bzw. Unsicherheit ihrer Mitarbeiter haben. Stellen Sie sich einen Urmenschen vor, dem im Dschungel ein Raubtier begegnet. Wenn er gut durchtrainiert ist, kann er vielleicht davonlaufen oder er hat im Kampf gute Chancen; verfügt er zusätzlich über geeignete Waffen, so ist er noch besser gerüstet. Die dadurch gewonnene Stärke wird ihm ein relativ hohes Gefühl der Sicherheit vermitteln. Ganz anders sähe es aus, wenn ihm trotz physischer Stärke und guter Bewaffnung aus irgendeinem Grund die Hände gebunden wären – und zwar nicht nur bildlich gesprochen, sondern tatsächlich! Wie sollte er da mit der Bedrohung gut umgehen können? Aufgrund seines „Handicaps" würden sein Adrenalinspiegel und sein Angstpegel jedenfalls wesentlich höher schnellen als im ersten Fall.

Den Hauptnutzen jedoch haben wir bereits erwähnt: Mit der Formel bzw. den darin aufgezählten Faktoren haben Sie Möglichkeiten an der Hand, das Sicherheitsgefühl Ihrer Mitarbeiter zu erhöhen. Und dadurch reduziert sich gleichzeitig auch deren Widerstand gegen geplante Veränderungen!

An den Stellschrauben drehen – Sicherheiten erhöhen

Jedes einzelne Element der Sicherheitsformel kann genützt werden, um Verunsicherungen zu vermeiden und das Gefühl der Sicherheit zu erhöhen.

Sicherheitsfaktor „Stabiles und voraussagbares Umfeld"

Hier spielt die Informationspolitik eine wesentliche Rolle. Ungewissheit gehört zu den am stärksten Stress auslösenden Faktoren. Gute Kommunikation und ausreichende Informationen tragen entscheidend dazu bei, Unsicherheiten abzubauen. Dies trifft selbst auf die Übermittlung schlechter Nachrichten zu. Befürchten Menschen ohnehin schon das Schlimmste, wissen jedoch so gut wie gar nichts – geschweige denn etwas Genaues – über den Stand der Dinge, treibt dies ihre Gefühle der Unsicherheit auf die Spitze. Eine schlechte Nachricht ist besser als keine Nachricht. Ist es nämlich erst einmal klar, dass eine Veränderung wehtun wird, dann weiß der Mitarbeiter wenigstens, woran er/sie ist. Und so paradox es auf den ersten Blick erscheinen mag: Sein/ihr Sicherheitsgefühl erhöht sich in der Folge.

Infobox:

Vom Umgang mit der Wahrheit

In Unternehmen werden häufig arge Fehler im Umgang mit der Wahrheit begangen. Eine oft praktizierte Strategie besteht darin, die Wahrheit (zum Beispiel über einen geplanten Stellenabbau) zu vertuschen. Wie weiter oben schon behandelt, kann diese Strategie nur dann erfolgreich sein, wenn alle, die darum wissen, *absolute* Verschwiegenheit bewahren. Dies ist in der Praxis jedoch nur sehr selten gewährleistet.

Ein weiteres beliebtes Vorgehen ist die „Salamitaktik". Häufig wird dieser Weg beschritten, wenn sich die erste Strategie als untauglich erwies und Teile der Wahrheit zu den Mitarbeitern durchgesickert sind. Anstatt nun offensiv mit der Wahrheit herauszurücken, werden die Mitarbeiter weiterhin nur scheibchenweise informiert. In der Regel ist sich das Management nicht oder nur kaum darüber bewusst, wie sehr diese Taktik auf Dauer der Glaubwürdigkeit der Unternehmensführung abträglich ist. Meist zu Recht rechnen die Mitarbeiter ja damit, dass sie nur mit einem Teil der Wahrheit abgespeist wurden und weitere schlechte Nachrichten noch kommen werden.

Beide Wege sprechen für mangelnde Planung und Vorbereitung der internen Kommunikationsabläufe, denn selten wird beispielsweise die Salamitaktik mit voller Absicht gewählt. Meist ergibt sie sich einfach als Reaktion auf die Unmöglichkeit, die Wahrheit über eine gewisse Zeit lang vor der Belegschaft komplett zu verbergen.

Welches Vorgehen empfiehlt sich nun? Selten ist es notwendig, die „ganze Wahrheit" zu kommunizieren. Zuweilen wäre dies sogar kontraproduktiv. Überlegen Sie sich daher bereits im Vorfeld, wie viel die Mitarbeiter wissen sollten und an sachlichen Informationen brauchen (siehe dazu auch den ersten Abschnitt im fünften Kapitel). Zusätzlich kann der Wissensbedarf auch in direkten Gesprächen mit den Mitarbeitern erhoben werden. Natürlich ist dies zu Beginn mit Mehraufwand für die Führungskräfte verbunden. Wie so oft, gilt allerdings auch hier: Wer sich diese anfängliche Investition ersparen will, muss meist später gewaltig „draufzahlen". Denken Sie daran: Festgefahrene Widerstände aufzulösen, ist weitaus schwieriger und mühsamer als sie von vorneherein zu minimieren.

Werden Mitarbeiter nur unzureichend oder gar nicht von der Veränderung informiert, kommt diese für sie sehr unerwartet und plötzlich. Je umfassender ein Veränderungsprojekt ist, desto fataler wirkt sich mangelhafte Informationspolitik aus. Jäh aus den vertrauten Gewohnheiten gerissen, ist Widerstand gewissermaßen eine reflexartige und nicht zu verhindernde Reaktion. Die wenigsten Menschen mögen sehr abrupte Veränderungen. Dabei liegt es selten gar nicht in der Absicht des Managements, die Mitarbeiter so vor den Kopf zu stoßen. Im operativen Alltag passiert es aber leicht, dass die Belange der Mitarbeiter, vor allem deren Bedürfnis nach Information, von den Entscheidungsträgern schlicht und einfach vergessen werden. Mangelhafte oder fehlende Information führt meist zu einem länger anhaltenden und tiefer greifenden Widerstand, der über den anfänglichen, gewissermaßen natürlichen „Widerstandsreflex" weit hinausgeht. Nicht informiert zu werden, kommt für die meisten Menschen einem Ausdruck von Missachtung gleich: Sie wurden es nicht für wert befunden, rechtzeitig informiert zu werden. Diese Kränkung wird den Vorgesetzten so schnell nicht verziehen. Da ist es nahe liegend, dass die Mitarbeiter zu dem Schluss kommen, das Management würde sich für ihre Interessen und Anliegen nicht interessieren. Und diese Einschätzung gilt auch dann, wenn es de facto gar nicht so sein sollte. Wenn sich Führungskräfte im stillen Kämmerlein sehr wohl mit den Bedürfnissen ihrer Mitarbeiter auseinander setzen, es sie aber nicht wissen lassen, so wird das Mitarbeiterurteil genauso ausfallen wie bei tatsächlichem Desinteresse! Gute Informationspolitik ist ein „Bindemittel". Ohne sie geht die Bindung der Mitarbeiter an das Veränderungsprojekt und häufig sogar an das ganze Unternehmen verloren.

Toolbox:

„Transparente und umfassende Informationspolitik"

Diesen Punkt haben wir bereits ausführlich im dritten Kapitel behandelt, daher beschränken wir uns hier darauf, nochmals den Hauptnutzen einer klaren Informationspolitik aufzuzeigen: Betroffene können sich nur dadurch zu Beteiligten wandeln,

- wenn sie über ausreichend Wissen über das geplante Projekt verfügen,
- wenn sie darüber offen mit ihren Führungskräften kommunizieren können und
- allmählich Vertrauen in die Führungskraft und den Prozess aufbauen können.

Neben der klaren Informationspolitik trägt die konsequente Durchführung und Umsetzung des Veränderungsprozesses entscheidend dazu bei, bei den Mitarbeitern das Gefühl der Vorhersehbarkeit und damit der Sicherheit zu stärken. Gerade wenn erste Schwierigkeiten auftauchen, ist konsequentes weiteres Vorantreiben des Veränderungsprozesses sehr wichtig. Doch häufig geschieht das Gegenteil. Das Management versucht, den Weg des geringsten Widerstands zu gehen, und schwächt dadurch die Antriebsenergie des Projekts ab.

Bedenken Sie jedoch:

Der Weg des geringsten Widerstands erweist sich oft als sein gänzliches Gegenteil: Inkonsequentes und verunsichertes Führungsverhalten lockt erst Recht Widerstände aus der Reserve.

Ähnliche Phänomene treten auf, wenn die für das Veränderungsprojekt Verantwortlichen zu rasch oder zu häufig ausgewechselt werden. Die Kontinuität des Prozesses ist dann zumindest in den Augen der Betroffenen nicht sichergestellt. **Neben der sachlichen Kontinuität braucht es zusätzlich auch persönliche Kontinuität.**

Toolbox:

„Konsequente Durchführung und Umsetzung des Veränderungsprozesses"

Die Führung von Veränderungsprozessen verlangt eine ausgewogene Mischung harter und weicher Elemente. Um Schwierigkeiten aus dem Weg zu gehen, neigen Führungskräfte mitunter dazu, allzu früh vom Kurs abzuweichen und von klaren Positionen abzurücken. Dies wirkt sich äußerst negativ auf den Erfolg der Veränderung aus. Daher sind an dieser Stelle von Ihnen klare und relativ schnelle Entscheidungen gefordert. Handeln Sie so, als ob die Entscheidung des Unternehmens für den Veränderungsprozess Ihre eigene gewesen wäre. In diesem Punkt sollten und dürfen Sie nicht weich werden. In aller Regel verlangen dies die Mitarbeiter auch von ihren Führungskräften, was nur auf den ersten Blick widersprüchlich erscheint. Klare und konsequente Führung liefert Orientierung und damit Sicherheit. Und Sicherheit ist ein „gefährdetes Gut", welches während eines Veränderungsprozesses leicht knapp werden kann und deswegen besonders begehrt ist. Lassen Sie sich nicht durch das eigene schlechte Gewissen

oder durch den Wunsch, von allen gemocht zu werden, dazu verführen, sich durch die Widerstände Ihrer Mitarbeiter vom Ziel abbringen zu lassen.
Bleiben Sie konsequent und sachorientiert, was das Ziel des Veränderungsprozesses betrifft. Verhalten Sie sich „weich" und personenorientiert, wenn es darum geht, die Widerstände Ihrer Mitarbeiter zu berücksichtigen und zu bearbeiten.
Wenn Ihnen diese Balance gelungen ist, wartet eine weitere Herausforderung auf Sie und alle anderen Beteiligten, nämlich die Dauer eines Veränderungsprozesses durchzuhalten. Zu Beginn sind Sie voller Elan dabei. Der ganze Prozess birgt eine gewisse Dramatik in sich, die neben aller Problematik dafür sorgt, dass es „spannend" bleibt. Allmählich wird der Wandlungsprozess jedoch Teil des Alltags. Und genau von diesem Alltag mit seinen gewohnten Routinen kann das Change Management leicht „geschluckt" werden. Niemanden regt der Veränderungsprozess mehr auf – und dadurch auch niemanden mehr an.
Sorgen Sie in dieser Phase dafür, die bisher erzielten kleinen und größeren Erfolge besonders in den Blickpunkt Ihrer Mitarbeiter zu rücken. Sie liefern den Brennstoff, der dafür sorgt, dass das Feuer der Begeisterung nicht gänzlich erlischt (siehe dazu auch die Toolbox „Erste Erfolgserlebnisse schaffen" im Abschnitt 5.3).

Sicherheitsfaktor „Emotionale Stabilität"

Eine verstärkte Neigung zu emotionaler Stabilität unter Ihren Mitarbeitern lässt sich von Ihnen nur langfristig und meist nur indirekt beeinflussen. Eine gezielte Intervention würde auch Ihre Aufgaben und Kompetenzen als Führungskraft übersteigen und liegt nicht in Ihrer Verantwortung. Schließlich sind Sie in Ihrem Unternehmen nicht als Psychotherapeut eingestellt! Besser ist es hier, eine eventuell bestehende Neigung zur emotionalen Instabilität bzw. Ängstlichkeit über die Gewährleistung anderer Sicherheitsfaktoren zu kompensieren.

Allerdings können Sie durchaus Ihre eigene emotionale Stabilität stärken und ausbauen. Indirekt wirkt sich das dann auch auf die emotionale Stabilität Ihrer Mitarbeiter aus. Sie leben ihnen diese als Vorbild vor. Entsprechende Instrumente zur Erhöhung der emotionalen Stabilität finden Sie im zweiten Kapitel.

Sicherheitsfaktor „Bewertung der Ausgangslage"

Bis zu einem gewissen Ausmaß hängt es mit der eigenen Persönlichkeitsstruktur zusammen, ob wir Situationen eher positiv oder eher negativ bewerten. Das muss aber kein unabänderliches Schicksal bleiben. Dabei müssen wir gar nicht unseren Charakter umkrempeln, sondern nur allmählich neue Gewohnheiten – positivere Bewertungen – annehmen.

Toolbox:

Negative Bewertungen verändern

Kämpfen Sie keinesfalls gegen die negative Bewertung an, sondern akzeptieren Sie sie zunächst einmal. Tatsächlich liegen solche Bewertungen ja nicht völlig falsch, denn in jeder Veränderungssituation lauern auch Risiken!
Fügen Sie in einem zweiten Schritt Informationen hinzu, die das Bild zum einen differenzieren und zum anderen einer positiveren Bewertung leichter zugänglich machen.
Am allerwichtigsten ist es jedoch, Ihren Mitarbeitern so schnell wie möglich erste kleine Erfolgserlebnisse erfahrbar zu machen. Weit mehr als rein kognitive Ansichten und Gedanken bestimmen Erfahrungen unsere Bewertungen und Überzeugungen. Handeln Sie nach dem Motto „Der erste Eindruck zählt" (siehe dazu auch im fünften Kapitel „Den großen Brocken in kleine Häppchen aufteilen").

Wie Mitarbeiter ein Veränderungsprojekt bewerten, hängt auch davon ab, wie sinnvoll es ihnen erscheint. Etwas wird dann als sinnvoll erlebt, wenn damit etwas Nützliches erreicht werden kann. Bleibt unklar, worin der Nutzen besteht, wundert es kaum, wenn das Projekt für die Beteiligten wenig Sinn ergibt. Die menschliche Psyche arbeitet sehr ökonomisch. Wir erstellen ständig „interne Bilanzen", in denen wir (tatsächliche oder vermeintliche) Vor- und Nachteile einer Tätigkeit auflisten. Ohne erkennbaren Nutzen wird die Bilanz negativ ausfallen.

Auf den Punkt gebracht:

Entscheidend ist hier nicht, dass eine Veränderung nützlich ist, sondern dass dieser Nutzen erkennbar ist! Selbst wenn Ihnen persönlich der Sinn absolut klar ist, muss dies nicht für Ihre Mitarbeiter gelten. Ihre Aufgabe als Führungskraft ist es, dafür zu sorgen, dass der tatsächlich vorhandene Nutzen eines Projekts allen Beteiligten klar ist!

Im Abschnitt 5.2 „Zielklarheit“ finden Sie dazu die benötigten Instrumente. Suchen Sie auch immer wieder den direkten Kontakt und das persönliche Gespräch mit Ihren Mitarbeitern. So können Sie laufend überprüfen, ob und wie genau die Zielvorgaben bei Ihren Mitarbeitern angekommen sind.

Sicherheitsfaktor „Vorliebe für Veränderung oder Beständigkeit"

Menschen reagieren sehr unterschiedlich auf Veränderungen. Manche wünschen sich generell eher Beständigkeit, andere wiederum sehnen sich nach Abwechslung und nach Neuem. Dieser Punkt erscheint uns so wichtig, dass wir ihm einen eigenen Abschnitt in Kapitel vier gewidmet haben.

Sicherheitsfaktor „Kompetenzen und Fähigkeiten"

Wenn Ihre Mitarbeiter über genügend Kompetenzen und Fähigkeiten verfügen, um mit den Veränderungen konstruktiv umzugehen, werden sich verunsichernde Auswirkungen dadurch in Grenzen halten. Wie können Sie diese Kompetenzen aktivieren und vermehren?

Toolbox:

Kompetenzen aktivieren"

Sorgen Sie dafür, dass Ihr Team gut „aufgestellt" ist:

- Welchen Mitarbeiter haben Sie mit welcher Aufgabe betraut?
- Ist jeder an seinem optimalen Platz, dort wo er seine Fähigkeiten am besten entfalten kann?

Ermöglichen Sie, dass der Veränderungsprozess gleichzeitig auch einen Lernprozess darstellt, in dem die Fähigkeiten und Kompetenzen aller am Veränderungsprozess Beteiligten weiterentwickelt werden.

Ergreifen oder ermöglichen Sie bei Bedarf Weiterbildungs- und Trainingsmaßnahmen. Hierzu ist eine sorgfältige Analyse des Trainingsbedarfs nötig.

Sicherheitsfaktor „Möglichkeiten und Handlungsspielräume"

Dieser Faktor stellt den Königsweg zu mehr Sicherheit dar. Selbst Menschen, die Veränderungsprozessen eher ängstlich gegenüber stehen, reagieren mit einer deutlichen Leistungssteigerung, wenn sie in die Zielfindungs- und Entscheidungsprozesse so früh wie möglich eingebunden sind.

Mit anderen Worten:

Gibt man Menschen Möglichkeiten und Handlungsspielräume an die Hand, können sie auch in unsicheren Zeiten sicherer agieren.

Toolbox:

Handlungsspielräume eröffnen

- Sorgen Sie für ausreichende Partizipation. Partizipation bedeutet für Ihre Mitarbeiter, dass sie den Prozessverlauf in einem gewissen Umfang mitgestalten und entscheiden dürfen. Anders ausgedrückt: Gestatten Sie Ihren Mitarbeitern eigene Ideen zur Gestaltung und Lösungsmöglichkeiten für Entscheidungen in die Diskussion einzubringen.
- Geben Sie eher Was-Ziele vor. Stecken Sie klar die Grenzen ab und überlassen Sie Ihren Mitarbeitern, *wie* sie innerhalb dieser Grenzen die anvisierten Ziele erreichen wollen.
- Ermuntern Sie Ihre Mitarbeiter, alternative Vorschläge und Optionen zu entwickeln. Je mehr Handlungsmöglichkeiten zur Verfügung stehen, desto größer ist der zur Verfügung stehende Spielraum.
- Schaffen Sie eine Kultur der Offenheit und Fehlertoleranz. Werden Fehler nur mit negativen Konsequenzen verbunden anstatt sie als nützliche Informationen zur Optimierung von späteren Entscheidungen anzusehen, so werden Ihre Mitarbeiter mit der Zeit nur mehr auf bereits bewährte Vorgehensweisen zurückgreifen und nichts Neues mehr ausprobieren. **Weniges engt den Verhaltensspielraum so ein, wie die Angst, Fehler zu machen.** Die vorhandenen Fähigkeiten und Kompetenzen der Mitarbeiter liegen dann als ungenutztes Potenzial brach. Dabei besteht Ihre Aufgabe als Führungskraft auch gerade darin, die Potenziale Ihrer Mitarbeiter zu aktivieren, um die gesetzten Ziele zu erreichen. „Spielräume" brauchen auch „Raum zum Spielen", zumindest innerhalb gewisser Grenzen!

Sicherheitsfaktor „Äußere Abhängigkeiten"

Den Lauf der Gestirne und andere äußere Umstände können Sie natürlich nicht beeinflussen. Trotzdem können Sie bis zu einem gewissen Grad steuern, wie positiv oder negativ sich diese Außenfaktoren auf den Leistungswillen Ihrer Mitarbeiter auswirken. Das A und O stellt hier die ehrliche und offene Kommunikation mit betroffenen Mitarbeitern dar. Informieren Sie sie so rechtzeitig und vollständig wie möglich bzw. nötig über anstehende Veränderungen. Dadurch haben sie auch im Falle „schlechter Nachrichten" ausreichend Gelegenheit, sich auf die neue, veränderte Situation einzustellen. Auch die präzise Ausarbeitung, was genau sich wirklich verändern wird, ist hier besonders angebracht (siehe dazu auch den nächsten Abschnitt).

Einen Sonderfall bilden hier starre Strukturen innerhalb der Organisation. Manche Widerstände rühren gar nicht von den beteiligten Personen her, sondern äußern sich als „Sachzwänge". So kann eine zu bürokratisierte Verwaltungsstruktur der Veränderung sehr viele Hindernisse in den Weg legen, was auf Kosten der Geschwindigkeit geht und den Umsetzern mehr Geduld und Ausdauer abverlangt. Sorgen Sie daher für ausreichende Flexibilität in der Ablauforganisation, damit dem eigentlichen Projekt gute Erfolgschancen mit auf den Weg gegeben werden können.

Tipp:

Inwieweit Sie vorgegebene Strukturen beeinflussen können, hängt wesentlich von Ihren verfügbaren Spielräumen ab und davon, wie Sie diese nutzen. Vielleicht haben Sie ja konstruktive Verbesserungsvorschläge und stoßen so ein weiteres Veränderungsprojekt an. Falls dies nicht möglich ist, erkennen Sie die Einengungen durch die Organisation als gegeben an und überlegen Sie gemeinsam mit Ihren Mitarbeitern, wie die Nachteile der starren Strukturen minimiert werden können.

Sicherheitsfaktor „Soziale Unterstützung"

Die Bedeutung der sozialen Unterstützung wird häufig unterschätzt. Tatsächlich stellt sie aber einen wesentlichen Faktor zugunsten von Sicherheitsempfinden dar. Die gewünschten Unterstützungsleistungen beziehen sich sowohl auf die direkten Führungskräfte als auch auf die gesamte Organisation.

Gerade dem Verhalten der Führungskräfte auf den mittleren und unteren Ebenen kommt hier entscheidende Bedeutung zu. Die Beziehung zu den unmittelbaren Vorgesetzten hat weit mehr Einfluss darauf, wie sich Mitarbeiter mit dem Unternehmen und ihren Aufgaben identifizieren, als das Verhalten des Topmanagements, wie viele Studien zeigen. Wenn sich nun die direkte Führungskraft nicht oder nur kaum mit der Veränderung identifizieren kann, fehlt ihr jegliche Glaubwürdigkeit und Vorbildfunktion. Und damit fehlt den Mitarbeitern der Fels in der Brandung, der auch dann Orientierung und Sicherheit vermittelt, wenn vieles andere noch unklar ist.

Toolbox:

„Rückhalt für das Veränderungsprojekt durch die Führungskraft"

Ihre Mitarbeiter nehmen sehr genau wahr, ob und in welchem Umfang Sie sich mit einer Veränderung identifizieren können. Für Ihre Mitarbeiter sind Sie der persönliche Repräsentant des Veränderungsprojekts, gewissermaßen der „Botschafter", der das Projekt zu vertreten hat. Wie es Ihnen gelingen kann, sich mit einem Veränderungsprojekt zu identifizieren, haben wir ebenfalls bereits im dritten Kapitel beschrieben. Was ist zu tun?

- Gehen Sie selbst mit gutem Beispiel voran. Verlangt der anstehende Changeprozess, dass sich Ihre Mitarbeiter auf deutlich mehr Kundenorientierung umzustellen haben, muss sich die gewünschte neue Einstellung auch und in erster Linie in Ihrem eigenen Verhalten ausdrücken. Ein Indiz dafür wäre, dass Sie Ihre Mitarbeiter als interne Kunden behandeln. Ihre persönliche Glaubwürdigkeit ist ein entscheidender Schlüsselfaktor.
- Stärken Sie Ihren Mitarbeitern den Rücken, indem Sie Ihnen – in einem bestimmten Rahmen – Fehler zugestehen.
- Gewähren Sie Ihren Mitarbeitern auch ausreichend fachliche und persönliche Unterstützung in Form von Zweiergesprächen. Hier fungieren Sie gewissermaßen als „Coach".
- Vertreten Sie Ihr Team nach außen hin und verteidigen Sie es auch gegebenenfalls Kritikern gegenüber.
- Sorgen Sie für eine konstruktive Teamatmosphäre, in der Ihre Mitarbeiter gerne zusammenarbeiten.

Auf den Punkt gebracht:

Jeder Veränderungsprozess löst mehr oder weniger starke **Verunsicherung** aus. Ihre klare Positionierung für die Veränderung vermittelt Sicherheit. Indem Sie dem Veränderungsprojekt Rückhalt geben, geben Sie auch gleichzeitig Ihren Mitarbeitern Halt.

6.2 Wie können wir ein differenziertes Bild des Veränderungsprozesses gewinnen?

„Es kann nur einen geben" – oder wie man Widerstand hochpäppeln kann

Eines ist gewiss: So, wie es Ihnen mit dem Veränderungsprozess geht, muss es Ihren Mitarbeitern nicht gehen und wird es wohl auch nicht. Abgesehen von einigen Ausnahmen gilt: Weiter unten in der Hierarchie sind Handlungsspielräume und Einflussmöglichkeiten geringer. Und damit ist, wie wir im vorigen Abschnitt gesehen haben, auch das Gefühl von Sicherheit bedroht. Unter diesen Umständen wäre es mehr als erstaunlich, wenn alle Ihre Mitarbeiter dem Veränderungsprojekt begeistert und einhellig zustimmten.

Häufig werden Veränderungsprozesse als mehr oder weniger revolutionäre Umwälzungen beschrieben. So liest man beispielsweise: „Wer Neues bauen will, muss erst einmal Platz dafür schaffen". Diesem Bild wohnt die Vorstellung inne, dass das Bisherige zumindest bis zu einem gewissen Grad zerstört werden muss. Dadurch werden das „Neue" und das „Bisherige" zu Gegenspielern und in einen unerbittlichen Zweikampf hineingezwungen. Die Devise lautet: Entweder siegt das „Bisherige" oder das „Neue". Zusätzlich verfügt jede dieser Parteien über einen eigenen „Fanclub" und eine eigene Anhängerschaft. Während die Initiatoren des Veränderungsprozesses ihren Kandidaten – das „Neue" – protegieren und propagieren, hofft ein großer Teil der Belegschaft darauf, dass das „Bisherige" überlebt – und tut auch einiges dafür!

In dieser gnadenlosen Auseinandersetzung kann nur einer gewinnen, und da schaut die Gesamtbilanz für das „Neue" wahrlich nicht besonders gut aus, wie die Statistiken über Erfolg und Misserfolg von Veränderungsprojekten zeigen. Eines zeigt sich nämlich sehr deutlich: Es ist in vielen Fällen weniger die Veränderung selbst, die zu Problemen führt. Weit häufiger ist dafür das **Bild des Verände-**

rungsprozesses, das die jeweiligen Betroffenen und Beteiligten davon zeichnen, verantwortlich zu machen.

Stellen wir uns Veränderung als einen Verdrängungsprozess vor, so wird in diesem Bild das „Bisherige“ zwangsläufig bedroht. Und diese Bedrohung wiederum ruft massive Verunsicherung, Angst und Abwehr hervor. „Generalmobilmachung“ und Verteidigung bis zum Letzten sind die Folge. Führungskräfte lassen sich in diesem Fall leicht zu dem Irrglauben verleiten, dass sich der zwangsläufig entstehende Widerstand gegen die eigentliche Veränderung richtet. Legen sich jedoch das Schlachtgetümmel und der damit aufgewirbelte Staub wieder, so zeigt sich häufig bei nüchternem und klarem Blick, wie harmlos im Vergleich zur vorherigen Androhung die eigentliche Veränderung ist. Das eigentliche Problem liegt in diesen Fällen – und die sind nicht selten – im Bild bzw. in der Vorstellung der Veränderung, welches von der Führungsebene kommuniziert wird. Wer Krieg sät, wird Krieg ernten.

Toolbox:

Das eigene Bild des Veränderungsprozesses überprüfen

Überprüfen Sie daher auch bei sich selbst Ihre bildliche und metaphorische Vorstellung von Veränderungsprozessen.

- Assoziieren Sie frei und ergänzen Sie folgenden Satzanfang: „Veränderung ist für mich wie ...“
- Wiederholen Sie dies mehrmals, bis Sie Ihr Grundbild gefunden haben.
- Überprüfen Sie dann als Nächstes, welche Voranahmen damit verknüpft sind und
- überlegen Sie sich in einem weiteren Schritt, welche möglichen Nachteile daraus resultieren.

Praxisbeispiel: In einem Unternehmen, in dem innerhalb von nur zwei Jahren mehrere Umstrukturierungen vollzogen wurden, entwickelte der Großteil der Mitarbeiter regelrechte „Überlebensstrategien“, um mit der sich ständig ändernden Umwelt zurande zu kommen. Sehr häufig war dabei die Sprache von einem „Wirbelsturm“, der über die Belegschaft hinwegziehe. Angesichts eines Wirbelsturms ist es klug, sich einzugraben, den Kopf einzuziehen und abzuwarten, bis die Gefahr vorüber ist. Viele Mitarbeiter verhielten sich auch diesem Bild gemäß und hofften, dass die Veränderung an ihnen mehr oder weniger spurlos vorübergehen möge. Dies ist natürlich keine gute Voraussetzung für den Erfolg.

Viele Führungskräfte und auch viele Promoter von Veränderungsprozessen unterliegen dem Irrtum, dass wir nur dadurch etwas Neues lernen können, wenn wir gleichzeitig oder vorher etwas anderes verlernen. Das mag für manche Situation zutreffend sein, ist aber nicht die Regel. Da lässt sich schon eher eine „friedliche Koexistenz“ von Altem und Neuem beobachten. Möglicherweise werden die bisherigen Vorgehensweisen und Fähigkeiten nicht mehr so dringend oder an der gleichen Stelle gebraucht, meist werden sie jedoch in die neuen Prozesse integriert.

Stellen Sie sich nur vor, dass jedes Mal, als neue Betriebssysteme und neue Computersprachen eingeführt wurden, die Gesamtheit der Experten sämtliches Vorherige verlernt hätte. Der Übergang ins neue Jahrtausend hätte dann wohl tatsächlich in einer Katastrophe geendet, wie von vielen vorab befürchtet wurde.

In der Realität bedeuten Veränderungen in der Regel, dass das Bisherige weniger oder nur in spezifischen Situationen angewendet wird, während die neuen Fähigkeiten und Verhaltensweisen allmählich immer mehr Raum greifen – sofern sie erfolgreich sind! Dieses eher **evolutionäre Konzept von Veränderungen** ist nicht nur für die Gefühlswelt der Beteiligten schonender, es bewahrt auch besser die Vorteile des Bisherigen und schützt vor gravierenden möglichen Nachteilen des Neuen.

Dies widerspricht jedoch allzu vertrauten Denkmustern. Menschen neigen dazu, die Welt in Schwarz-Weiß aufzuteilen: Neues und Altes, Gutes und Schlechtes, Erfolg und Misserfolg, Tag und Nacht usw. Vor allem wenn Emotionen mit im Spiel sind, lassen sich die meisten Menschen besonders leicht zu diesen oft allzu vereinfachenden Beurteilungsschemata hinreißen. Auch wenn die Gefühle nicht direkt ausgedrückt werden, zeigen sie sich nahezu immer in einer sehr verallgemeinernden Sprache. „Das hat bei uns *nie* geklappt“, „*immer* halten die da oben Informationen zurück“ usw.

Die Neigung, die Welt nach einem Schwarzweiß-Muster wahrzunehmen, gehört zu unserer biologischen Grundausstattung. Diese geht nach dem Prinzip der Ökonomie vor. Einfache Muster ermöglichen schnelle Entscheidungen und wir kommen schnell ins Handeln. Das ist bei akuter Gefahr auch sehr klug, denn wer wollte angesichts eines herannahenden Raubtiers noch kostbare Zeit mit vielschichtigen und detaillierten Situationsanalysen verlieren. Handelt es sich jedoch um einen Vorgang, der langfristig ausgerichtet und außerordentlich komplex ist, erweisen sich zu schlichte Beurteilungsmuster und allzu vorschnelles Handeln als kontraproduktiv.

Verstärkt wird dieser negative Effekt noch dadurch, dass ein von der Führungsebene vorgegebenes Schwarzweiß-Muster von den Mitarbeitern fast immer übernommen wird, aber gewissermaßen „spiegelverkehrt“: Sieht die Führungsebene im Veränderungsprojekt eine fantastische Möglichkeit, endlich einmal *alles* umzustrukturieren, lehnen die Mitarbeiter dasselbe Projekt als völlig untauglich ab. Mit dieser Alles-oder-Nichts-Strategie liefern die Promotoren eines Veränderungsprojekts dem Widerstand eine regelrechte Steilvorlage.

Auf den Punkt gebracht:

Widerstand ist häufig eine **Reaktion gegen die Art und Weise**, wie ein Veränderungsprojekt kommuniziert wird, nicht gegen das Projekt selbst!

Widerstände diskutieren

Im Folgenden stellen wir eine einfache, dennoch sehr wirksame Strategie dar, mit der Sie über das Veränderungsprojekt differenziert kommunizieren und urteilen können. Dadurch ändert sich das Bild des Veränderungsprozesses und Sie bekommen die Widerstände leichter in den Griff. Gleichzeitig sparen Sie und Ihre Mitarbeiter eine Menge Energie, denn nun müssen keine überflüssigen Kämpfe mehr ausgefochten werden, die allein aufgrund innerer Vorstellungen und vorschneller Urteile über die Veränderung aufflackern.

Die verbleibenden Widerstände haben nun wirklich etwas mit dem Veränderungsprojekt selbst zu tun und können einer weiteren und nun auch notwendigen Klärung zugeführt werden.

Schritt 1 – Das realistische Ausmaß der Veränderung deutlich machen

Indem Sie aufzeigen, was genau sich durch einen Veränderungsprozess verändert und was auch bestehen bleibt, lassen sich schon im Vorfeld viele Befürchtungen und Einwände in Luft auflösen. Die meisten Einwände richten sich ja nicht gegen die Veränderung an sich, sondern nur gegen befürchtete negative Folgen, vor allem gegen den Verlust an Sicherheit. Alle Einwände, die nach diesem ersten Schritt dennoch bestehen bleiben, sind ernst zu nehmende Einwände gegen die Veränderung als solche.

Toolbox:

Das realistische Ausmaß der Veränderung

- Klären Sie zunächst, was genau verändert werden soll. Ziehen Sie dafür die (möglicherweise schon bearbeiteten) Checklisten und Ergebnisse aus dem Abschnitt „Zielklarheit" heran.
- Bestimmen Sie aber nicht nur, was sich genau verändert, sondern antworten Sie genauso präzise auf die Fragen: Was genau bleibt bestehen? Welche Vorgehensweisen, Routinen, Strukturen usw. bleiben unverändert?

Es ist das Natürlichste auf der Welt, dass wir, wenn wir Veränderungen planen, leicht das aus dem Blick verlieren, was bestehen bleibt. Eines ist jedoch absolut sicher: Ihren Mitarbeitern wird dies nicht passieren. Sie werden das Bisherige wie ihren Augapfel hüten, besonders dann, wenn Sie als Führungskraft nicht auf das achten, was bleibt.

- Erstellen Sie im nächsten Schritt eine Liste dessen was bleibt und was verändert werden soll. Verschaffen Sie sich dadurch einen Überblick über das tatsächliche Verhältnis zwischen Neuem und Bestehendem.

Die reale Größe des Veränderungsprozesses wird dadurch sichtbar und wie so häufig, wenn Befürchtungen mit der Realität konfrontiert werden, schrumpfen die Bedrohung und die Angst auf ein realistisches Ausmaß.
Wir erinnern uns: Wer einseitig die Vorteile des Neuen propagiert, der vergrößert in der Regel die Angst bei den Adressaten, den Mitarbeitern. Nun gehört es zu unserem natürlichen Verhaltensrepertoire, alles zu tun, um Angst zu vermeiden oder zumindest ihr Ausmaß zu verringern. So ist es fast zwangsläufig, dass Men-

schen einer Veränderung Widerstand leisten, solange sie sie als Quelle von Angst und Bedrohung ansehen.

- Kommunizieren Sie nun Ihren Mitarbeitern gegenüber die „reale Veränderung". Setzen Sie dazu auch Visualisierung ein. Dadurch erzeugen Sie bei Ihren Mitarbeitern eine sinnliche Vorstellung, ein tatsächlich wahrgenommenes Bild des anvisierten Verhältnisses von Bisherigem und Neuem. Ihre Mitarbeiter können im wahrsten Sinne des Wortes „einsehen", dass nicht alles umgestürzt wird, sondern sie können ersehen, wie viel auch bestehen bleibt. Hier sagt ein Bild sprichwörtlich mehr als tausend Worte!

Damit haben Sie eine gute Basis geschaffen für die weitere Diskussion. Die Gemüter sind nicht mehr so erhitzt, sodass der Weg für eine sachliche Klärung der noch bestehenden Probleme und Widerstände frei ist.

Das folgende Beispiel zeigt, wie effektiv und gleichzeitig fast simpel dieses Prinzip, angewandt werden kann, um das Verhältnis von Bestehendem und Neuem zu klären. Einschränkend muss hinzugefügt werden, dass es sich bei diesem Fallbeispiel um einen recht einfachen Veränderungsprozess handelte, bei dem es keine definitiven Verlierer gab und auch niemand entlassen wurde.

Praxisbeispiel: „Führungswechsel in einem Familienunternehmen": In einem mittelständischen Familienunternehmen mit ca. 400 Mitarbeitern kam es zu einem Führungswechsel. Der „alte Patriarch", eine charismatische Führungspersönlichkeit und zugleich auch die Gründerfigur des Unternehmens, zog sich aus Altersgründen aus dem Alltagsgeschäft zurück. Seiner Tochter war es nun überlassen, das Unternehmen weiterzuführen. Nach einigen Monaten unter ihrer Leitung zeigten sich Anzeichen massiver Unzufriedenheit und Verunsicherung. Die Tochter war als neue Chefin wild entschlossen, einen anderen – nämlich einen partizipativen – Führungsstil einzuführen. Sie stieß dabei – für sie völlig unverständlich und überraschend – auf heftige Gegenwehr. Abgesehen von dieser Neuerung, war es ihr doch ein großes Anliegen, die Firma ganz im Sinne ihres Vaters weiterzuführen.

Als erste Phase des Beratungsprozesses wurden Einzelgespräche mit der neuen Inhaberin vereinbart. Im Verlauf dieser Gespräche wurden die Vorstellungen der Tochter darüber, wie es nun mit der Firma weitergehen solle, herausgearbeitet. Das Ergebnis bestand in einer Auflistung von einer Fülle an Punkten, die unverändert bleiben sollten, und einiger weniger tatsächlicher Veränderungen. Das Hauptziel der neuen Chefin

war die Einführung eines partizipativen Führungsstils, mit dem sie die Absicht verband, die Mitarbeiter zu mehr selbstständigem Problemlösen anzuregen. Diese Funktion hatte zuvor ihr Vater stellvertretend für alle übernommen. Da das Unternehmen gute Gewinne einfuhr, hatte die Tochter derzeit keinerlei Absichten, die grundlegenden Strukturen und Ziele zu verändern, sondern wollte an ihnen weiter festhalten. Es war ihr aber nicht gelungen, dies den Mitarbeitern so zu kommunizieren.
Der nahe liegende nächste Schritt bestand nun darin, einen moderierten Workshop mit der obersten Führungsriege durchzuführen. Dabei wurden die Faktoren erarbeitet, die aus Sicht der Führungskräfte für den bisherigen Erfolg der Firma verantwortlich waren, sowie Beurteilungen getroffen, was es sonst noch wert war, weitergeführt zu werden. Zu diesem Zeitpunkt gesellte sich die neue Chefin hinzu, um ihre Vorstellungen darüber, was wie bisher bleiben und was verändert werden sollte, zu präsentieren. Dabei zeigte sich eine hohe Übereinstimmung zwischen ihr und der Führungsriege. Nur zur Frage des Führungsstils wichen die Vorstellungen wesentlich voneinander ab.
Entscheidend für den Konsens in dieser Prozessphase war die Visualisierung der Vorschläge auf Moderationswänden. Fast auf Anhieb war allen Beteiligten ersichtlich, dass das eigentliche Ausmaß der Veränderung gar nicht so groß war. Nachdem das Neue so seinen Schrecken verloren hatte, konnten auch von Seiten der Mitarbeiter bzw. der Führungsriege die Vorteile, die damit auch für sie verbunden waren, stärker ins Blickfeld rücken. In Folgeworkshops wurden dann diese Ergebnisse auf die einzelnen Arbeitsbereiche heruntergebrochen und den Mitarbeitern kommuniziert. Bemerkenswert war, dass schon nach dem ersten Workshop merklich Ruhe ins Unternehmen einkehrte, auf informellen Wegen waren die erarbeiteten Ergebnisse der offiziellen Verkündigung vorausgelaufen. Der Widerstand machte bald der Akzeptanz Platz, sich auf den neuen Führungsstil einzulassen und sich auch seiner Vorteile zu bedienen.

Schritt 2 – Ziele, Nutzen und Rahmenbedingungen klar kommunizieren

Im den verschiedenen Abschnitten des dritten Kapitels haben Sie sich bereits mit den Zielen des Veränderungsprozesses beschäftigt. Dabei ging es vor allem darum, sich mit dem Veränderungsprojekt identifizieren zu können, soweit es eben mit den eigenen Zielen vereinbar ist. Sie können nur dann erfolgreich Ihre Mitarbeiter darin unterstützen, von Betroffenen zu Beteiligten zu werden, wenn Sie selbst diesen Prozess ebenfalls durchlaufen haben.

Wie kann es Ihnen nun gelingen, auch Ihre Mitarbeiter vom Sinn und Nutzen der Veränderung zu überzeugen?

Informieren Sie Ihre Mitarbeiter über mindestens drei Aspekte:

(1) **Was:** Was genau soll verändert werden?

(2) **Warum und Wozu:** Aus welchen Gründen wurde die Veränderung notwendig und welche Absichten sind damit verbunden?

(3) **Wie:** Wie soll die Veränderung durchgeführt werden?

Den ersten Punkt haben Sie sich bereits ausführlich erarbeitet (siehe Abschnitt 3.1), daher gehen wir gleich zur detaillierten Erörterung von Punkt zwei und drei weiter.

Toolbox

„Vitamin Sinn" – das Warum und Wozu einer Veränderung

Menschen verlangen nach Sinn und Begründung, weil sie ansonsten bei ihrem Tun rasch Lust und Engagement verlieren würden. Berücksichtigen Sie daher in Ihrer Mitarbeiterkommunikation stets genau diese beiden Aspekte:

Warum wird das Veränderungsprojekt eingeführt? Wann wären Sie eher bereit, Steuern zu zahlen? Wenn Sie über die Presse informiert würden, dass mit den Steuergeldern Villen für die Beamten und Paläste für die Ministerien gebaut werden sollen, oder wenn Sie erführen, welche Maßnahmen für die Allgemeinheit ergriffen werden sollen, etwa dass das Verkehrsnetz noch besser ausgebaut wird und ein ansehnlicher Teil der Steuern in ein effektives Bildungssystem fließt? Ohne Zweifel ist dies eine rein rhetorische Frage, dennoch zeigt sie einen sehr wichtigen Punkt auf: **Menschen sind bereit, auch größere Nachteile in Kauf zu nehmen, wenn es dafür gute Gründe gibt**!
Ein Königsweg, um Widerstände aufzulösen, besteht daher darin, Ihre Mitarbeiter mit wirklich guten Gründen zu versorgen. Und gute Gründe sind die, die auch aus dem Blickwinkel der Mitarbeiter gute Gründe darstellen.

Wozu soll das Veränderungsprojekt führen? Diese Frage richtet den Blick in die Zukunft. Eine Veränderung ist ja – hoffentlich – kein Selbstzweck, sondern dient einem übergeordneten Ziel. Welche größeren strategischen Absichten gehen mit dem Veränderungsprojekt einher? Was kann den langfristigen Gewinn darstellen. Wiederum ist es dabei ratsam, schon in der Gesprächsvorbereitung zu berücksichtigen, wie auch Ihre Mitarbeiter an diesem Gewinn und Nutzen teilhaben können, um Ihnen diese Vorteile plausibel darlegen zu können. Je größer die Schnittmenge zwischen persönlichen Zielen bzw. Nutzen Ihrer Mitarbeiter und dem angestrebten unternehmerischen Nutzen ist, desto überzeugender werden Sie das Change-Projekt argumentieren können. Zugleich befriedigen Sie das tiefe menschliche Bedürfnis nach Sinn. Für ein Rädchen im Getriebe mag es egal sein, was insgesamt dabei heraus kommt. Menschen sehen sich jedoch nicht gern nur als kleines Rädchen, sie wollen auch an der Gesamtperspektive teilhaben, um zu sehen und zu erkennen, was sie dadurch für das große Ganze leisten. Das jeweils eigene mehr oder weniger eingegrenzte Tätigkeitsfeld kann so in einen übergeordneten Rahmen und in einen Sinnzusammenhang eingeordnet werden. Diese Einbindung in etwas Größeres ermöglicht es letztendlich, auch Durststrecken und Phasen der Ermüdung, wie sie bei jedem längeren Veränderungsprozess auftreten, gut durchzustehen. Sinn eröffnet Perspektiven.

Mit anderen Worten:

Wenn Sie Ihren Mitarbeitern ermöglichen, auch das große Ganze wahrnehmen und ersehen zu können, haben Ihr Team und Sie – und damit auch das Veränderungsprojekt selbst – im wahrsten Sinne des Wortes „gute Aussichten".

Auch wenn Ihre Mitarbeiter nun mit Sinn und Nutzen versorgt und bis zu einem gewissen Grad von der Veränderung überzeugt sind, das alleine reicht noch nicht aus. Viele weitere Befürchtungen ranken sich darum, was genau das Veränderungsprojekt im Arbeitsalltag bedeutet und wie es umgesetzt wird. Ihre Mitarbeiter fragen sich: „Was genau kommt da auf mich zu?" In der Informationsphase, in der wir uns jetzt befinden, ist es meist noch nicht angebracht, allzu sehr ins Detail zu gehen. In erster Linie sind hier die Rahmenbedingungen und Eckdaten sowie die genauen Handlungsspielräume wichtig. Innerhalb dieser Spielräume können Ihre Mitarbeiter eigenständig das „Wie" der Umsetzung in allen Einzelheiten festlegen. Mit anderen Worten: Innerhalb des festgelegten Handlungsspielraums können Ihre Mitarbeiter das Veränderungsprojekt mit steuern und auch kontrollieren. Gleichzeitig erhalten sie dadurch die Möglichkeit, das „Wie" der Umsetzung den eigenen Interessen, Kompetenzen und Bedürfnissen anzupassen.

Schritt 3 – Raum für Emotionen

Auf den ersten Blick scheinen Emotionen und Gefühle in einem Unternehmen nichts zu suchen zu haben. Sie tauchen in keiner Bilanz auf. Ebenso wenig existiert eine Stabsstelle, die sich mit Ihnen beschäftigt. Dennoch spielen Emotionen – gerade bei Veränderungsprozessen – eine große Rolle. Verfahren Sie daher nach dem Motto: **Emotionen sind Fakten!**

Mit Emotionen müssen Sie „rechnen", egal ob Sie sie als störend erleben oder nicht, egal ob sie Ihnen akzeptabel oder unerwünscht erscheinen. Unsere Gefühle beeinflussen als zentrale und entscheidende Steuergrößen unser gesamtes Handeln – und das macht ja bekanntlich vor dem Firmentor nicht halt. Abgesehen davon: Auch Engagement und Motivation sind Emotionen.

Anders ausgedrückt:

Emotionen können hemmend sein, sie können jedoch auch Motoren der Veränderung sein!

Die bisher behandelten Schritte, Widerstände zu klären, wirken sich auch auf die Gefühle und Emotionen der Beteiligten aus. Meist helfen sie, den Grad an Angst und Verunsicherung zu verringern. Nahezu sämtliche umfassenden und tief greifenden Veränderungsprozesse sind jedoch zumindest anfänglich so unüberschaubar und komplex, dass noch längst nicht all Ängste, Unsicherheiten und andere Gefühle beruhigt worden sind. Zwar sind Sie schon ein gutes Stück vorangekommen, denn die offene Kommunikation zwischen Ihren Mitarbeitern und Ihnen führt dazu, dass Ihre Mitarbeiter die Beziehung zu Ihnen als eher sicher erleben. Sie haben erfahren, dass sie von Ihnen nicht einfach vor vollendete Tatsachen gestellt werden. Dadurch wächst ihr Vertrauen, dass ihre Belange und Bedürfnisse von Ihnen mit berücksichtigt werden. Die nach wie vor grassierende Verunsicherung, der nach immer noch bestehende Ärger sowie die herumgeisternden Restängste sollten jedoch keinesfalls ignoriert werden. **Die Kunst besteht darin, negative Emotionen auszuhalten – eigene und die anderer.**

Allzu leicht geraten Führungskräfte in einen Teufelskreis, wenn es um den Umgang mit Gefühlen geht. Sie reagieren selbst allzu emotional auf Emotionen Ihrer Mitarbeiter. So ist häufig die Angst an sich nicht das eigentliche Problem, sondern eher die Angst vor der Angst. Neben der Angst vor der Angst gibt es alle möglichen Varianten: Angst vor dem Ärger, Ungeduld mit dem Ärger, Ungehaltensein über die Angst, usw. All dies schürt den emotionalen Teufelskreis weiter an. Das Paradoxe daran ist:

Auf den Punkt gebracht:

Gerade das Vermeiden von (negativen) Emotionen führt in der Regel zu mehr emotionaler Ladung! Da diese Erregung jedoch unterschwellig bleiben muss und nicht offen ausgedrückt werden darf, erhöht sich der emotionale Druck zusätzlich.

Auf der anderen Seite können sich heftige Emotionen sehr negativ auf die Arbeitsfähigkeit und das Wohlbefinden auswirken. Ausgerüstet mit gutem Handwerkszeug sind wir den durch einen Veränderungsprozess aktivierten Gefühlen nicht hilflos ausgeliefert, sondern können sie auf ein erträgliches Maß herunter regulieren.

In zweiten Kapitel („Wohin mit meinen Emotionen?") haben wir bereits einige Werkzeuge präsentiert, wie Sie Ihre eigenen Emotionen gut im Griff haben und steuern können. Was aber tun, wenn bei anderen die Sicherung durchzubrennen droht?

Toolbox:

Umgang mit starken Emotionen

Wenn starke Emotionen im Spiel sind, neigen Menschen sehr häufig zu Übertreibungen und starken Verallgemeinerungen. Erkennbar ist dies an Formulierungen wie „das wird nie klappen, das haben wir immer so gemacht", etc. Indem konkretisierende Fragen die Aufmerksamkeit Ihres Gegenübers auf den „Sachverhalt" zurückbringen, kann auch sein emotionaler Aufruhr zumindest etwas beruhigt werden.

Was können Sie tun, wenn in einem hitzigen Meeting plötzlich einer Ihrer Mitarbeiter lospoltert und Aussagen wie „Ich kann den ganzen Mist nicht mehr hören! Das, was wir da vorhaben, ist kompletter Unsinn!" in die Runde wirft?

- Auch wenn es Ihnen schwer fällt: Gratulieren Sie Ihrem Mitarbeiter zu seiner Offenheit! Bedenken Sie eines dabei: Wenn er es nicht hier in der Teamöffentlichkeit anbringen kann, dann sicherlich seinen Kollegen gegenüber. In diesem Fall hätten Sie jedoch keine Gelegenheit mehr, die Chancen und Energien, die im Widerstand liegen, für das Ziel dienlich zu machen!
- Stellen Sie dann konkretisierende Fragen, wie Sie sie auch im dritten Kapitel bei der Klärung Ihrer Ziele verwendeten. Der Einwanderheber wird angeregt, seinen gefühlsmäßigen Ausbruch in ein klar definiertes Problem zu verwandeln. Hier können Sie Ihren Mitarbeiter auch ziemlich fordern. Achten Sie allerdings darauf, dass er sich nicht vor den anderen bloß gestellt fühlt! Vermitteln Sie ihm, dass Sie wirklich daran interessiert sind, was er genau als das Problem ansieht. Zusätzlich können Sie diese Fragen auch dem ganzen Team übergeben: Wie verstehen die anderen den Einwand? Was sind die Gedanken der anderen dazu?
- Stellen Sie anschließend wieder zieldienliche Fragen. Auch hier ist es oft sehr hilfreich, das gesamte Team mit einzubeziehen. Mitunter ist der Einwanderheber schlicht und einfach momentan überfordert, selbst Lösungsvorschläge einzubringen. Wenn Sie hier zu hartnäckig nachbohren, kann für ihn und die anderen der Eindruck entstehen, dass Sie in Wirklichkeit gar keine Gegenstimmen hören und daher die Einwände abwürgen wollen. Langfristig würde dies dazu führen, dass die Offenheit in Ihrem Team zurückgeht. Manchmal erfordert es eben Zeit, passende Lösungsvorschläge zu erarbeiten.

Nützlich sind auch Moderationsmethoden: Sammeln Sie die Einwände auf Flipchart oder Pinwand, allerdings erst dann, wenn sie als Problem bzw. Aufgabe definiert und formuliert worden sind. Legen Sie dann gemeinsam mit dem Team fest, wer, wie und bis wann weiter an diesen Aufgaben arbeitet. Die Klärung des Einwandes ist dann keine persönliche Angelegenheit mehr zwischen dem Einwanderheber und Ihnen, sondern wird zu einer sachlichen Aufgabe und Herausforderung für das ganze Team.

Aus der psychologischen Forschung wissen wir, dass es zu schwer wiegenden Problemen führen kann, Emotionen einfach zu ignorieren. Nun ist der Wunsch, Gefühle zu ignorieren, gut nachvollziehbar und verständlich, denn wir empfinden Emotionen wie Angst oder Ärger als unangenehm und lästig. Kein Wunder, wenn wir sie so schnell wie möglich loswerden wollen. Damit erhöht sich jedoch die Gefahr kapitaler, weil vorschneller Fehlentscheidungen. In der Politik kann man dies (leider) des Öfteren beobachten. Da treten hemdsärmelige Macher auf, die darauf aus sind, im Hauruck-Verfahren ein akutes Problem zu lösen. Ihr eigentliches – und oft allzu durchsichtiges – Motiv ist dabei nicht, das Problem dauerhaft zu beseitigen, sondern die Unzufriedenheit und den Ärger der potenziellen Wähler so schnell wie möglich abzuschwächen. Meist knüpft sie die Hoffnung daran, dass die kurzfristig zufrieden gestellten Wähler sich später kaum mehr dafür interessieren werden, wie die Geschichte eigentlich weitergegangen ist. Noch besser, wenn sie sie sogar vollkommen vergessen hätten.

Auf den Punkt gebracht:

Hüten Sie sich vor kurzfristig wirksamen (Schein)Lösungen!

Stellen Sie sich vor, Sie leiden unter Zahnschmerzen, nehmen eine Schmerztablette und belassen es dabei. Langfristig müssen Sie so weit mehr Unbill und Schmerzen aushalten, als wenn Sie das Problem gleich – hier möglicherweise wörtlich – „an der Wurzel gepackt hätten". Wenn Sie daher das eigentliche Problem, das häufig auf der Sachebene liegt, angehen, verschwindet häufig auch der Anlass für den emotionalen Aufruhr und Sie schlagen gewissermaßen zwei Fliegen mit einer Klappe.

Toolbox:

Lösungsideen überprüfen

Halten Sie sich vor Augen, dass jedes einigermaßen schwierige Problem immer zwei Aspekte aufweist:
- einen sachlichen und
- einen gefühlsmäßigen.

Wir erfahren etwas als Problem, wenn irgendwelche Faktoren uns daran hindern, unsere Ziele zu erreichen. Je wichtiger uns unser Ziel ist, desto stärker reagieren wir emotional. Die Frustration, Barrieren auf unserem Weg zum Ziel vorzufinden, schlägt in Ärger um; die Ungewissheit, ob das Ziel überhaupt erreicht werden kann, in Verunsicherung und Angst.

Nehmen Sie sich die Zeit und überprüfen Sie jeden Ihrer Lösungsvorschläge darauf, ob
- damit das sachliche Problem, also das eigentliche Anliegen, tatsächlich aus der Welt geschaffen wird oder

– damit einfach – nur vorübergehend! – die emotionale Spannung gelindert wird.

Verzichten Sie auf Lösungsvorschläge der zweiten Art, die nur die unangenehmen Gefühle, nicht jedoch das Problem aus dem Weg räumen!

Auf die passende Betriebstemperatur kommt es an: Mit den Werkzeugen und Prinzipien dieses Abschnittes trainieren Sie Ihre Fähigkeit, ungewisse und unübersehbare Situationen auszuhalten. Dies ist eine unerlässliche Fähigkeit, um in den stürmischen Phasen eines Veränderungsprozesses Ruhe bewahren und die angemessenen Entscheidungen treffen zu können. Zusätzlich werden Sie so von Ihren Mitarbeitern eher als Fels in der Brandung wahrgenommen, d.h. als jemand, auf den man sich verlassen kann und der auch Orientierung gibt.

Nutzen Sie dieses Tool jedoch auch als Analyseinstrument und Leitfaden für Entscheidungen, die Sie zusammen mit Ihren Mitarbeitern im Team treffen.

Auf diesem Weg zeigen Sie Ihren Mitarbeitern, dass Sie bereit sind, Emotionen auszuhalten und besonnen mit Ihren eigenen Gefühlen umgehen. Dadurch können Ärger und Angst, Frustrationen und Unsicherheiten auf eine gute Art und Weise besprochen und behandelt werden. Bedenken Sie nämlich eines:

Unsere Emotionen …

… sind neben allem anderen auch unsere Energiequellen und unsere Antriebsmotoren, worauf schon das Wort E-Motion hinweist.

Müssen sie „außen vor“ bleiben, führt das entweder zu einer zu „unterkühlten“ Arbeitsstimmung oder zu unterschwelligen „Schwellbränden“, die die Atmosphäre mit ihren Dämpfen vergiften können. Können die Emotionen sich hingegen ungebremst Platz verschaffen, so ist das Arbeitsklima derart „aufgeheizt“, dass an effektives Arbeiten nicht mehr zu denken ist, es „kocht über“.

Tipp:

Gerade der besonnene Umgang *mit* den Emotionen ermöglicht die passende, optimale „Betriebstemperatur", in der sachliches Arbeiten und gefühlsmäßiges Engagement Hand in Hand gehen.

Gespräche und Teamsitzungen dienen immer wieder auch dazu, an der einen Stelle ein bisschen Dampf abzulassen und an der anderen Stelle die Gemüter etwas „abzukühlen", damit die passende Betriebstemperatur wieder eingeregelt werden kann.

„Ungute Bauchgefühle" ernst nehmen: Vielleicht kommt Ihnen diese Situation bekannt vor: Sie sitzen in einem Meeting. Ein Kollege aus einer anderen Abteilung macht einen Vorschlag, der an sich recht vernünftig klingt. Dennoch reagieren Sie mit einem unguten Gefühl, das Sie nicht so recht einzuordnen wissen. Da es aber scheinbar keinen vernünftigen Grund gibt, den Vorschlag abzulehnen, lassen Sie sich darauf ein, auch wenn dies mit einem schalen Beigeschmack verbunden ist. Später stellt sich heraus, dass der Vorschlag Ihres Kollegen eine Reihe von Nachteilen mit sich bringt, die auf den ersten Blick kaum ersichtlich waren. Nun bereuen Sie es, nicht auf Ihre „innere Stimme" gehört zu haben. Dieses allgemein bekannte Phänomen des „unguten Bauchgefühls" zeigt eine weitere wichtige Funktion von Gefühlen auf: Sie liefern sehr frühzeitig Hinweise, dass etwas nicht ganz stimmt, weit bevor unser bewusster und rationaler Verstand dies realisiert. Ungute Bauchgefühle sind immer auch Zeichen dafür, dass ein wichtiger Aspekt, ein wichtiges anderes Ziel, ein wichtiger anderer Wert noch nicht ausreichend gehört wurde.

Toolbox:

Umgang mit „unguten Bauchgefühlen"

Geben Sie in einem ersten Schritt diesem Gefühl eine Stimme. Verwandeln Sie den Einwand, der sich durch das Gefühl ausdrückt, in eine Aussage und einen Satz. So könnte hinter diesem Gefühl eine Aussage stehen wie „Ich befürchte, da fehlt noch etwas! Wir haben uns noch nicht ausreichend mit der Nachfrageseite beschäftigt."

Setzen Sie sich nun sachlich mit dem formulierten Einwand auseinander:
- Was ist an ihm dran?
- Zu welcher Verbesserung könnte er beitragen?
- Welchen Aspekt des Problems bzw. der Lösung sollten Sie noch berücksichtigen?

Dieses Prinzip hilft Ihnen auch, wenn Sie bei einem Ihrer Mitarbeiter „ungute Bauchgefühle“ bemerken oder vermuten. Sprechen Sie ihn darauf an, am besten unter vier Augen. Ermutigen Sie ihn, sein Gefühl in eine klare Aussage, ein Statement zu verwandeln. Diskutieren Sie dann mit ihm das Für und Wider seines Statements bzw. seines Bedenkens.

Sie können diese Vorgehensweise auch in die bestehende Teamkultur einfügen. Beispielsweise könnten Sie oder der jeweilige Moderator gegen Ende eines Diskussionsprozesses routinemäßige Fragen an die Versammelten richten, ob noch irgendwelche Bedenken oder Einwände vorhanden sind, selbst wenn diese nicht unmittelbar begründet werden können. Damit ist sozusagen eine letzte Gelegenheit gegeben, Einwände anzumelden. Diese Erweiterung der Teamkultur wird natürlich nur dann erfolgreich sein, wenn bereits innerhalb des Teams ein Klima der Offenheit vorherrscht.

„Ungute Bauchgefühle“ sind oft Frühanzeigen späterer negativer Konsequenzen einer Entscheidung oder Handlung, so als würde die Zukunft einen Botschafter schicken, der jetzt schon Bedenken anmeldet. Auch hier gilt, wie schon öfters erwähnt: Je sorgfältiger zu Beginn gearbeitet wird und je mehr auch Einwände berücksichtigt werden, desto leichter geht der Veränderungsprozess dann später von der Hand.

Fels oder Bambus – das ist hier die Frage: Über Emotionalität, Respekt und Wertschätzung: Viele Führungskräfte befürchten, dass sie von ihren Mitarbeitern als zu weich angesehen werden, wenn sie auch eigene und fremde Emotionen ansprechen. Auch hier kommt es natürlich auf das „Wie“ an. Können Sie mit Ihren eigenen Emotionen besonnen umgehen sowie auch die Emotionen Ihrer Mitarbeiter aushalten, erringen Sie in der Regel Respekt und Achtung. Nicht jeder Ärger ist sofort zu beschwichtigen, nicht jede Angst prompt aufzulösen. Gefühlen wohnt eine gewisse „Trägheit“ inne. Wenn Sie den Gefühlen Ihrer Mitarbeiter standhalten, fühlen sich diese ihrerseits als Personen respektiert und ernst genommen. Von Führungskräften, die allzu schnell mit Patentrezepten zur Hand sind und Emotionen ignorieren oder sofort „weg lösen“ wollen, fühlen sich Mitarbeiter leicht missachtet, übergangen oder einfach nicht ernst genommen.

Wenn Sie mit den Emotionen Ihrer Mitarbeiter umgehen und sie aushalten können, ähneln Sie weniger einem Felsen in der Brandung, sondern eher einem Bambus im Wind. Der Bambus kann, ohne zu brechen, die Bewegungen des Windes flexibel aufnehmen. Dennoch behauptet er seine Position und weicht nicht einfach den ihn umgebenden Kräften. Gerade wenn Ihnen der Wind kräftig ins Gesicht bläst, können Sie sich vom Bambus abschauen, wie Sie diesem Sturm flexibel und aufrecht standhalten. Wenn Sie sich „berühren“ lassen, sind Sie für Ihre Mitarbeiter leichter erreichbar. Gerade wenn es um sehr harte Entscheidungen geht, wie beispielsweise im Fall von Entlassungen, ist dies besonders wichtig. Die Bedeutung von Mitgefühl und sogar Mitleid wird häufig gewaltig unterschätzt.

Schritt 4 – Diskutieren Sie mit Ihren Mitarbeitern die Vor- und Nachteile des Veränderungsprozesses

Resümiert man die gängige Forschung zum Thema Changemanagement, so lässt sich ein sehr wichtiger – wenn nicht sogar der entscheidende – Faktor für erfolgreiche Veränderungsprozesse herausdestillieren: die aktive Einbeziehung der Mitarbeiter in das Veränderungsprojekt, gemäß dem Motto „Betroffene zu Beteiligten zu machen“. In dieser Phase „kauen“ Sie gemeinsam mit Ihren Mitarbeitern das geplante Projekt intensiv durch. Dadurch können sich auch Ihre Mitarbeiter den geplanten Veränderungsprozess gut aneignen und haben ausreichend Zeit, diesen auch zu „verdauen“.

Dieser Prozess braucht allerdings Zeit – und Zeit ist knapp. Die Gefahr ist daher groß, diesem Schritt in der Praxis zu wenig Aufmerksamkeit zu schenken. Bedenken Sie jedoch eines:

Um beteiligt sein zu können, ...

... müssen Ihre Mitarbeiter überzeugt sein. Dies geht jedoch nicht von heute auf morgen.

Überzeugung wächst allmählich, ähnlich wie Vertrauen, das auch nicht über Nacht wie Pilze aus dem Boden schießt.

Sie können nur dann Ihre Mitarbeiter überzeugen, wenn Sie mit ihnen in einen Dialog treten. Dort nehmen Sie gemeinsam sowohl die Licht- als auch die Schattenseiten des Veränderungsprozesses genauer unter die Lupe. An dieser Stelle kommt Ihnen nun ein enormer Vorteil gegenüber den „Schöpfern“ des Veränderungsprojektes zu. Diesen fällt es nämlich oft sehr schwer, die Nachteile des Projekts überhaupt zur Kenntnis zu nehmen, geschweige denn, darüber zu sprechen. Schließlich ist es ja „ihr Baby“, auf das sie stolz sind und auf das sie nichts kommen lassen wollen. Sie jedoch haben dieses Problem nicht, da Sie selbst Betroffener waren und erst durch eigene Arbeit zum Beteiligten wurden. Betroffene sehen eher die Schattenseiten eines Veränderungsprozesses. Sie selbst haben sich dem zuweilen mühsamen Prozess unterzogen, allmählich den Sinn und Nutzen des Veränderungsprojektes – trotz allfälliger Schwächen – zu erkennen. Weniges überzeugt Ihre Mitarbeiter mehr, als Ihre eigene authentische Erfahrung und Auseinandersetzung mit dem geplanten Projekt.

Ihre Mitarbeiter müssen nun denselben Weg gehen, den Sie bereits hinter sich haben. Durch Ihr Vorbild können Sie den Prozess zwar abkürzen, ersparen können Sie ihn Ihren Mitarbeitern aber nicht. Im Wesentlichen besteht der Weg darin, eine offene und ehrliche Diskussion über die Vor- und Nachteile des geplanten Veränderungsprojektes zu führen. Wenn möglich, gilt es dabei, die vorhandenen Vorteile noch zu verstärken und die Nachteile zu minimieren. Dazu ist eines durchaus wissenswert:

Auf den Punkt gebracht:

Es wäre ein utopisches Ziel, *alle* Nachteile zu klären und auszuräumen. Das Projekt muss in den Augen Ihrer Mitarbeiter nur soweit sinnvoll erscheinen, dass sie bereit sind, sich dafür auch *trotz* einiger Nachteile zu engagieren.

Zusätzlich ist es sinnvoll, die Nachteile eines Projekts als Herausforderung einzustufen – als Nachteile, für die bisher noch keine Lösung gefunden wurde und die noch einer Lösung zugeführt werden müssen. Hüten Sie sich dabei jedoch davor, vorschnell den Begriff des „Problems“ aufzugeben und nur noch von „Herausforderungen“ zu reden. Ein Problem ist solange ein Problem, solange es von Ihren Mitarbeitern als Problem angesehen wird. Die Betroffenen müssen selbst zur Erkenntnis gelangen, dass das Problem auch eine Herausforderung im positiven Sinn darstellen kann.

Möglicherweise hegen Sie Zweifel daran, ob dieser von uns vorgeschlagene Weg nicht die negativen und nachteiligen Aspekte eines Veränderungsprozesses einseitig bevorzugt und herausstreicht. Sie fragen sich vielleicht: „Sollte man nicht besser die positiven Seiten und auch die schon vorhandenen Ressourcen hervorheben? Ist es nicht geradezu gefährlich, allzu viel Zeit und Energie beim Versuch zu verschwenden, kritische Mitarbeiter umzustimmen und zu überzeugen?“

Toolbox:

„Doppelstrategie“

Unserer Meinung geht es hier nicht darum, sich für das eine oder das andere zu entscheiden. Am günstigsten fahren Sie mit einer Doppelstrategie. Diese ist aber keineswegs doppelbödig oder doppelzüngig, sondern kann und sollte auch klar und eindeutig kommuniziert werden:

- Zeigen Sie die potenziellen Vorteile des Veränderungsprojekts klar auf. Vermitteln Sie auch die Ziele, die Sie und das Unternehmen damit verbinden. Dazu gehört auch die klare Entscheidung, *dass* das Projekt starten wird. In diesem Punkt gibt es keine Diskussion.
- Sprechen Sie auch bereits im Vorfeld potenzielle Nachteile an und fördern Sie einen offenen Dialog darüber. Ermöglichen Sie Ihren Mitarbeitern, die Spielräume (innerhalb der klar definierten Grenzen) auch dazu zu nutzen, diese Nachteile zu minimieren und damit für einen noch reibungsloseren Projektablauf zu sorgen.

Fahren Sie diese Doppelstrategie auch dann, wenn es darum geht, Ihre Mitarbeiter zu unterstützen:

- Fördern Sie bewusst die Befürworter der Veränderung. Im besten Fall können diese zu Botschaftern des Veränderungsprozesses werden. Mitarbeiter, die bereits von einem Veränderungsprozess überzeugt sind, sind häufig für ihre Kollegen überzeugender als es selbst die glaubwürdigste Führungskraft je sein könnte.

> Unterstützen Sie jedoch gleichzeitig auch die Kritiker. Stacheln Sie deren Ehrgeiz an, indem Sie sie auffordern, die Probleme und Einwände als Aufgaben zu formulieren. Fördern Sie eine Art „Multikulturalität" der Einstellungen und Meinungen. Sorgen Sie dafür, dass im Team von der Mehrheit abweichende Meinungen offen angesprochen und diskutiert werden können.

Für diese Doppelstrategie brauchen Sie natürlich auch ein gewisses Maß an Fingerspitzengefühl. Der „kritische Geist" soll ja gerade dazu beitragen, das Veränderungsprojekt erfolgreich umzusetzen und nicht dazu dienen, es zu lähmen oder gar zum Scheitern zu bringen. Mit ausreichend Fingerspitzengefühl wird es Ihnen gelingen, die im **Widerstand** liegende Energie zu nutzen und **für die Veränderung verfügbar zu machen**. In der Fachsprache wird dies „Utilisieren" genannt. Diskutieren Sie mit Ihrem Team auch, welcher Nutzen grundsätzlich im Widerstand liegt. So könnte sich daraus eine Art Teamrolle, wie etwa die eines „Qualitätsbeauftragten", ergeben. Günstig ist es, wenn diese Rolle nicht ständig nur von einer Person besetzt ist, sondern wenn unterschiedliche Teammitglieder im Verlauf des Diskussionsprozesses abwechselnd in diese Position schlüpfen. Ist dies dem Team dann zur Gewohnheit geworden, hat sich dadurch die Bedeutung von Widerstand komplett gewandelt und ist eine Form der Kooperation geworden.

Toolbox:

> **„Instrumente für die Diskussion von Widerständen"**
>
> Lenken Sie während einer Diskussion Widerstände und Einwände in eine zieldienliche Richtung.
>
> Eines der effektivsten Instrumente dafür sind **„offene Fragen"** wie:
>
> – Auf welche Art und Weise könnte Ihr Einwand dazu beitragen, dass das Projekt noch (erfolgreicher, leichter, gründlicher,...) umgesetzt werden kann?
> – Wie können wir Ihren Hinweis aufgreifen, sodass dadurch unser Projekt noch (erfolgreicher, ...) gelingt?
>
> Dies sind nur Beispiele für zahlreiche derartige Fragen. Sie regen denjenigen, der Einwände erhebt, zum selbstständigen Nachdenken über Lösungen an.
>
> Manche Einwände sind jedoch in ihrer „Rohform" noch nicht geeignet, in Lösungsaufgaben transformiert zu werden. So können sie sehr pauschal und/oder negativ formuliert sein, wie etwa die Aussage „Das funktioniert bei uns nicht!".

Hier begegnen wir wieder der „römischen Daumenregel", es gibt nur ein „Ja" oder ein „Nein".
Stellen Sie in diesem Fall konkretisierende Fragen:
- „Was genau, glauben Sie, funktioniert nicht so, wie es wünschenswert wäre?"

Der Einwanderheber muss durch diese Frage seinen Einwand konkretisieren und präzisieren. Die potenziell und bisher verborgenen Elemente treten deutlich sichtbar hervor. Jetzt erst können Sie den Einwand als Beitrag zum Erfolg des Veränderungsprojekts nutzen. Vergleichbar ist dies mit einem Patienten, der seinem Arzt mitteilt, er fühle sich schlecht. Mit dieser „Information" alleine ist es dem Arzt jedoch nicht möglich, eine geeignete Behandlung auswählen, geschweige denn, mit ihr beginnen zu können. Zuvor benötigt er nähere – ja, so präzise wie mögliche – Informationen, was genau sich wie und wo schlecht anfühlt usw.
Konkretisierende Fragen weisen noch eine weitere wichtige Nebenwirkung auf: Sie unterstellen, dass (bitte langsam lesen!) *nicht alles nicht* funktioniert! Einiges funktioniert bereits, einiges (noch) nicht. Dasselbe gilt übrigens auch für unseren Patienten: Nur wenn er lebt – und damit wichtige Körperfunktionen vorhanden sind – kann es ihm überhaupt schlecht gehen!

Diese differenzierte Sicht ...

... ist auch deswegen wichtig, denn was den Veränderungsprozess selbst betrifft, geht es nicht mehr um Ja oder Nein, sondern nur noch um das Wie.
Fragen Sie daher weiter nach:
- ☐ Was bräuchte es, um funktionieren zu können?
- ☐ Unter welchen Umständen und unter welchen Bedingungen wäre es möglich, dass es funktioniert?

Infobox:

Einwandbehandlung und Konfliktkultur

An dieser Stelle liefern wir Ihnen noch zwei weitere Argumente dafür, wie sinnvoll und nützlich es ist, auf Widerstände und Einwände einzugehen.
Marketingexperten wissen, dass in Kundenbeschwerden ein großes Potenzial liegt. Eine Beschwerde, die zur Zufriedenheit des Kunden geklärt wird, kann für ein Unternehmen sogar nützlicher sein, als wenn der Kunde von vornherein zufrieden gewesen wäre! Von Praktikern wird als Daumenregel genannt:

- Ein zufriedener Kunde empfiehlt das Produkt einem anderen weiter.
- Ein unzufriedener Kunde rät drei anderen vom Produkt ab.
- Ein wirklich beschwichtigter Kunde empfiehlt das Produkt *zehn* anderen weiter.

Nun sollten Sie diese Zahlen nicht zu sehr für bare Münze nehmen, es geht hier nur um Tendenzen. Und die können für Sie durchaus von Belang sein. Denn ein erfolgreiches Veränderungsprojekt lebt auch vom Marketing, d.h. von der Art und Weise, wie es extern und intern „verkauft" wird. Unzufriedene Kunden (sprich: unzufriedene Projektbeteiligte oder besser „Projektbetroffene") werden anderen davon abraten, das Produkt zu kaufen (sprich: sich für das Projekt zu engagieren). Überzeugte ehemals unzufriedenen Kunden können die besten Botschafter abgeben, da sie auf noch nicht ganz Überzeugte glaubwürdiger wirken als diejenigen, die nie einen Zweifel am Produkt (Projekt) hatten.
Eine konstruktive Kritikkultur kann wesentlich dazu beitragen, den Erfolg eines Projekts sicherzustellen. Werden abweichende Meinungen unterdrückt oder ignoriert, besteht die große Gefahr, dass das gesamte Team (Unternehmen) blind gegenüber sich abzeichnenden Gefährdungen und Schwierigkeiten für das Veränderungsprojekt wird. Eine „Meinungsmonokultur" ist sehr anfällig, wie Beispiele aus der Politik anschaulich belegen. Der Abstieg von Maggie Thatcher begann, als sie nur noch Berater um sich scharte, die ihr nach dem Mund redeten. Oder Kennedys Desaster in der Schweinebucht: Der Versuch, das Castroregime in Kuba zu stürzen, misslang auch deswegen kläglich, weil sich im eingesetzten Expertenteam schnell ein Gruppendruck ausprägte, dem sich alle unterwarfen. Gerade letzteres Beispiel zeigt, dass sich Meinungsmonokulturen auch ohne Zutun des Chefs bilden können. Fördern Sie daher bewusst auch abweichende Meinungen, besonders dann, wenn sie Anzeichen von Gruppendruck erkennen. Bei Bedarf können auch Sie selbst in die Rolle des Abweichlers, des Advocatus diavoli, schlüpfen.

Auf den Punkt gebracht:

Wenn die **offene Diskussion über Probleme** unterdrückt wird, ist der Erfolg des Veränderungsprozesses ernsthaft gefährdet.
Ein **offener Dialog** kann den Erfolg zwar nicht hundertprozentig sicherstellen, er stellt jedoch in den meisten Fällen eine notwendige Bedingung für nachhaltigen Erfolg dar.

Wann ist es ungünstig, auf Einwände einzugehen? Natürlich muss nicht jeder Einwand ausführlich berücksichtigt werden. In folgenden Fällen ist dies weniger ratsam:

Eine akute Krise erfordert unbedingt sofortiges Handeln. Da ist nun wirklich keine Zeit für gründliches Abwägen und Überzeugungsarbeit vorhanden.

Allerdings sollten Sie Ihrem Team deutlich machen, dass dies (hoffentlich) eine Ausnahme darstellt und aus welchen Gründen es erforderlich ist, Sofortmaßnahmen einzuleiten. Ihre Mitarbeiter können Ihr Vorgehen dadurch leichter nachvollziehen. Wenn wieder „ruhigere Zeiten" eingekehrt sind, können Sie gemeinsam mit Ihrem Team die Entscheidungen und die damit verbundenen Vor- und Nachteile nochmals rückwirkend beleuchten, um für den nächsten Ernstfall besser gewappnet zu sein.

Der Einwand ist zum größten Teil auf rein persönliche Ziele und Bedürfnisse des Mitarbeiters zurückzuführen, die kaum mit den Zielen des Veränderungsprozesses und des Unternehmens in Deckung gebracht werden können.

Versichern Sie sich zunächst davon, dass Sie mit Ihrer Einschätzung richtig liegen. Dazu eignen sich vor allem Vieraugengespräche. Als Gesprächsleitfaden können Ihnen hierfür die offenen Fragen aus dem dritten Kapitel dienen. Wie und auf welche Weise können die unterschiedlichen Ziele miteinander in Einklang gebracht werden? Im Idealfall stimmen Sie beide am Ende des Gesprächs darin überein, dass die persönlichen Ziele des Mitarbeiters gravierend von den Unternehmenszielen abweichen. Fragen Sie Ihren Mitarbeiter, was dies für ihn bedeutet und fordern Sie ihn auf, sich zumindest die nächste Zeit dennoch für das Projekt einzusetzen, sofern er nicht von sich aus Alternativen sucht. Nutzen Sie hier auch langfristiges perspektivisches Denken:

- Was bedeutet dies für Ihren Mitarbeiter langfristig?
- Welche langfristigen Möglichkeiten bestehen, die Ziele doch noch mehr miteinander in Einklang zu bringen?
- Für wie lange ist es für ihn in Ordnung, dass die Ziele (momentan) auseinander driften?

Ihr Mitarbeiter hält sich bedeckt, was die eigenen Ziele betrifft. Im Grunde ist dies nicht nur verständlich, sondern oft auch sehr vernünftig. Nicht immer ist daher ein offenes Gespräch über persönliche Ziele möglich, vor allem wenn Mikropolitik – Macht und Einfluss – eine Rolle spielt. Mikropolitik ist nichts Schlechtes. Menschen können gar nicht anders, sie positionieren sich und sichern sich Einfluss und Wirkungsmöglichkeiten. Häufig fördert dies auch den Erfolg der anstehenden Aufgaben. Ein informelles Beziehungsgeflecht kann die Nachteile durchformalisierter und oft langwieriger Entscheidungsprozesse kompensieren. Häufig kommt eine Veränderung erst durch viele informelle Gespräche in Schwung.

Sprechen Sie in einem informellen Rahmen auch offen an, wenn einer Ihrer Mitarbeiter im Rahmen des geplanten Veränderungsprojekts an Einfluss verliert. Diskutieren Sie dann mit ihm, welche Kompensationsmöglichkeiten und mögliche langfristige Vorteile gegeben sind.

6.3 Was kann ich bei Widerstand gegen die Veränderung noch tun? Weitere Strategien im Umgang mit Widerstand

Selbständigkeit fördern

Der Prozess, Einwände zu klären, mag langwierig erscheinen. Er leistet jedoch noch mehr als „nur“ Ihre Mitarbeiter für den Veränderungsprozess zu motivieren (als ob das nicht schon genug wäre!). Denn zusätzlich fördert er die Selbstständigkeit Ihrer Mitarbeiter. Ein wesentliches Kennzeichen umfassender Veränderungsprozesse stellt deren Komplexität und Unüberschaubarkeit dar. Die wichtigste Konsequenz daraus lautet:

Veränderungsprozesse …

… können nicht in allen Facetten von oben durchgeplant und gesteuert werden.

Für eine erfolgreiche Veränderung sind unbedingt die Fähigkeiten zu selbstständigem und autonomen Denken, Handeln und Entscheiden erforderlich. Und dazu sind nicht „Betroffene“, sondern nur „Beteiligte“ im vollen Umfang in der Lage. Auf allen Führungs- und Mitarbeiterebenen müssen kompetente Analysen durchgeführt und angemessene Entscheidungen getroffen werden können.

Praxisbeispiel: In einem Logistikunternehmen herrschte die Kultur, die operativen Einheiten direkt vor Ort von Entscheidungen auszuschließen. Sie waren darauf gedrillt, diese von oben getroffenen Entscheidungen nur noch umzusetzen. „Denken ist in Ihrem Anforderungsprofil nicht enthalten" war als mehr oder weniger offen geäußerte Aussage häufig zu hören und wurde gerade von den operativ tätigen Mitarbeitern weiter kolportiert. Nun sollte ein Veränderungsprozess installiert werden, in dessen Zuge die operativen Einheiten sich als Subunternehmen definieren sollten bzw. von oben so definiert wurden. Der Schwerpunkt lag dabei auf Kundenorientierung. Umfangreiche Trainingsmaßnahmen wurden aufgesetzt, die aber fast ausschließlich nur auf reinem Verhaltenstraining basierten: „Was sage und tue ich, wenn der Kunde dieses oder jenes sagt oder tut?" Zum Erstaunen des Managements war der Unmut unter den Betroffenen ziemlich groß. Die Mitarbeiter sahen keinen Sinn in den Trainingsmaßnahmen. Nach Beendigung dieses „Veränderungsprojektes" stand die veränderte Struktur nur auf dem Papier. Die wesentlichen Ablaufprozesse verliefen fast genau so wie zuvor. Der eigentliche Managementfehler bestand darin, Selbstständigkeit von oben per Dekret zu verordnen, ein Widerspruch in sich.

Wenn Menschen autonom handeln sollen, muss man ihnen auch eine gewisse Autonomie zugestehen. Um die Autonomie Ihrer Mitarbeiter zu fördern, müssen Sie ihnen ermöglichen, ihren eigenen Weg zu finden. Folglich müssen sie beispielsweise dazu autorisiert sein, nach Abwägen verschiedenster Optionen sowie von Vor- und Nachteilen auch selbstständig Entscheidungen fällen zu können.

„Betroffene zu Beteiligten zu machen“, dient daher immer auch der Weiterqualifizierung Ihrer Mitarbeiter zu selbstständiger Arbeit und Umsetzung!

Exkurs:

„Ethik und Autonomie“

Ethisches Verhalten der Führungskräfte kann hier, für manche überraschend, auch im Sinne der Unternehmensziele unmittelbar nützlich sein.

Das Zugestehen von Autonomie ist zugleich auch ein Erweisen von Respekt.

Wenn Sie Ihren Mitarbeitern Autonomie zubilligen und sie auch von ihnen einfordern, achten und anerkennen Sie Ihre Mitarbeiter gleichzeitig als selbstständige und kompetente Personen. Und umgekehrt: In dem Maße, wie Sie Ihre Mitarbeiter achten und respektieren, unterstützen Sie auch deren Autonomie und Selbstständigkeit. Der Widerstand der Mitarbeiter aus dem oben genannten Praxisbeispiel beruhte zum großen Teil auf mangelnder Anerkennung. Sie fühlten sich – zu Recht – nicht als eigenständige Personen respektiert. Genau dagegen revoltierten sie, nicht so sehr gegen die Veränderung an sich.
Man kann darüber streiten, ob die Wahl des Begriffs „Humankapital“ zum „Unwort“ des Jahres 2004 richtig war oder nicht. Eines wird jedoch deutlich: Dieser Begriff – und die damit verbundene Einstellung – lässt mit die wertvollsten Ressourcen, die Menschen zu geben bereit sind, völlig außer Acht. Wenn Menschen als autonome und kompetente Individuen ausreichend geachtet werden, zeigen sie weit mehr Einsatz und Eigeninitiative. Und diese Eigenschaften sind zur Bewältigung komplexer Veränderungsprozesse geradezu unerlässlich. Auch betriebswirtschaftlich ist es daher sinnvoller, von „Menschen“ und „Mitarbeitern“ zu sprechen anstatt von „Humankapital“.
Was ist durch Autonomie wirklich gewonnen? Jede Führungskraft fragt sich zuweilen, warum ihre Mitarbeiter nicht einfach erwartungsgemäß funktionieren. Maschinen tun dies. Die Erwartungen und Forderungen, die sich an eine Maschine richten, werden von dieser klaglos und zuverlässig wahrgenommen und erfüllt. Das, was man ihnen vorschreibt, wird von ihnen abgeleistet, mit anderen Worten:

Maschinen machen Dienst nach Vorschrift!

Wie würde es um die meisten Veränderungsprojekte bestellt sein, wenn die daran Beteiligten ausschließlich Dienst nach Vorschrift machen würden? Wenn Menschen so wie Maschinen funktionieren würden, würde der Wandel nicht erfolgreich gelingen können! Gerade die in Veränderungsprozessen notwendige

Eigeninitiative leistet weit mehr als eben „nur" die Vorschriften zu erfüllen. Das ist der enorme Vorteil, den Menschen gegenüber Maschinen aufweisen. Nur brauchen Menschen mehr – oder vielmehr eine andere – Pflege als Maschinen: Denn im Gegensatz zu Maschinen können Menschen auch weniger leisten als verlangt, etwa wenn sie die Vorgaben nicht einsehen und sie daher mehr oder weniger bewusst sabotieren. Untersuchungen zufolge besitzt der Löwenanteil der Führungskräfte kein allzu großes Vertrauen in die Fähigkeiten ihrer Mitarbeiter. Dabei könnten sich Führungskräfte jedoch immer wieder vor Auge halten, dass die meisten ihrer Mitarbeiter mehr tun und leisten als ausdrücklich von ihnen verlangt! Engagement, Motivation, Identifikation und Freude können nicht vorgeschrieben werden, sie können nur „eingeladen" werden. Insofern sind Führungskräfte auch Gastgeber, die, sofern sie gute Gastgeber sind, mitgebrachte Geschenke ihrer Gäste – der Mitarbeiter – in Empfang nehmen dürfen: Eigeninitiative und Bereitschaft.

Widerstand akzeptieren

Die meisten Menschen sehen Widerstand eher als negativ an. Wie leicht könnten doch Veränderungen vonstatten gehen, würden die Betroffenen nicht so oft und so vehement Widerstand leisten. Viele Führungskräfte wünschen sich Mitarbeiter, die sich klaglos und ohne Zögern daran machen, das geplante Veränderungsprojekt unverzüglich umzusetzen. Doch seien wir doch ehrlich zu uns selbst! Wenn unsere eigenen Interessen betroffen sind, halten wir es natürlich für absolut legitim, für diese zu kämpfen. Oder würden Sie, ohne zu zögern, einer Veränderung zustimmen, die für Sie eine Gehaltskürzung mit sich bringen würde? Solange Ihnen die Gründe und auch die langfristigen Möglichkeiten, die sich Ihnen vielleicht dadurch bieten, nicht einsichtig sind, würden Sie Ihre Zustimmung sicherlich verweigern. Um Sie überhaupt dahin zu bringen, würde es aber sicherlich einer ganzen Reihe von Verhandlungen und Gesprächen mit Ihren Vorgesetzten bedürfen. Nun ja, Ihre Mitarbeiter sind in dieser Hinsicht nicht viel anders als Sie selbst. Und viele Veränderungsprozesse bringen – realistisch betrachtet – auch (zunächst) Nachteile mit sich, vielleicht nicht für alle, zumindest jedoch für einige.

Akzeptieren Sie daher den anfänglichen Widerstand Ihrer Mitarbeiter gegen mögliche eintretende Verschlechterungen und Nachteile als natürlich und grundsätzlich in Ordnung.

Nun mag sich an dieser Stelle bei Ihnen Widerstand dagegen regen, so verständnisvoll und vermeintlich „weich" mit den Widerständen Ihrer Mitarbeiter umzugehen. Auf der anderen Seite gilt:

Nicht-Akzeptieren ...

... verhärtet die Situation und hält Widerstand frisch und lebendig. So wird er sich vermutlich gut einnisten und zu Ihrem Dauerbegleiter werden.

Akzeptieren Sie daher die Widerstände! Das ist nicht nur wesentlich kräftesparender, sondern Sie verfügen damit auch über eines der wichtigsten Lösungsmittel, mit dem Sie Widerstand allmählich verflüssigen und Beharrungstendenzen auflösen können. **Diese Kunst des „Sein-Lassens" beinhaltet zweierlei:**

Zum einen die Widerstände zunächst ...

... „so sein zu lassen" wie sie sind, um sie in einem zweiten Schritten „sein lassen" zu können.

Indem Sie Widerstände und damit auch abweichende Interessen Ihrer Mitarbeiter grundsätzlich akzeptieren, geben Sie noch lange nicht das Heft aus der Hand, denn:

Die Interessen der anderen ...

...zu respektieren, bedeutet nicht automatisch, sie auch erfüllen zu müssen!

Versetzen Sie sich erneut in das vorherige Szenario: Sie bekommen weniger Gehalt und jetzt wird auch noch von Ihnen erwartet, dass Sie keinerlei Anzeichen von Unmut zeigen. Im Gegenteil, es wird von Ihnen erwartet, dass Sie möglichst ohne jede Widerrede freudig zustimmen. Das ist nun wirklich zu viel verlangt!

Häufig bewirken schon Formulierungen wie, „Ich kann gut verstehen, dass das für Sie schwierig ist… “ oder „Ich an Ihrer Stelle wäre zunächst auch nicht erfreut, wenn… “, eine – bisweilen schon überraschend anmutende – Entspannung der Situation. Denn dadurch signalisieren Sie, dass Sie den Widerstand nicht nur verstehen, sondern sogar grundsätzlich akzeptieren. Allerdings müssen Sie dies auch tatsächlich so meinen, sonst bleibt es bei puren Lippenbekenntnissen, die eher kontraproduktiv sind. In diesem Fall fühlen sich andere Menschen schnell auf den Arm und nicht ernst genommen.

Vor allem wenn die Nachteile einer Veränderung nur vorübergehend sind, lassen sich manche Widerstände relativ schnell auflösen. Oft ist ein Changeprozess zu Beginn mit einem Mehr an Arbeit verbunden. Wenn gute Gründe vorliegen, dass dieser höhere Arbeitsaufwand sich nur auf die Anfangsphase beschränkt, wird er nur geringen Widerstand hervorrufen. Meist reicht es an dieser Stelle, den Sinn und Nutzen der Veränderung verbunden mit den Vorteilen, die sich nach einiger Zeit für die Mitarbeiter einstellen, zu betonen. Noch überzeugender wirken Sie, wenn Sie mit gutem Beispiel vorangehen. Ihre Mitarbeiter werden Ihnen leichter folgen, wenn auch Sie bereit sind, Opfer zu bringen.

Gesprächsstrategie: Vom „Ja, aber" zum „aber ja"

Jede Veränderung hat auch ihre Nachteile. Um die negativen Auswirkungen auf Motivation und Engagement zu mindern, empfiehlt sich in vielen Fällen eine Gesprächsstrategie, in der Sie die Argumente in eine bestimmte Reihenfolge bringen: Erst der Einwand, dann die Vorteile. So sagen Sie beispielsweise: „Mir ist klar, dass die Kosten, die das mit sich bringt, anderweitig wieder ausgeglichen werden müssen. Was dennoch dafür spricht, so voranzugehen, ist…“. Ihre Gesprächspartner (Ihre Mitarbeiter) werden Ihre Gedanken in derselben Reihenfolge nachvollziehen. Preisen Sie jedoch die Vorteile zu einseitig an, werden Sie von Ihren Gesprächspartnern bald ein „Ja, aber...“ hören. Spätestens dann sollten Sie Ihre Gesprächsstrategie ändern! Jedes „Ja, aber… “ signalisiert Ihnen, dass

Sie gerade den Versuch starten, Ihre Gesprächspartner zu überreden anstatt sie zu überzeugen.

Oft wird auch der Fehler gemacht, Einwände zu ignorieren und überhaupt nicht anzusprechen. Diese beliebte Strategie wird meist von der Hoffnung genährt, dadurch gefürchtete Klippen gefahrlos umschiffen zu können. Doch diese Rechnung geht selten auf. Gewöhnlich brauchen Sie auf das erste „Ja, aber..." nicht lange zu warten!

Bringen Sie daher Einwände vorbeugend zur Sprache. Handeln Sie nach dem Motto „Vom 'ja, aber' zum 'aber ja'!"

Widerstand in den Dienst der Veränderung stellen

Widerstand bedeutet auch Beharrungsvermögen. Wer Widerstand leistet, hält Stand – aber noch mehr: Er hält auch den Stand! Widerstand sorgt auf diese Weise auch dafür, dass das Wertvolle am Bisherigen nicht voreilig über Bord geworfen wird. Denn Hand aufs Herz, die Perspektive der „Veränderer" ist nicht selten einseitig verzerrt!

Überlegen Sie einmal, wie viel selbst bei drastischen Veränderungen in Ihrem Arbeitsfeld gleich bleibt. Ihre Grundfähigkeiten wie zum Beispiel Reden, Gestikulieren, Laufen usw. bleiben absolut erhalten und werden bestenfalls nur etwas ergänzt und erweitert. Auch Ihre Art, Kontakt aufzunehmen und zu kommunizieren, wird allenfalls modifiziert. Ihre Vorlieben und Werte verschieben sich, wenn überhaupt, nur langsam und selten radikal. Dasselbe gilt für das Unternehmen als Makroebene. In keinem Unternehmen werden sämtliche Abläufe auf einmal verändert. Würde man eine Statistik darüber führen, was alles bleibt und was wirklich verändert wird, so würde das Verhältnis mit großer Wahrscheinlichkeit zugunsten des Bestehenden ausfallen.

Daher empfiehlt es sich, anstelle einer Kluft zwischen dem Neuen und dem Bisherigen lieber Brücken zu bauen. Dieser Brückenbau richtet sich dabei nach der Leitfrage:

- Wie kann gerade das Bestehende zu einer gelungenen Veränderung beitragen?

– Welche Abläufe, Routinen und Gewohnheiten können vor den „Karren der Veränderung“ gespannt werden?

Praxisbeispiel: In einem kleineren mittelständischen Unternehmen wurde ein Veränderungsprojekt mit folgendem Ziel ins Leben gerufen: Führungskräfte, die bisher ihre Tätigkeit eher als eine Art Sachbearbeiterfunktion sahen und ausführten, sollten neu definieret werden, und zwar im Sinne unternehmerischen, eigeninitiativen Denkens und Handelns. Die bisherige Praxis war, die Verantwortung für Entscheidungen in aller Regel zum Geschäftsführer zurück zu delegieren, der dies auch lange klaglos zuließ. Über die Zeit hatte sich so im Führungsteam ein Klima der Bequemlichkeit breit gemacht. Und diese für manche Führungskräfte durchaus angenehme Situation war durch die Veränderung gefährdet. Besonders ein Mitglied des Führungsteams, das die Pensionierung schon im Blickfeld hatte und sich dadurch freier fühlte, brachte ausdrücklich diesen Standpunkt vor. Obwohl alle im Führungsteam grundsätzlich von der Sinnhaftigkeit und Notwendigkeit der Veränderung überzeugt waren, verlief der Veränderungsprozess dennoch eine zeitlang eher nach dem Motto „der Geist ist willig, jedoch das Fleisch ist schwach". Die Frage auf Seiten der Berater war nun: Wie kann gerade diese Bequemlichkeit in den Dienst der Eigeninitiative und des unternehmerischen Denkens und Handelns gestellt werden? Im Rahmen eines Workshops wurde diese Frage dem Team vorgelegt, was zunächst eine Art positiver Verblüffung auslöste. Schließlich bekam das Mitglied, das sich besonders mit dieser Thematik hervortat, die Rolle zugewiesen, die Einrichtung aller neuen Abläufe und Entscheidungswege dahingehend zu überprüfen, dass sie nicht nur möglichst sparsam und ökonomisch, sondern auch mit so wenig Aufwand wie möglich durchgeführt werden konnten. Als „Bequemlichkeitsbeauftragter" besonders vom zweiten Aspekt angetan, machte sich dieser Mitarbeiter bald mit Feuer und Flamme an seine Aufgabe.

7. Kapitel

Teamführung in Zeiten der Veränderung

Um einen Veränderungsprozess wirklich stemmen zu können, müssen die Anstrengungen aller beteiligten Personen gebündelt werden. Je besser es um Teamgeist und effektive Zusammenarbeit bestellt ist, desto wahrscheinlicher der Erfolg.

Navigationshilfe:

Teamführen heißt vor allem, klare Rahmenbedingungen zu setzen. Falls Sie bereits über ausreichend Klarheit über Auftrag, Ziele, Aufgaben- und Rollenverteilung verfügen, können Sie den ersten Abschnitt überspringen oder überfliegen.

Sie sind sich nicht sicher, ob es Ihnen gelingt, einen guten Start hinzulegen und dann im weiteren Verlauf „dran zu bleiben"? Dann empfehlen wir Ihnen den Abschnitt 7.2 lesen, der übrigens zur kurzen Selbstüberprüfung auch für alle anderen sinnvoll sein kann.

Selten ist in einem Team oder in einem Unternehmen eine Feedback- und Fehlerkultur optimal etabliert. Daher empfehlen wir allen, die an ihrer eigenen Gesprächskultur arbeiten wollen, den Abschnitt 7.3 zu lesen.

Sie wissen um die positiven Aspekte von Konflikten gerade in hoch effizienten Teams, möchten jedoch sicherstellen, dass die „Betriebstemperatur" nicht zu heiß wird. Der Abschnitt 7.4 stellt Wege vor, diese gut einzuregulieren.

Sie wissen um die Qualitäten Ihrer einzelnen Mitarbeiter. Jedoch als Ganzes reagiert Ihr Team auf äußere Anforderungen mit großer Anspannung. In Abschnitt 7.5 finden Sie Instrumente und Wege, wie Ihr Team auf Belastungen kompetenter reagieren kann.

Wie genau verändert sich während der Veränderung Ihre Teamstruktur? Werden „nur" Rollen und Aufgaben neu verteilt oder wird ein neues Team gebildet? Sind Sie selbst der „Neue" oder werden ganze Abteilungen zusammengelegt?

Oder stehen Sie vor der schwierigen Aufgabe, Mitarbeiter entlassen zu müssen? Je nach Ausgangslage finden Sie in Abschnitt 7.6 konkrete Hinweise, worauf es in diesen Fällen ankommt.

7.1 Wie schaffe ich klare Rahmenbedingungen für mein Team?

Klare Rahmenbedingungen geben Orientierung. Für Ihr Team sollte klar sein, wie sein Auftrag konkret lautet, worin die Ziele des Veränderungsprozesses bestehen und wie die Aufgaben und Rollen verteilt sind.

7.2 Was braucht das Team von mir (als Führungskraft)?

Ein guter Start eines Veränderungsprozesses ist die „halbe Miete". Genauso wichtig ist es jedoch, anschließend „dran zu bleiben" und den Prozess weiter zu begleiten und zu unterstützen.

7.3 Wie kann ich den Kommunikationsfluss sichern? – Feedback und Fehlerkultur

Mit jeder Veränderung geht Lernen einher, Lernen mit Neuem umzugehen. Vor allem Fehler können zu wichtigen Lernquellen und damit Erfolgsfaktoren werden. Dazu bedarf es jedoch einer gut entwickelten Feedback- und Fehlerkultur. Zusammen mit der Fähigkeit, Konflikte konstruktiv zu klären entsteht so die passende „Betriebstemperatur" im Team.

7.4 Wie finden wir die passende „Betriebstemperatur? – Konfliktkultur im Team

Sind die Mitglieder eines Teams fähig, Konflikte konstruktiv zu klären, entsteht die passende „Betriebstemperatur" im Team.

7.5 Wie können wir als Team gut mit Stress umgehen?

Gelingt es einem Team, auch in einer sehr angespannten Situation den notwendigen Abstand und ausreichend Gelassenheit zu entwickeln, wird es sicherer durch den Veränderungsprozess navigieren können.

7.6 Was tun, wenn sich die Teamstruktur ändert?

Eine Veränderung findet nie nur auf der Sachebene statt, sie verändert auch mehr oder weniger tief greifend das Beziehungsnetz. Nur wenn auf diese Veränderungen angemessen reagiert wird, können auch die Sachziele erreicht werden.

Selten scheitert ein Veränderungsprojekt alleine an fehlenden Fähigkeiten und Kenntnissen der Beteiligten oder an mangelnden Ressourcen. Misserfolg gründet vor allem darin, dass die Zusammenarbeit und Koordination zwischen den Personen unzureichend ist, wodurch ein Großteil des vorhandenen Potenzials brach liegt und nicht genutzt wird. Die Menschen in einem Unternehmen verfügen über eine Vielzahl an Informationen unterschiedlichster Art. So hat etwa der für den Einkauf verantwortliche Projektmitarbeiter einen besonders günstigen und qualitativ hochwertigen Lieferanten ausgemacht. Diese Information verbleibt jedoch innerhalb des Projekts und gelangt nicht zu anderen, sie ebenfalls gut gebrauchen könnten. Geld und Zeit wird dadurch vergeudet.

Schon im „Normalbetrieb" verlangt erfolgreiches Wirtschaften eine gute Teamarbeit. Umso wichtiger wird diese, wenn sich Strukturen und Aufgaben wandeln, was zunächst immer mit mehr Aufwand und Unsicherheit verbunden ist.

Nun wurden schon zahlreiche Bücher veröffentlicht, die alle möglichen Themen rund um ein erfolgreiches Team behandeln. Daher konzentrieren wir uns hier nur auf jene Aspekte der Teamführung, die im Change Management besonders wichtig sind.

7.1 Wie schaffe ich klare Rahmenbedingungen für mein Team?

In einem gut eingespielten Team wird ein Großteil der Arbeit vom Team selbst geregelt und organisiert. Dies wirkt sich auf Ihre Rolle als Führungskraft aus. Ein Team zu führen, heißt im Wesentlichen, die Rahmenbedingungen so zu gestalten, dass das Team sich selbst organisieren und sein volles Leistungsvermögen entfalten kann. Dazu wird Folgendes gebraucht:

- Klarheit über den Auftrag,
- Klarheit über die Ziele sowie
- Klarheit über Rollen- und Aufgabenverteilung.

Klarheit über den Auftrag

Das Wichtigste, worüber ein Team Bescheid wissen muss, ist, was von ihm verlangt und erwartet wird, mit anderen Worten: welchen Auftrag es (innerhalb welcher Zeit und unter welchen Rahmenbedingungen) zu erfüllen hat. Zusätzlich ist es entscheidend, dass Sie Ihrem Team klar und transparent vermitteln, wer der Auftraggeber ist und welche Rolle Sie in diesem Auftrag spielen.

Der Normalfall ist, dass Sie den Auftrag für ein Veränderungsprojekt von hierarchisch höher stehender Stelle erhalten haben. Zu Anfang des dritten Kapitels finden Sie Werkzeuge, um diesen Auftrag so präzise wie möglich zu klären. Stellen Sie dabei sicher, dass keine Spielchen gespielt werden können. „Mauscheleien“ und geheime Absprachen zwischen Ihnen und dem Auftraggeber schaden mehr als sie nutzen. Sie würden nur Gefahr laufen, das Vertrauen zwischen Ihnen und Ihrem Team dauerhaft zu erschüttern und den Projekterfolg zu gefährden.

Klären Sie auch so genau wie möglich, wie sich Ihre Vorgesetzten bzw. Ihre Auftraggeber die Ihnen zugedachte Rolle vorstellen. Besteht Ihre Aufgabe darin, gewissermaßen als „Lieferant“ von Kompetenz und Arbeitskraft zu dienen, etwa wenn Sie Ihre Mitarbeiter an ein anderes Projektteam „ausleihen“ müssen? Oder haben Sie auch eine operative und disziplinarische Funktion inne?

Gerade wenn der Auftrag nicht direkt von Ihnen stammt, sollten Sie Ihrem Team vermitteln, dass Sie voll und ganz dahinter stehen. Das gelingt natürlich nur dann, wenn Sie sich selbst weitgehend mit dem Projekt identifizieren können. Falls Ihnen das noch schwer fällt, benutzen Sie die Tools und Fragen aus dem zweiten und dritten Kapitel. Denken Sie daran: Aus Sicht Ihrer Mitarbeiter stehen Sie für das Projekt gerade. Sie sind dessen Repräsentant. Sind Sie in dieser Rolle glaubwürdig und überzeugt, können Ihnen Ihre Mitarbeiter leichter folgen.

Stecken Sie auch klar und deutlich den zeitlichen Rahmen ab. Wie viel Zeit wollen Sie Ihrem Team geben, um das weitere Vorgehen zu planen und zu strukturieren? Bis wann möchten Sie erste Ergebnisse sehen? Kommunizieren Sie auch, wie Sie sich Ihre eigene Rolle in dem Prozess vorstellen.

Klarheit über die Ziele

Vielleicht fragen Sie sich an dieser Stelle, worin genau denn der Unterschied zwischen Ziel und Auftrag besteht. Grob betrachtet ähnelt ein Auftrag einem Ziel sehr. Jedoch ist der Auftrag wesentlich allgemeiner gefasst, während Ziele präziser definiert sind. Sie bestimmen, wohin die Reise gehen und wie genau das Reiseziel erreicht werden soll. Ein Ziel gibt dadurch Orientierung. Der Auftrag sagt mehr oder weniger nur aus, dass das Ziel erreicht werden soll.

Zunächst steht Ihr Team vor der Aufgabe, klar definierte Ziele zu fassen. Diese beziehen sich in erster Linie auf die Leistungen, die das Team vollbringen muss, um den Auftrag zufrieden stellend erfüllen zu können. Gleichzeitig müssen sämtliche Teammitglieder von diesen Zielen weitgehend überzeugt sein. Welche Wege führen nun dahin?

Der Königsweg heißt Partizipation – Teilhabe. Geben Sie nur die Grobziele vor und überlassen Sie die detaillierte Zielplanung Ihrem Team. Das hat den Vorteil, dass sich Ihre Teammitglieder wesentlich leichter mit den Zielen identifizieren können. Hat jemand ein Ziel mit bestimmt und festgelegt, fällt es ihm/ihr wesentlich schwerer, sich wieder davon zu distanzieren. Zusätzlich sollte durch die intensive Auseinandersetzung das das gesamte Team das Ziel auch im Detail bekannt sein. Eine Voraussetzung muss dafür aber gegeben sein: Es müssen sich wirklich alle Mitglieder des Teams am Zielfindungsprozess beteiligt haben. Partizipation muss für alle gelten. Falls sich nur einige wenige dominante Mitglieder durchgesetzt haben, verflüchtigen sich die Vorteile dieses Vorgehens. Seien Sie daher in dieser Phase besonders achtsam und treten Sie bei Bedarf in die Rolle des Moderators. Dessen wichtigste Aufgabe ist, allen Stimmen Gehör zu verschaffen und für Verständnis und Geduld bei den Beteiligten zu sorgen.

Entscheiden Sie sich jedoch nur dann für den Weg der Partizipation, wenn das Arbeitsklima im Team gut ist – nur dann liefert er gute Ergebnisse. Bestehen nämlich starke Spannungen zwischen den

Teammitgliedern, kann sich partizipatives Vorgehen eher kontraproduktiv und leistungsmindernd auswirken. In diesem Fall sollten Sie selbst die Ziele detailliert vorgeben.

Toolbox:

Wie können Sie es Ihren Mitarbeitern erleichtern, sich mit den Zielen zu identifizieren?

Das Wichtigste ist, die Ziele überzeugend zu kommunizieren: „tell and sell". Reines Anordnen und Bekanntmachen von Zielen reicht nicht aus und ist kein Ersatz für Partizipation. Wir haben hier eine Reihe von Tipps zusammengestellt, einige davon wurden an anderer Stelle ausführlich dargestellt:

- Nehmen Sie Einwänden den Wind aus den Segeln, indem Sie die „Ja-Aber-Strategie" anwenden.
- Akzeptieren Sie die Gefühle, die die Zielvorgaben bei einzelnen Teammitgliedern auslösen können.
- Ermöglichen Sie Ihren Mitarbeitern, über mögliche Nachteile des Ziels und des Veränderungsprojekts zu sprechen.
- Seien Sie Vorbild, indem Sie sich mit dem Ziel identifizieren und auch so handeln, wie Sie sprechen („walk what you talk").
- Bleiben Sie klar in dem, was Sie definitiv wollen.
- Drücken Sie Vertrauen gegenüber Ihren Mitarbeitern aus und vermitteln Sie eine „gesunde Portion Optimismus".
- Verfahren Sie nach dem Prinzip der offenen Tür und versichern Sie Ihren Mitarbeitern, dass Sie bei Unklarheiten und Schwierigkeiten unterstützend zur Seite stehen werden.
- Seien Sie vor allem in der Anfangsphase bei den meisten Teamsitzungen anwesend, bis Sie sich sicher sein können, dass alle Teammitglieder das Ziel ausreichend verinnerlicht haben.

So vorzugehen, kostet Zeit – Zeit, die sich jedoch zu investieren lohnt. Die Qualität von Teamarbeit beruht ja wesentlich auf der eigenständigen, engagierten und kreativen Arbeitsweise. Werden die Mitglieder eines Teams wie Befehlsempfänger behandelt, wird das Team weit unter seinen Möglichkeiten handeln. Ein Team braucht daher besondere Pflege, damit es gut funktioniert. Und dies ist nicht so zeitaufwändig, wie es zunächst erscheinen mag. Das Wichtigste ist, Ihre Mitarbeiter vor allem als *Mit*-Arbeiter und weniger als *Unter*-gebene zu sehen und zu behandeln.

Tipp:

Partizipation erhöht das Gefühl der Sicherheit
Veränderungen wirken anfangs meist verunsichernd. Je weniger Menschen die Situation kontrollieren und steuern können, desto höher die Verunsicherung im Team. Partizipation – hier ist damit die eigenständige Entwicklung der Teamziele gemeint – wirkt sich sehr positiv aus. Dies ist nicht weiter verwunderlich. Partizipation heißt ja, das Veränderungsprojekt mitzugestalten und damit auch mitzusteuern und zu kontrollieren. Und diese Option reduziert Angst und Verunsicherung für jeden Einzelnen im Team.

Klarheit über Rollen- und Aufgabenverteilung

Um die Teamziele zu erreichen, geht ein Team arbeitsteilig vor, d.h. jedes Mitglied hat eine andere Funktion. Aus diesen Teilaufgaben und Funktionen lassen sich Rollen ableiten. Rollen sind zum einen ein ganzes Bündel von aufgabenorientierten Verhaltensweisen, zum anderen sind sie mit einer Reihe von Erwartungen verbunden. Wenn jemand eine bestimmte Rolle übernommen hat, erwarten wir bewusst oder unbewusst, dass diese Person sich auch dementsprechend verhält. So gehen wir beispielsweise davon aus, dass Buchhalter äußerst korrekt arbeiten und wir uns auf die von ihnen gelieferten Zahlen verlassen können; von Entwicklern hingegen erhoffen wir uns zuweilen auch überraschende Lösungsmöglichkeiten; usw. Die Erwartungen, die mit den Rollen verbunden sind, geben, sofern sie erfüllt werden, Stabilität und Sicherheit. Im Normalfall gehe ich davon aus, dass mein Gegenüber seinen Part erfüllt und ich mich auf ihn oder sie verlassen kann. Hier begegnen wir erneut der enormen Bedeutung von Vertrauen. Ohne gegenseitiges Vertrauen ist keine effektive Teamarbeit möglich!

Nun sind diese Rollen jedoch keineswegs streng und unabänderlich vorgegeben. Sie bieten stets einen gewissen Spielraum. Jede Rolle kann unterschiedlich interpretiert werden, so wie auch jede Führungskraft ihre Führungsrolle mit einer eigenen Note versieht. Daher kann es leicht vorkommen, dass mit einer bestimmten Rolle unterschiedliche Erwartungen verknüpft sind. Werden diese nicht ausreichend kommuniziert, führt dies zu Enttäuschungen auf beiden Seiten, die allerdings vermeidbar wären. Machen Sie daher die gegenseitigen Erwartungen so transparent wie möglich.

Toolbox:

Rollenklärung

Führen Sie zu Beginn der Teamarbeit einige kurze „Erwartungsworkshops" durch. Klären und visualisieren Sie, wer welche Funktion und Aufgabe übernommen hat:

- Welche Erwartungen hat der jeweilige Rollenträger an sich selbst?
- Welche Erwartungen haben die anderen Teammitglieder an ihn/sie?
- Inwieweit stimmen die Erwartungen überein?
- In welchen Punkten weichen die Erwartungen voneinander ab?

In diesem Fall diskutiert das Team die abweichenden Vorstellungen. Möglicherweise beruhen die Differenzen nur auf einem unklaren Sprachgebrauch und lassen sich durch Konkretisierung leicht auflösen. Oder die Rolle muss neu definiert und festgelegt werden. Sofern sich Ihr Team nicht einigen kann, müssen Sie das letzte Wort sprechen. Als Alternative bietet sich an, die Differenz zunächst stehen zu lassen. Zum einen ist eine erkannte Differenz viel besser als eine unerkannte, zum anderen lässt sich vielleicht erst in Zukunft eine fundierte Entscheidung darüber treffen, wie diese Rolle am besten ausgeübt und ausgefüllt werden könnte. Denken Sie daran:

Differenzen erhöhen die Flexibilität des gesamten Teams – sofern sie akzeptiert und ausgehalten werden. Sorgen Sie hier für ein offenes Klima, das Differenzen zulässt.

- Falls das Team schon eine Weile zusammenarbeitet, fragen Sie: Inwieweit stimmen die Erfahrungen aus der Vergangenheit sowie die ursprünglich definierten Erwartungen mit den gegenwärtigen Ergebnissen überein?
- Was hat im positiven Fall zu einer Übereinstimmung von Ergebnissen und Erwartungen geführt bzw. wodurch wurde dies ermöglicht?
- Worauf könnte eine fehlende Übereinstimmung zwischen Erwartungen und Ergebnissen hinweisen? Möglicherweise waren die Funktionen noch viel zu unscharf definiert oder es hatte sich im Verlauf des Arbeitsprozesses gezeigt, dass es noch einer zusätzlichen Schnittstelle bedurfte, usw. Begeben Sie sich mit dem Team auf eine vorurteilslose und konstruktive Ursachenforschung. Fragen Sie sich auch, ob die Erwartungen Teil des Problems sind. Denn letztlich ist es nicht entscheidend, alle Erwartungen zu erfüllen, sondern das Ziel zu erreichen.

- Welche Möglichkeiten und Lösungsansätze ergeben sich aus dieser Analyse für die Zukunft?
- Wenden Sie sich nun allgemeinen Erwartungen zu: Welche grundsätzlichen gegenseitigen Erwartungen verknüpfen wir mit unserer Zusammenarbeit? Welche Erwartungen stellen wir daran, wie wir miteinander umgehen? Diese Fragen überprüfen das „Wie" der Zusammenarbeit. Aus den Antworten lassen sich neue Richtlinien oder auch Verbesserungen zu bestehenden Regeln ableiten.

Nun braucht Ihr Team auch Klarheit über die Rolle, die Sie persönlich spielen. Wir haben bereits erwähnt, dass Teamführung in erster Linie bedeutet, klare Rahmenbedingungen zu schaffen. Dazu gehört auch die Definition, wer welche Entscheidungen trifft. Für Sie als Führungskraft ergibt sich daraus eine zentrale Frage:

Was kann das Team allein entscheiden und was nicht?

Überlassen Sie ihrem Team genügend Raum für eigene Entscheidungen und Lösungswege. Am einfachsten wird Ihnen dies gelingen, wenn Sie selbst davon überzeugt sind, dass Sie die Aufgaben, die Sie erfüllen müssen, nur gemeinsam mit Ihrem Team erfüllen können. Sie können und müssen nicht über alles Bescheid wissen, sondern sind – in diesem Punkt genauso wie Ihre Mitarbeiter – auf das Wissen und die Kompetenzen der anderen Beteiligten angewiesen.

7.2 Was braucht das Team von mir als Führungskraft?

Klare Kommunikation

Fassen wir nochmals zusammen, was für eine effektive Teamarbeit erforderlich ist:

- **Gemeinsame Aufgabe.** Die mit der Aufgabe verbundenen Ziele sind allen Teammitgliedern klar. Gleichzeitig vermittelt diese

Aufgabe dem Team auch die eigene Teamidentität und sorgt so für ausreichend Zusammenhalt.

- **Sich ergänzende Fähigkeiten.** Es braucht die richtige Kombination von Fähigkeiten für die Lösung der anstehenden Aufgaben und Probleme. Neben technischen und funktionalen Fähigkeiten sind es vor allem Fähigkeiten, Probleme wahrnehmen und analysieren zu können, sowie soziale Kompetenzen, die dafür sorgen, dass das Team seine Arbeit erfolgreich verrichten kann.
- **Abgestimmte Arbeitsstrategie.** Es muss Einigkeit darüber herrschen, wer welche Aufgaben übernimmt, wie Entscheidungen getroffen werden, wie viel Zeit wofür zur Verfügung steht, wer mit wem zusammenarbeitet, auf welche Weise Feedback gegeben werden soll usw.
- **Gegenseitige Verantwortlichkeit.** Jeder ist für das Gesamtergebnis mit verantwortlich. Dazu ist es erforderlich, dass die Mitglieder genug voneinander „mitbekommen".

Alle aufgeführten Punkte sind wesentlich auf einen zentralen Faktor angewiesen: auf transparente und effektive Kommunikation. Dies zu ermöglichen, ist eine Ihrer Hauptaufgaben als Führungskraft.

Sorgen Sie daher dafür, dass die Mitarbeiter Ihres Teams so schnell und so leicht wie möglich miteinander kommunizieren können. Räumen Sie zusätzliche Barrieren und Kommunikationshindernisse aus. Direkter Kontakt und direkte Kommunikation ist für einen guten Informationsfluss unerlässlich. Seien Sie sich dabei auch Ihrer Vorbildwirkung bewusst.

Toolbox:

Kommunikation verbessern

Besprechen Sie mit Ihren Mitarbeitern auch immer wieder zwischendurch, wie die Kommunikation im Team verbessert werden kann. Fragen Sie:

- Was sind immer wiederkehrende Reibungspunkte, die zu Konflikten führen?
- Wo wird wer nicht ausreichend oder zu spät mit Informationen versorgt?
- Welche Unklarheiten tauchen immer wieder auf?

Gemeinsam kann dann das Team hier Verbesserungsideen erarbeiten und umsetzen.

Ein guter Start

Ein guter Start ist nicht nur dann wichtig, wenn für die Veränderung eigens ein neues (Projekt)Team zusammengestellt wird. Verwenden Sie die nachfolgende Checkliste auch für die Zusammenarbeit mit einem bereits gut eingespielten Team.

Merke:

Denn auch wenn sich Ihr Team schon „zusammengerauft" hat, gilt für jedes neue Veränderungsprojekt: „neues Spiel, neues Glück".

Verlassen Sie sich also nicht einfach darauf, dass es auch diesmal wieder klappen wird. Achten Sie gerade in der Anfangszeit besonders aufmerksam darauf, ob sich Ihr Team wirklich in die erwünschte Richtung bewegt. Denn jetzt können Sie noch relativ leicht Kurskorrekturen durchführen.

Toolbox:

Checkliste Start in den Veränderungsprozess

Anmerkung: In dieser Checkliste werden Punkte gesammelt, von denen einige bereits an der einen oder anderen Stelle erwähnt wurden, jedoch meist in einem anderen Zusammenhang.

- Betonen Sie zu Beginn die Wichtigkeit des Veränderungsprojekts und seine Bedeutung für das gesamte Unternehmen. Dadurch kann Ihr Team entsprechenden Ehrgeiz und die Motivation entwickeln, auch schwierige Aufgaben zu lösen.
- Setzen Sie Ihr Team entsprechend der vorhandenen und benötigten Fähigkeiten zusammen.
- Geben Sie Ihrem Team besonders in der Anfangsphase ausreichend Unterstützung. Diese Phase ist häufig von viel Unsicherheit geprägt und ist daher auch gruppendynamisch kritisch.
- Je mehr Sie vom Erfolg des Teams überzeugt sind und es ihm auch vermitteln, desto schneller legen sich Unsicherheiten. Sorgen Sie auch dafür, dass sich die eigentlichen Auftraggeber blicken lassen und durch ihre Anwesenheit dem Team Rückhalt geben. Ermuntern Sie Ihr Team, innerhalb des von Ihnen gesetzten klaren Rahmens offen über Vorgehensweisen usw. zu diskutieren.

Achten Sie während dieser Zeit darauf, dass klare Regeln im Team eingerichtet werden. Diese tragen ebenfalls enorm zu Stabilität und Sicherheit bei. Diese Regeln betreffen beispielsweise das Thema Vertraulichkeit, den Arbeitsstil usw. Besonders wichtig ist es, für klare Feedbackregeln zu sorgen.

- Fordern Sie Ihr Team auf, ziemlich schnell erste Schritte zu definieren und diese auch umzusetzen. Am besten geeignet sind Arbeitsziele, die anspruchsvoll sind, weder zu schwer noch zu leicht, so dass sie zu Ehrgeiz anspornen können.
- Achten Sie darauf, dass Ihr Team ständig mit neuen Informationen und frischen Fakten versorgt wird. Gerade in Veränderungsprozessen hält dies Ihr Team in Schwung.
- Unterstützen Sie die Netzwerkbildung im Team und räumen Sie ausreichend Zeit für Teamsitzungen ein. Damit sich alle Mitglieder zugehörig und wichtig fühlen, erfordert es eine gewisse Dichte der Information.
- Sorgen Sie dafür, dass eine effektive Feedbackkultur eingerichtet wird und auch kontinuierlich gepflegt wird (siehe dazu Abschnitt 6.3). Für das Wir-Gefühl ist gegenseitiges Wohlwollen am wichtigsten. Auf diesem Fundament erst kann konstruktive Kritik geübt werden.

Dran bleiben

Klare Rahmenbedingungen und ein guter Start nützen wenig, wenn Sie in der Folge dem Projekt kaum mehr Aufmerksamkeit schenken. Mit anderen Worten: Sie müssen „dran bleiben“!

- Sorgen Sie dafür, dass die Ziele und Aufgaben des Veränderungsprojekts für Ihre Mitarbeiter wichtig bleiben. Geben Sie aus diesem Grund Ihrem Team Raum, wichtige Entscheidungen im Großen und Ganzen selbst zu treffen und zu einem gemeinsamen Konsens zu gelangen. Dadurch macht sich das Team den Veränderungsprozess immer wieder von Neuem zu Eigen.
- Richten Sie Ihre Aufmerksamkeit auf die kleinen Erfolge und ersten Schritte. Dadurch vermitteln Sie Ihrem Team Zuversicht und unterstützen es, ein positives Wir-Gefühl zu entwickeln. Seien Sie stolz auf die Erfolge Ihres Teams.
- Ermutigen Sie Ihr Team, anspruchsvolle Ziele anzusteuern und dazu auch Risiken einzugehen.

- Geben Sie Ihrem Team Unterstützung und Schutz, indem Sie es nach außen vertreten. Sorgen Sie so weit es in Ihrer Macht steht dafür, dass Widerstände im Unternehmen gegen die Arbeit Ihres Teams verringert oder gar gänzlich ausgeräumt werden.
- Seien Sie für Ihr Team gut erreichbar und, sofern möglich, auch während der täglichen Arbeit anwesend und damit sichtbar.

Im nächsten Kapitel finden Sie weitere Tipps und Anmerkungen zum Thema „Dran bleiben."

Infobox:

Phasen der Teamentwicklung und Veränderung

Das wohl bekannteste, bereits 1965 entwickelte Phasenmodell der Teamentwicklung geht auf den amerikanischen Psychologen Tuckman zurück. Wohl haben auch seine prägnanten Benennungen der einzelnen Phasen zur Popularität beigetragen. Er unterscheidet fünf Phasen:

- **Forming.** Das Team bildet sich und wird zusammengestellt. Sorgen Sie bereits im Vorfeld für entsprechende Transparenz. Das gilt in besonderem Maße dann, wenn externe Mitglieder Ihr Team ergänzen.
- **Storming.** In dieser stürmischen Phase werden die Struktur der Gruppe ausgehandelt sowie die Aufgaben des Teams im Konkreten geklärt. Häufig treten an dieser Stelle Meinungsverschiedenheiten und Konflikte zutage. Deuten Sie es als positives Zeichen, wenn Ihr Team fähig ist, Konflikte auszutragen. Ohne Zusammenstöße und Auseinandersetzungen können die Teilnehmer ihre Position innerhalb des Teams nicht bestimmen.
- **Norming.** Das Team organisiert sich und gibt sich Regeln. Es legt Richtlinien und Verfahren fest, die das gemeinsame Arbeiten und den Umgang miteinander regeln und steuern. Dadurch verbessert sich auch der Zusammenhalt im Team.
- **Performing.** In dieser Phase erst ist das Team richtig arbeitsfähig und kann seine volle Leistung erbringen und sein Potenzial ausschöpfen. Erst hier zahlen sich die Investitionen in die Teamfindung aus.
- **Adjourning.** Das Projektziel ist erreicht und damit die Zusammenarbeit beendet. Das eigentliche Projektteam löst sich auf. Die gilt jedoch nur für projektartige Veränderungsprozesse.

Entgegen der ursprünglichen Annahmen Tuckmans herrscht heute nicht mehr Einstimmigkeit darüber, ob wirklich alle Gruppen und Teams diese Phasen immer in derselben Reihenfolge durchlaufen. Nach wie vor scheint es jedoch gültig zu sein, dass ein effektiv arbeitendes Team sich gut zusammengerauft (storming) und sich klare Regeln gegeben haben muss (norming). Es scheint jedoch sinnvoller, von Prozessen anstatt von Phasen zu sprechen, denn genau genommen sind es Prozesse, die in nahezu jedem Team ablaufen und erfolgreich absolviert werden müssen. Allerdings können diese Prozesse parallel verlaufen, zuweilen auch in anderer Reihenfolge. Besonders Teams, die mit umfassenden und sehr komplexen Veränderungsprozessen zu tun haben, stehen häufig vor der Herausforderung, ihre Struktur und ihr Regelwerk immer wieder neu auf den Prüfstand zu stellen und den veränderten Umständen anzupassen. Die Prozesse des Storming und des Norming gehören in diesem Fall in gewisser Weise zur Arbeitsphase (Performing) selbst.

7.3 Den Kommunikationsfluss sichern – Feedback und Fehlerkultur

Ein offener, klarer und stetig strömender Kommunikationsfluss ist das A und O eines jeden gelungenen Veränderungsprozesses. Alle Beteiligten benötigen wechselseitige Informationen und Rückmeldungen. Sie als Führungskraft müssen jederzeit imstande sein, sich ein differenziertes Bild von der „Lage vor Ort" zu machen, um den Veränderungsprozess auch weiterhin gut steuern zu können. Umgekehrt benötigen Ihre Mitarbeiter regelmäßiges Feedback, um sicher sein zu können, dass „die Richtung stimmt" und sie Ihren Erwartungen entsprechend handeln.

Nun ist der Begriff Feedback in aller Munde. Jeder hat ihn schon mal vernommen. *Wie* wichtig jedoch Feedback tatsächlich ist, ist nur den wenigsten bewusst. Dabei bildet stetig fließende und qualitativ hochwertige Rückmeldung eine der wichtigsten Faktoren erfolgreicher Verbesserungs- und Entwicklungsprozesse.

Was ist eigentlich die **Funktion von Feedback**?

- Feedback ist für **erfolgreiches Lernen** unerlässlich. Während des Lernprozesses fehlt die Sicherheit, die mit umfassender Kompetenz verbunden ist. Den Lernenden stellen sich Fragen wie: „Mache ich es richtig?", „Befinde ich mich auf dem richtigen

Weg?“, „Worauf muss ich denn eigentlich achten?“. Es gehört zum Wesen des Lernens, mit einer Vielzahl von Fragen verknüpft zu sein. Feedback versorgt uns mit Antworten auf unsere Fragen. Wir wissen durch Feedback, was wir verändern müssen und wo Korrekturen angebracht sind. Damit gewinnen wir ausreichend Sicherheit, um weiter erfolgreich lernen zu können.

- Genauso unentbehrlich ist Feedback aber, um die **Auswirkungen von Entscheidungen und Vorgehensweisen abschätzen** oder beurteilen zu können. Feedback nimmt in Veränderungsprozessen die Rolle eines Kompasses ein. Die Seefahrer vergangener Jahrhunderte waren ohne die präzisen Navigationsinstrumente, über die wie heute verfügen, in „stürmischen Zeiten“ den tobenden Naturelementen mehr oder weniger hilflos ausgeliefert. Sie erhielten nur grobe und unzuverlässige Rückmeldungen darüber, wie sich ihre Entscheidungen auswirkten und wie sie weiterhin das Schiff steuern sollten.

- Schließlich ist Feedback wichtig, um die **eigene Wirkung auf andere** abschätzen zu können. Dies wiederum brauchen wir, um klar erkennen zu können, welchen Beitrag wir selbst für die Lösung von (kommunikationsbedingten) Problemen leisten können. Gutes Feedback hilft uns auch, immer kongruenter und glaubwürdiger zu werden. Ohne Feedback würde es uns meist gar nicht auffallen, ob und wie unser Handeln und unsere Körpersprache übereinstimmen.

- Nun ist Feedback nicht gleich Feedback. Es gibt gutes und schlechtes Feedback. Was Sie und Ihre Mitarbeiter brauchen, ist Feedback von höchster Qualität. Im Folgenden machen wir Sie mit den wichtigsten Regeln und Aspekten hilfreichen Feedbacks vertraut. Wahrscheinlich wird Ihnen das eine oder andere bereits bekannt vorkommen, betrachten Sie es dann als Auffrischung. Anschließend werden wir auf einen sehr delikaten Punkt zu sprechen kommen: Wie sollten Sie angemessenes Feedback auf Fehler geben? Dies ist in vielen Fällen eine der entscheidenden Fragen im Hinblick auf den Erfolg von Veränderungsprojekten.

Feedbackregeln

Auch Feedback will gelernt werden.

Nicht jede Rückmeldung ist an sich schon förderlich. Im Gegenteil, schlecht formuliertes Feedback kann Leistung und Motivation deutlich verringern.

Beschreiten Sie vor allem zwei Wege, um Ihre **Feedbackfähigkeiten** stetig zu **verbessern**:

- Integrieren Sie die unten aufgeführten Feedbackregeln mehr und mehr in Ihre Gesprächskultur.
- Holen Sie sich von Ihren Gesprächspartnern Feedback zu Ihrem Feedback, um Hinweise zu bekommen, wie Sie Ihre Rückmeldung weiter optimieren können.

Toolbox:

Konstruktives Feedback

Sorgen Sie zunächst für passende und positive Rahmenbedingungen:

- Achten Sie darauf, dass die Beziehung zwischen Ihnen und Ihrem Mitarbeiter kritisches Feedback auch verträgt. Weiß Ihr Mitarbeiter wirklich, dass Sie ihn/sie als Person schätzen? Selbst wenn ja, versichern Sie ihm/ihr Ihre Wertschätzung zu Beginn und gegen Ende des Gesprächs.
- Wie offen und aufnahmebereit ist Ihr Gesprächspartner zum jetzigen Zeitpunkt für Feedback? Achten Sie auf die Körpersprache des Mitarbeiters. Fragen Sie ihn/sie: „Ich möchte Ihnen gerne Rückmeldung geben. Ist das o. k.. für Sie?"
- Befindet sich Ihr Gesprächspartner in einem guten Zustand? Wenn Ihr Mitarbeiter sich momentan gestresst und unter Druck fühlt oder unter Selbstzweifel leidet, verschieben Sie Ihr Feedback besser auf einen späteren Zeitpunkt.
- Geben Sie Ihrem Gesprächspartner Gelegenheit, sich auf Ihre Rückmeldung vorbereiten zu können, indem Sie ihm/ihr kurz den Anlass und Zweck des Gesprächs erläutern.

Steigen Sie dann in das eigentliche konstruktive Feedback ein:

- Machen Sie Ihrem Mitarbeiter gleich zu Beginn deutlich, dass jedes kritische Feedback einen positiven Zweck hat. Ziel der Rückmeldung ist, dass sich etwas verbessert und/oder atmosphärische Störungen zwischen Ihnen und Ihrem Gesprächspartner ausgeräumt werden.

- Achten Sie auch bei kritischem Feedback auf eine ausgewogene Balance zwischen positiven und kritischen Punkten. Seien Sie jedoch sehr behutsam mit Formulierungen wie „Sie wissen, dass ich Sie als einen meiner besten Mitarbeiter schätze." Vielen erscheint dies inzwischen als eine abgedroschene Phrase, die eher negative Gefühle und Abwehr hervorruft. Sprechen Sie lieber konkrete Punkte an, wo Sie mit den Leistungen und bisherigen Erfolgen Ihres Gesprächspartners sehr zufrieden waren.
- Grenzen Sie die Persönlichkeitsebene klar von der Verhaltensebene ab. Sprechen Sie daher immer konkrete Verhaltensweisen an! Feedback zum konkreten Tun liefert Hinweise, wie etwas besser getan werden kann. Bleibt die Rückmeldung vage und unkonkret, kann der Gesprächspartner nur wenig Nutzen daraus ziehen. Setzen Sie besonders das Verhalten, das Sie kritisieren, in einem konkret formulierten Rahmen: „Dieses eine Mal ist das passiert".

Markieren Sie deutlich, wenn Sie etwas bewerten und interpretieren. Vermeiden Sie scheinbar objektive Aussagen wie „Sie sind nicht sonderlich engagiert bei der Sache". Sprechen Sie besser in Ich-Botschaften: „Es scheint mir so / ich habe den Eindruck, dass Sie nicht sonderlich engagiert bei der Sache sind." Sie signalisieren so, dass es sich um Ihre Sicht der Dinge handelt. Diese Sicht ist häufig sehr nachvollziehbar und stimmig, sie ist jedoch nicht die einzig mögliche und wahre! Mit Ich-Botschaften räumen Sie Ihrem Gesprächspartner die Möglichkeit ein, bei Bedarf Ihre Interpretation richtig zu stellen.

Führen Sie bei der Interpretation konkrete Sachverhalte und Belege an, die Sie zu dieser Rückmeldung veranlasst haben: „Letzte Woche kamen Sie dreimal unpünktlich zu unseren Besprechungen." Ihr Gesprächspartner kann dann nachvollziehen, aus welchen Gründen Sie zu Ihrem Urteil gekommen sind. Gleichzeitig ist Ihre Interpretation eine – durchaus berechtigte – Sichtweise, aber eben nur eine Sichtweise, die Platz für andere Meinungen lässt. Da Sie Ihrem Mitarbeiter nicht in den Kopf schauen können, können Sie sich auch Ihres Urteils nie ganz sicher sein. Vielleicht hatte die Unpünktlichkeit ganz andere Ursachen und Hintergründe, die jetzt konstruktiv besprochen und geklärt werden können.

Bis hierher bezog sich das Feedback nur auf Sachverhalte, die bereits passiert waren, also auf Vergangenes. Kommen Sie nun auf die Zukunft zu sprechen:

- Äußern Sie Ihre Veränderungswünsche und Ziele für die Zukunft. Feedback, auch kritisches, wird dadurch zu einer positiven Anregung und zu einem Anlass für eine Verbesserung. Stimmen Sie die Ziele mit Ihrem Gesprächspartner ab.

Sorgen Sie für einen guten Abschluss in einer positiven Gesprächsatmosphäre.

Praxistipp:

Lassen Sie nicht allzu viel Zeit verstreichen zwischen dem Anlass für ein Feedback und dem Feedback selbst!
Je kürzer der Abstand, umso größer ist der positive Effekt!

Zeitnahes Feedback wirkt sich weit stärker auf die zukünftigen Leistungen Ihrer Mitarbeiter aus als verspätetes. Gerade bei kritischem Feedback sollten Sie nicht zu lange warten. Kritisches Feedback nur sehr verschwommen, zu spät oder gar nicht zu geben, ist eine weit verbreitete Führungsschwäche. Dafür gibt es unterschiedliche Motive. Manche Führungskräfte wollen ihren Mitarbeitern nicht wehtun, andere scheuen die Konfrontation, in die ein kritisches Feedback münden kann. Der große Irrtum dabei ist allerdings zu glauben, dadurch Probleme vermeiden zu können. In der Regel fühlen sich alle schlechter, von den Führungskräften bis hin zu den Mitarbeitern, wenn zeitgerechte Rückmeldungen ausbleiben. Fassen Sie sich daher ein Herz und trauen Sie sich, so schnell wie möglich auch kritische Punkte anzusprechen. Die daraus resultierende Klarheit tut allen gut.

Fehler und Feedback

Im vorherigen Abschnitt besprachen wir die gängigen Feedbackregeln, denen nachgesagt wird, dass sie im „Normalbetrieb" konstruktive Wirkungen hervorrufen und von Ihren Gesprächspartnern positiv angenommen werden.

In der Praxis zeigen sich jedoch zwei Problembereiche:

(1) Zum einen liefert selbst beste Formulierung keine Garantie für positive Effekte.

(2) Zum anderen ist es fraglich, ob bestimmte Fehler wirklich Anlass für ein kritisches Feedback sein sollten und ob es nicht besser wäre, mit ihnen gänzlich anders zu verfahren.

Umgang mit empfindlichen und schwierigen Feedbacknehmern

Ganz ehrlich, die meisten kennen es zuweilen von sich selbst. Ihr Gesprächspartner äußert eine leise Kritik und spricht einen kleinen Punkt an, der nicht optimal verlaufen ist. Innerlich reagieren Sie jedoch ganz und gar nicht so, als handele es sich bloß um eine Kleinigkeit. Möglicherweise ärgert es Sie maßlos, dass gerade Ihnen das passieren konnte, da Sie doch sonst so sehr darauf achten, dass alles perfekt klappt. Oder es bleibt für Sie eine eingetrübte Stimmung dem Kritiker gegenüber zurück, auch dann, wenn die Sache selbst längst aus dem Weg geräumt ist. Selbst wenn Ihr Kritiker all die oben angeführten Feedbackregeln berücksichtigt haben sollte, so hat er es doch nicht vollständig in der Hand, wie Sie darauf reagieren.

Folgende Punkte können bei aller konstruktiven Formulierung dazu führen, dass kritisches Feedback nicht hilfreich und konstruktiv angenommen werden kann:

- Die Neigung von Menschen, sich für alles die Schuld in die Schuhe zu schieben. Häufig ist dies bei Perfektionisten vorzufinden.
- Ein gering ausgeprägtes Selbstwertgefühl. Wir wollen nicht behaupten, dass dies ein typisch weibliches Phänomen sei, aber in unserer Praxis sind uns schon viele außerordentlich kompetente weibliche Führungskräfte begegnet, die ihre Fähigkeiten selbst jedoch nur sehr negativ einzuschätzen und zu bewerten vermochten. Selbst vorsichtig vorgetragene Kritik konnte bei ihnen zu heftigen Reaktionen führen, verbunden mit einem Gefühl der völligen Inkompetenz.
- Aber auch das Gegenteil kann ziemlich problematisch sein, nämlich ein zu stark ausgeprägtes Selbstwertgefühl. Während manche Menschen von ihren Selbstzweifeln sehr gequält werden, scheint das Selbstbewusstsein anderer wiederum absolut unerschütterlich zu sein. Wer jedoch sämtliche Kritik abprallen lässt, kann sich kaum oder gar nicht weiterentwickeln.
- Eine schwierige Beziehung zwischen Feedbackgeber und Feedbacknehmer. Besitzt Ihr Mitarbeiter Ihnen gegenüber nur wenig Vertrauen, wird er Ihnen schnell böse Absichten unterstellen, wenn Sie ihm kritische Rückmeldung geben.

Toolbox:

Umgang mit empfindlichen und schwierigen Feedbacknehmern

- Investieren Sie ausreichend in Beziehungspflege, sodass eine vertrauensvolle Atmosphäre zwischen Ihren Mitarbeitern und Ihnen herrscht.
- Konzentrieren Sie sich bei Mitarbeitern, die ein eher gering ausgeprägtes Selbstwertgefühl aufweisen, vor allem auf Rückmeldungen zu Erfolgen. Beachten Sie auch dabei die wichtigsten Regeln des Feedbacks: konkret und zeitnah. Manche sind der Meinung, dass dies grundsätzlich die bessere Strategie und daher stets den kritischen Rückmeldungen vorzuziehen sei. Dieser Punkt ist aber sehr umstritten. Wir sind eher davon überzeugt, dass es falsch wäre, diese Mitarbeiter zu sehr zu schonen. Dies stärkt auf Dauer weder deren Persönlichkeit noch deren Leistung. Allerdings ist viel Fingerspitzengefühl angebracht. Vermitteln Sie Ihren Mitarbeitern immer wieder während des Feedbacks eines: gerade auch negative Rückmeldungen bedeuten, dass Sie Ihren Mitarbeitern zutrauen, ihre Leistung zu verbessern. Und: lassen Sie Ihren Mitarbeitern auch Zeit, das Feedback zu „verdauen". Verlangen Sie nicht von Ihnen, sich sofort gut zu fühlen. Bei vielen sickern Einsicht und Akzeptanz erst nach einer gewissen Zeit ins Bewusstsein.
- Am schwierigsten gestaltet sich der Umgang mit Mitarbeitern der dritten Kategorie, d.h. mit denjenigen, die mit einem übermäßig ausgeprägten Selbstwertgefühl gesegnet sind. Holen Sie sich gerade in diesem Fall zu den kritischen Punkten zusätzlich die Meinung anderer ein und sichern Sie sich so Ihren Eindruck und Ihr Urteil nach mehreren Seiten hin ab. Fragen Sie sich, ob und inwieweit Ihre Kritikpunkte wirklich gerechtfertigt sind. Wenn Sie dies hinreichend klar mit Ja beantworten können, sollten Sie Ihrem Mitarbeiter die Konsequenzen aufzeigen, wenn er sein Verhalten nicht ändert. Machen Sie sich aber darauf gefasst, dass es zu einer heftigen Auseinandersetzung kommen kann. Denn wer mag schon gerne in seiner (zu) positiven Selbsteinschätzung zurückgestutzt werden? Hier spielt auch die Kultur im Unternehmen bzw. in Ihrer Abteilung eine wichtige Rolle. Herrscht eine Atmosphäre, die es zulässt, offen über eigene Unzulänglichkeiten und Fehler zu sprechen, fällt es wahrscheinlich auch einem „Selbstüberschätzer" leichter, sich einen Fehler einzugestehen. Sein Problem besteht zu einem überwiegenden Teil darin, dass er sich „als ganze Person" und nicht lediglich wegen einer bestimmten Verhaltensweise kritisiert fühlt. Aus seiner Sicht hat er absolut korrekt gehandelt und wird trotz seiner „Großartigkeit" dennoch kritisiert – wie sollte er das nicht persönlich nehmen? Eine offene und zugleich kritische Diskussionskultur im Team erlaubt es ihm eher, die Thematik auf der Sachebene zu belassen.

Fehler willkommen heißen

Kritisches Feedback ist selten eine angenehme Erfahrung. Dies gilt auch dann, wenn es gut formuliert ist, wenn die Beziehung zwischen beiden Gesprächspartnern stimmt und wenn auch auf Seiten des Empfängers eine realistische Selbsteinschätzung sowie ein gutes Selbstwertgefühl vorhanden sind. Auf Dauer neigen wir Menschen stets dazu, unangenehme Dinge vermeiden zu wollen. Dies birgt eine Gefahr in sich, die nicht unterschätzt werden darf:

Wenn es negative Folgen nach sich zieht, ...

... über Fehler zu sprechen und wenn Sie negativ auf diese Berichte reagieren, werden Ihre Mitarbeiter immer weniger über Fehler sprechen wollen, geschweige denn von sich aus damit beginnen.

Damit können Ihnen jedoch wichtige Informationen sowie all die anderen positiven Auswirkungen entgehen, die entstehen, wenn offen über Fehler gesprochen werden kann:

- Es fördert, wie wir bereits gesehen haben, das Vertrauen der Mitarbeiter zu Ihnen und untereinander.
- Die Bereitschaft, sich gegenseitig zu unterstützen, steigt.
- Die Fähigkeiten und Möglichkeiten, tatsächlich aus den Fehlern zu lernen, nehmen enorm zu.
- Und, wie schon erwähnt, Sie – und ebenso Ihr ganzes Team – können sich ein wesentlich genaueres Bild der Lage machen.

Während eines Veränderungsprozesses kommt es immer wieder darauf an, kompetent und rasch reagieren und entscheiden zu können. Um dafür eine tragfähige Grundlage zu schaffen, sind Sie und Ihr Team auf qualitativ hochwertige Informationen angewiesen. Und diese Qualität verringert sich, wenn die Fehler und Schwachstellen ausgeblendet werden.

Mit anderen Worten:

Es geht auch darum, welche Rückmeldungen Sie *erhalten*, nicht nur darum, welche Sie geben.

Wenn Sie für Ihren Bereich möglichst umfassende und vollständige Rückmeldungen benötigen, z.B. darüber, wie der Veränderungsprozess verläuft und was in jenen Bereichen vor sich geht, zu denen Sie keinen oder nur selten Zugang besitzen, empfehlen wir Ihnen ein anderes Vorgehen.

Im Prinzip ist es sehr einfach:

Heißen Sie Fehler willkommen und reagieren Sie positiv darauf!

Im ersten Moment mag dies für Sie widersinnig erscheinen, doch lassen Sie uns genauer anschauen, welche Gründe dafür sprechen. Informiert Sie ein Mitarbeiter über einen Fehler, so laufen zwei Prozesse gleichzeitig ab:

- Auf der **Sachebene** übermittelt Ihnen Ihr Mitarbeiter schlicht und einfach eine Tatsache, eine sachliche Information. Etwas ist nicht so wie beabsichtigt gelaufen.
- Auf der **Prozessebene** geschieht etwas anderes: Der Fehler wird **veröffentlicht** und nicht geheim gehalten!

Und genau auf diesen zweiten Aspekt zielt die positive Reaktion ab. Ein Fehler ist ein Fehler. Ein Fehler hat negative und ärgerliche Auswirkungen. Da wäre es mehr als absurd, sich zu zwingen, den Fehler toll zu finden! Es geht auch gar nicht darum, den Fehler auf der Sachebene zu begrüßen! Hingegen sollte man ihn auf der Prozessebene durchaus willkommen heißen. Was Sie wertschätzen sollten ist, **dass Sie informiert werden**: „Gut, dass Sie mir berichten, was schief gelaufen ist bzw. was im Moment schief läuft". Ihr positives Feedback zielt auf den Prozess des Veröffentlichens ab. Der Inhalt der Veröffentlichung – der eigentliche Fehler – dient nur noch als Anlass bzw. Material dazu, es künftig besser zu machen.

Von Werner von Braun, dem deutsch-amerikanischen Raketenpionier, wird eine aufschlussreiche Anekdote berichtet. Ein Raketentest ging schief und die Rakete geriet infolgedessen außer Kontrolle. Als ein am Projekt beteiligter Ingenieur die Vermutung äußerte, der Misserfolg könne etwas mit einem Fehler zu tun haben, den er begangen hatte, spendierte ihm von Braun eine Flasche Champagner. Tatsächlich wurde der Crew durch diese mutige Rückmeldung eine langwierige Fehlersuche erspart, bei der sie wohl lange im Dunkeln herumgestochert hätte.

Es braucht meist einige Zeit, um sich auf diese Vorgehensweise einzulassen. Unsere Alltagsintuition scheint ja geradewegs vollständig „verkehrt herum“ zu sein. Machen Sie sich jedoch eines klar: Wenn Ihnen wirklich wichtig ist, dass die Mitarbeiter Ihrer Abteilung Fehler offen ansprechen können und keine Scheu davor haben sollen, diese zuzugeben, dann bleibt Ihnen kaum etwas anderes übrig als ähnlich zu reagieren wie Werner von Braun. Erinnern Sie sich daran, wie genau Mitarbeiter ihre Führungskräfte beäugen? Der Appell zur Offenheit wird in den Augen Ihrer Mitarbeiter nicht glaubwürdig erscheinen, wenn Sie im Ernstfall auf Fehler eher kritisch oder ungehalten reagieren.

Nun ist Fehler nicht gleich Fehler:

Die grundsätzliche Offenheit Fehlern gegenüber darf nicht heißen, dass ab jetzt alles erlaubt ist.

In jedem Veränderungsprojekt gibt es Grenzen und Standards, die unbedingt eingehalten werden müssen. So kann es erforderlich erscheinen, dafür zu sorgen, dass Besprechungen (fast) immer pünktlich beginnen. Erscheint ein Mitarbeiter regelmäßig unpünktlich, ist dies auch in einer fehleroffenen Kultur durchaus ein Anlass für eine kritische Rückmeldung.

Toolbox:

Fehleroffene Kultur

Verschaffen Sie sich Klarheit darüber,

- welche Grenzen und unbedingte Standards im Rahmen des Projekts gelten. Die Definition der Handlungsspielräume (siehe Abschnitt 5.1) liefert Ihnen dafür wesentliche Anhaltspunkte.
- was Sie unbedingt über den Verlauf der Veränderung wissen müssen. Dies betrifft vor allem „Nachrichten aus den Außenbezirken“. Dabei ist es egal, ob es sich um gute oder schlechte Nachrichten (Erfolge oder „Fehler“) han-

delt. Selbst wenn Sie „management by walking around" praktizieren, können Sie nicht überall sein. In diesem Sinn dienen Ihre Mitarbeiter Ihnen als eine Art „erweiterte Sinnesorgane". Ihre Mitarbeiter sind es, die vor Ort mit den Kunden oder Lieferanten verhandeln, die an bestimmten Kommunikationsschnittstellen sitzen usw. Ohne deren Wissen und Informationen wären Sie darauf angewiesen, den Veränderungsprozess mehr oder weniger wie einen Blindflug zu steuern.

Geben Sie kritische, nach den aufgeführten Feedbackregeln konstruktiv formulierte Rückmeldung, wenn Ihre Mitarbeiter mit Ihnen vorab vereinbarte Grenzen überschreiten oder Standards nicht einhalten.

Reagieren Sie in allen anderen Fällen positiv, wenn Ihnen schlechte Nachrichten überbracht werden, egal ob der Überbringer nur Bote oder selbst der Verursacher oder „Erzeuger" ist.

Wenn Sie auf das Überbringen schlechter Nachrichten negativ reagieren, wirkt das auf Ihre Mitarbeiter und Gesprächspartner wie eine Strafe. Sie können nur dadurch dauerhaft einen offenen Kommunikationsfluss über Fehler und andere schlechte Nachrichten gewährleisten, wenn Sie durch Ihre entsprechend positive Reaktion diejenigen belohnen, die offen kommunizieren.

Sprechen Sie auch deutlich aus, dass Sie solche Verhaltensweisen besonders wert schätzen. Dadurch etablieren Sie ein klares Belohnungssystem.

Im Prinzip ist es sehr einfach, eine fehleroffene Kultur zu etablieren. Alleine an der Umsetzung hapert es häufig. Denn die kann nur gelingen, wenn Sie selbst vom Sinn und Zweck dieser Kultur voll und ganz überzeugt sind.

Auf den Punkt gebracht:

Nur zu sagen „gut, dass Sie mir von diesem Fehler berichtet haben", genügt nicht. Ohne die entsprechende Einstellung, wird dies von Ihrem Gesprächspartner als wenig glaubwürdig entlarvt. Und beim nächsten Mal wird er schweigen!

Falls Ihnen diese Einstellung noch schwer fällt, sollten Sie für sich eine Analyse durchführen, welche Vorteile eine „offene Fehlerkultur" mit sich brächte, aber auch, welche Schwierigkeiten damit auf Sie zukommen können.

So könnte es sich als Nachteil erweisen, dass diese neue Kultur im Widerspruch zur sonstigen Unternehmenskultur steht. In diesem Fall müssen Sie abwägen, inwieweit es sinnvoll und durchführbar ist, in Ihrer Abteilung eine eigene „Subkultur“ zu etablieren. Hier ein „Mutmacher“: Subkulturen sind in Unternehmen weit verbreitet, warum daher nicht selbst eine initiieren?

Ein anderer Einwand gegenüber dem neuen Umgang mit Fehlern (oder genauer gesagt gegenüber dem neuen Umgang mit dem Berichten von Fehlern, das kann gar nicht oft genug erwähnt werden) könnte in der Überzeugung liegen, dass Ihre Mitarbeiter dazu nicht fähig oder bereit sind. Halten Sie sich hierzu vor Augen, dass eine derartige Umstellung nicht von heute auf morgen gelingen kann.

Merke:

Eine einmalige positive Reaktion auf das Ansprechen eines Fehlers macht noch keine neue Kultur!

Erst im Laufe der Zeit machen sich bei Ihren Mitarbeitern die Überzeugung und vor allem auch das Vertrauen breit, dass es wirklich in Ordnung ist und ohne negative Konsequenzen bleibt, Fehler einzugestehen und offen anzusprechen. Aus diesem Grund ist hier ein Aspekt extrem wichtig:

Entscheiden Sie sich definitiv und klar, …

… ob Sie sich für diese Art des Umgangs entscheiden wollen und welche Arten von Fehlern genau für Sie davon berührt sind!

Ein halbherziges Handeln erzeugt nicht den halben Erfolg, im Gegenteil: Halbherziges Handeln hat fast nur negative Effekte. Die Offenheit wird nicht zu-, sondern eher abnehmen. Denn Ihre Mitarbeiter wissen nun überhaupt nicht, wie ihnen geschieht. Mal scheint es gut zu gehen, dann haben sie es wieder mit negativen Reaktionen zu tun. Gut möglich, dass sich Ihre Mitarbeiter dadurch auf den Arm genommen fühlen: Erst werden sie aus der Reserve gelockt und dann tappen sie in die Falle und werden mit negativen Konsequenzen konfrontiert. Die prägende Botschaft, die letztlich bei der Belegschaft ankommt wäre: Die Bereitschaft, Risiken einzugehen, wird bestraft. Wenn Sie sich daher erst einmal für die Einführung der Kultur der Offenheit entschieden haben, bleibt Ihnen gar nichts anderes mehr übrig, als **dies mit größter Konsequenz und Entschlossenheit durchzuführen!**

Der Umstand, dass Sie ja nicht alle Fehler positiv aufnehmen müssen – denken Sie an die erwähnten Standards und Grenzen – kann Ihnen diese Entscheidung allerdings erheblich erleichtern.

Tipp:

Falls Sie sich dennoch unsicher sind, können Sie mit einer bestimmten Klasse von Fehlern beginnen. Diese Klasse muss aber exakt definiert und abgegrenzt sein, sonst wird Ihren Mitarbeitern Ihr Verhalten wieder als inkonsequent erscheinen – mit all den negativen Folgen, die damit verbunden sind. So können Sie zum Beispiel Ihren Mitarbeitern gegenüber strikt zwischen Fehlern, die bei Routinearbeiten und solchen, die bei neuen Aufgaben auftreten, unterscheiden. Machen Sie klar, dass Sie über Fehler im ersteren Bereich nicht sehr erfreut sind, während Sie für Fehler in neuen Tätigkeits- und Aufgabenfeldern ein offenes Ohr haben.

Und noch ein weiterer Aspekt kann über Erfolg und Misserfolg entscheiden: Ihr Umgang mit Fehlern, die Sie selbst begehen.

Gehen Sie mit gutem Beispiel voran …

… und sprechen Sie es offen an, wenn Ihnen selbst ein Missgeschick unterlaufen sein sollte.

So ermuntern Sie Ihre Mitarbeiter, Ihrem Beispiel zu folgen. Zusätzlich gewähren Sie ihnen und sich selbst eine weitere Lernchance, von Ihrem Fehler zu profitieren.

Die Wirkung auf andere – Feedback erhalten (Fremd- und Selbstbild)

In diesem Abschnitt widmen wir uns der dritten Funktion von Feedback: Die eigene Wirkung besser einschätzen und Selbstbild sowie Fremdbild besser abgleichen zu können. Auch dazu benötigen Menschen Feedback, nur diesmal beziehen sich die Rückmeldungen nicht auf die Lage im Allgemeinen und im Außen, sondern ganz spezifisch auf ihre Person.

Die Wirkung, die Sie auf andere ausüben, und die Reaktionen, die Sie erhalten, beruhen nicht alleine auf Ihrer beruflichen Rolle oder auf Ihrem Fachwissen. Den größten Einfluss besitzt Ihre Persönlichkeit. Wenn Sie sich Ihrer Wirkung auf andere bewusst sind, können Sie Gespräche viel leichter in die von Ihnen gewünschte Richtung steuern. Sie werden die Reaktionen, die Sie erhalten, besser einschätzen und angemessener auf sie antworten können.

Führung ist Wirkung.

Ein klares Bild von sich zu besitzen, ist im wahrsten Sinne des Wortes Selbstbewusstsein.

In welchem Ausmaß stimmt nun Ihr Selbstbild mit der Einschätzung Ihrer Person durch andere – dem Fremdbild – überein?

Klaffen die eigene Beurteilung und die Einschätzung durch andere auseinander, kommt es sehr leicht zu Irritationen und Missverständnissen in der Kommunikation. Es ist, als ob Sie das Lenkrad in die eine Richtung einschlagen, Ihr Wagen aber eine andere Richtung nimmt.

Für optimale Führung und Lenkung ...

... benötigen Sie unbedingt Wissen um Ihre persönliche Wirkung auf andere. Nur so bleiben Sie weiterhin auf Kurs.

Nehmen wir beispielsweise an, Sie schätzen sich als freundlichen und an Ihren Mitarbeitern interessierten Vorgesetzten ein. Gleichzeitig wissen Ihre Mitarbeiter nur sehr wenig Persönliches über Sie. Ihren Mitarbeitern gegenüber erscheinen Sie daher eher kühl und unnahbar. Sie selbst aber wissen nicht darum. Sie sind nur irgendwie frustriert und irritiert, wenn Sie bemerken, dass sich die Stimmlage Ihrer Mitarbeiter ändert, sobald Sie in die Nähe kommen. War die Stimmung vorher lebhaft und engagiert, sprechen Ihre Mitarbeiter jetzt leise und zurückhaltend.

Hier zeigt sich übrigens noch ein weiterer Vorteil der offenen Feedbackkultur. In einer offenen Atmosphäre wird es Ihren Mitarbeitern wesentlich leichter fallen, auch zu Ihnen und der Wirkung Ihres Verhaltens Rückmeldung zu erhalten. Fehlt diese Offenheit, bringen sich Mitarbeiter ihrem Vorgesetzten gegenüber leicht in eine gefährliche Position, wenn sie ihm direkt ihre Meinung mitteilen.

Wenn Sie so klar und eindeutig wie möglich kommunizieren, erhöht sich die Wahrscheinlichkeit, **klare und eindeutige Rückmeldungen zu sich als Person** zu erhalten, erheblich.

Denken Sie an ein eher unbefriedigend verlaufendes Gespräch. Versetzen Sie sich in die Position eines neutralen Beobachters und betrachten Sie Ihre Kommunikation von außen. Fragen Sie sich selbst:

- Wie ehrlich und eindeutig kommunizieren Sie?
- Passt die Art und Weise, *wie* Sie etwas äußern zu dem, *was* Sie inhaltlich sagen?

Sie wollen beispielsweise Ihrem Mitarbeiter mitteilen, dass er eine wichtige Rolle im Veränderungsprojekt einnimmt. Wenn Sie sich für das Gespräch Zeit nehmen und Ihren Mitarbeiter dabei anblicken, wird er Ihnen diese Mitteilung wahrscheinlich abnehmen. Fühlen Sie sich jedoch unter Zeitdruck und sagen Sie es ihm nur schnell zwischen Tür und Angel, vielleicht noch ohne ihn anzusehen, so wird er an der Wahrheit Ihrer Aussage zweifeln. Und dies passiert **unabhängig davon, ob Sie wirklich glauben,** dass seine Funktion wichtig sei!

Toolbox:

Glaubwürdigkeit erhöhen

Erhöhen Sie Ihre Glaubwürdigkeit, indem Sie darauf achten, eindeutig zu kommunizieren. Und dies können Sie lernen:

Fragen Sie sich als Erstes, ob Sie das, was Sie sagen wollen, auch tatsächlich so meinen. Ihr Gesprächspartner wird es merken, wenn Sie insgeheim etwas anderes denken. Ihre Körpersprache wird Sie durch doppeldeutige Signale verraten.

Wenn Sie diese Frage eindeutig bejahen können, überlegen Sie sich, welche Art und Weise, mit dem Mitarbeiter zu kommunizieren, dazu passt. Falls Sie sich dessen nicht sicher sind, stellen Sie sich vor, dass Sie sich von außen dabei beobachten:

- Angenommen, Ihr Gesprächspartner würde Ihnen gegenüber diese Körperhaltung einnehmen, wie würde dies auf Sie wirken und welche Gefühle würde dies bei Ihnen auslösen? Wie würden Sie selbst die Körperhaltung interpretieren?
- Angenommen, Ihr Gesprächspartner würde in Ihrer Art gestikulieren, was würde das bei Ihnen auslösen?
- Wie würde Ihr eigener Tonfall bei Ihnen ankommen, wenn jemand anderer in genau in diesem Tonfall zu Ihnen sprechen würde?

Nehmen Sie Ihre Reaktionen auf Ihre eigene Körpersprache so feinfühlig wie möglich wahr. Haben Mitarbeiter oder Kollegen bereits in ähnlicher Weise auf Sie reagiert? Seien Sie ehrlich sich selbst gegenüber! Die Reaktion unseres Gegenübers bleibt oftmals unverständlich, wenn wir nicht gleichzeitig auch unser eigenes Verhalten, das der Auslöser dafür war, betrachten. Erst im Spiegel unseres eigenen Verhaltens werden viele Reaktionen nachvollziehbar.

Diese Überprüfung kann auch ans Licht bringen, dass das, was Sie sagen, nicht dem entspricht, was Sie in Wirklichkeit denken. Fragen Sie sich, ob Sie in diesem Fall überhaupt etwas sagen wollen oder müssen! Die beste Alternative zu Halbwahrheiten ist manchmal Schweigen.

Erhalten Sie weniger Feedback ...

... von Ihren Mitarbeitern als Sie es sich wünschen, ist das ebenfalls Feedback.

Überlegen Sie, welche Signale Sie aussenden. Sind Sie wirklich an Feedback interessiert? Wie haben Sie in der Vergangenheit darauf reagiert? Haben Sie sich wirklich wohlwollend gegenüber Ihrem Kritiker verhalten?

Toolbox:

Mehr Feedback erhalten

Folgende Punkte können Ihre Mitarbeiter animieren, Ihnen mehr und qualifizierter Feedback geben zu können:

- Teilen Sie Ihren Mitarbeitern mit, dass Sie an Feedback zu Ihrer Person interessiert sind. Kommunizieren Sie dies allerdings nur dann, wenn Sie es wirklich wollen, denn Lippenbekenntnisse schaden nur.
- Lassen Sie Ihre Mitarbeiter wissen, woran Sie konkret interessiert sind. Sie ziehen den größten Nutzen für sich selbst aus exakten Rückmeldungen. Fragen Sie nach, wenn die Rückmeldung für Sie nicht konkret genug ist. „Woran machen Sie das fest?", „Was haben Sie gesehen und gehört?" Vermitteln Sie Ihrem Gegenüber, dass Sie nachfragen, um wirklich verstehen zu können, was Ihr Gesprächspartner Ihnen damit sagen will. Sonst könnte Nachfragen als Kritik ankommen.
- Achten Sie auf Ihren Zustand. Selbst wenn Sie grundsätzlich an Feedback interessiert sind, passt es nicht immer und nicht zu jedem Zeitpunkt. Bedanken Sie sich in diesem Fall bei Ihrem Mitarbeiter und vereinbaren Sie mit ihm einen Gesprächstermin. Verschieben Sie jedoch nur, wenn es für Sie in dem Moment wirklich nicht anders möglich ist. Denn gerade wenn Sie dabei sind, eine „Feedbackkultur" einzuführen, könnten „Aufschübe" kontraproduktiv wirken.
- Nutzen Sie auch indirektes Feedback. Fragen Sie sich, was verschiedene Reaktionen Ihrer Mitarbeiter bedeuten können. Wenden Sie das Instrument des Aktiven Zuhörens an und äußern Sie Ihre Vermutungen über angedeutete Emotionen in fragendem Tonfall.
- Bedanken Sie sich schlussendlich bei Ihren Mitarbeitern und Feedbackgebern für die erhaltenen Informationen.

7.4 Wie finden wir die passende „Betriebstemperatur"? – Feedback- und Konfliktkultur im Team

Wenn Sie selbst sich an die Feedbackregeln halten und sie praktizieren, wird das Ihnen und Ihren Mitarbeitern nützen. Noch mehr kann jedoch das Veränderungsprojekt profitieren, wenn aus diesen Feedbackregeln gängige Formen des Umgangs innerhalb des gesamten Teams werden. Gerade wenn sich Ihre Mitarbeiter engagiert auf den Veränderungsprozess eingelassen haben, steigt die Gefahr, dass sich die Kommunikation im Team „überhitzt". Engagierte Menschen zeichnen sich dadurch aus, dass ihnen Dinge wichtig sind und dass ihnen daran gelegen ist, ihre Interessen zu verwirklichen. Je wichtiger Ziele sind, umso größer ist der Einsatz jedes Einzelnen. Selbst in einem gut funktionierenden Team ergeben sich daraus fast zwangsläufig Konflikte. Aus diesem Blickwinkel betrachtet, stellen Konflikte jedoch durchaus positive Signale dar. Konflikte können darauf hinweisen, dass es sich um ein hoch engagiertes Team handelt, dessen Erfolg auf einer gewissen „Reibungswärme" basiert. Doch dieser hohe Aktivierungszustand, so wichtig und unerlässlich er auch ist, erfordert auf der anderen Seite Werkzeuge und Kompetenzen, um die „Betriebstemperatur" auf einem angemessenen Niveau halten und regulieren zu können.

Im Folgenden stellen wir Ihnen einige dieser Werkzeuge vor, die, wie Sie gleich feststellen können, sehr verwandt mit den Feedback-Regeln sind. Falls Sie diese Tools offiziell im Team etablieren wollen, kann dies durch interne oder externe Trainings unterstützt werden.

Die „VW-Technik" – Vorwürfe in Wünsche verwandeln

In jeder engagierten Diskussion prallen Positionen und Interessen aufeinander – die Emotionen kochen. Und damit steigt die Gefahr, dass wir von unseren eigentlichen Zielen und Absichten abrücken und vielmehr unserer Frustration Luft machen. Als häufigstes „Stilmittel" dienen dazu die Vorwürfe. So berechtigt und nachvollziehbar sie auch sein mögen: Gerade in schwierigen Situationen und Konflikten blockieren Vorwürfe in der Regel jegliche Lösungsmöglichkeiten. Daher ist es sehr schwer, mit Vorwürfen etwas Konstruktives zu erreichen, geschweige denn das, was Sie oder Ihre Mitarbeiter sich ursprünglich von der Diskussion erhofft hatten.

Infobox:

Charakteristische Merkmale von Vorwürfen:

- Vorwürfe verallgemeinern meist sehr stark: „*Immer* kommen Sie zu spät!", „*Nie* erledigen Sie die Aufgabe rechtzeitig!" usw. Im Grunde ist dies ein unkluges Vorgehen. Dem Kontrahenten reicht schon ein Gegenbeispiel, um diese Allgemeinaussage zu widerlegen. Gerade weil sie sich so umfassend angegriffen fühlen, wählen die meisten Beschuldigten dieses bewährte Mittel zum Gegenangriff: „Vorgestern war ich pünktlich!". Eine konstruktive Strategie versucht daher, die fraglichen Sachverhalte stets konkret und situationsbezogen anzugeben.
- Vorwürfe sind von Emotionen zumindest eingefärbt, wenn nicht sogar völlig durchdrungen, die jedoch nahezu nie direkt kommuniziert werden. Die Verärgerung zeigt sich vor allem in der Verallgemeinerung, im Tonfall, in Mimik und Gestik, d.h. sie wird selten offen ausgedrückt. In einer konstruktiven Strategie ist es daher wichtig, den Emotionen ausreichend Platz zu gewähren.
- Symbolisch zeigt der Finger bei Vorwürfen immer direkt auf das Gegenüber: „Du bist... / Sie sind... ". Die Aussagen werden gewissermaßen als objektive Wahrheiten gehandelt und nicht als eigene Perspektive gekennzeichnet. In einer konstruktiven Strategie werden daher Ich-Botschaften verwendet.
- Vorwürfe richten sich – auch wegen ihrer Verallgemeinerungen – häufig gegen die Person als Ganze. Dem Gegenüber bleibt dann fast keine andere Wahl, als sich dagegen zu verteidigen, unabhängig davon, ob der Beschuldiger in der Sache Recht hat oder nicht. Es geht dann nicht mehr um das Anliegen oder das sachliche Problem, sondern „ums Ganze". Eine konstruktive Strategie wird daher Wert darauf legen, strikt auf der sachlichen Ebene zu bleiben.
- Die meisten Vorwürfe beziehen sich auf das Problem, nicht darauf, was erreicht werden soll. In einer konstruktiven Strategie wird das Augenmerk daher lösungsorientiert auf das Ziel hin ausgerichtet.

- Vorwürfe sprechen in der Regel Dinge aus der Vergangenheit an, selten beziehen sie sich auf die unmittelbare Gegenwart und schon gar nicht auf die Zukunft. Eine konstruktive Strategie wird daher auch zukünftige Lösungsmöglichkeiten zur Sprache bringen.

Wählen Sie daher eine Strategie, die es Ihnen ermöglicht, die vielen Nachteile der Vorwürfe zu vermeiden und stattdessen entdeckte Schwachstellen in Wünsche zu verwandeln.

Toolbox:

Konstruktiv Klartext reden – Vorwürfe in Wünsche verwandeln

Überlegen Sie sich, was Ihr eigentliches Ziel und die dahinter liegenden Interessen sind bzw. ursprünglich waren.
- Was soll sich verbessern?
- Was würden Sie sich von der Situation und von Ihrem Gegenüber wünschen?

Es ist überraschend häufig der Fall, dass wir über all unseren Vorwürfen beinahe vergessen haben, worum es uns eigentlich geht. Bei Vorwürfen weiß unser Gegenüber im besten Fall darüber Bescheid, was Sie *nicht* wollen. Oftmals ist selbst das nicht gewiss.

Bedenken Sie daher:
- Vorwürfe sind schlecht formulierte Wünsche und Ziele!
- Identifizieren Sie daher die Wünsche, die sich hinter Ihren Vorwürfen verbergen!
- Beginnen Sie dann, Ihre Wünsche und Ziele klar zu kommunizieren!

Dazu unterstützen Sie folgende Schritte:

Sorgen Sie zunächst für ausreichend inneren – eventuell auch äußeren – Abstand und reflektieren Sie kurz:
- Was fühle ich eigentlich?
- Was will ich eigentlich?

Beginnen Sie nach der Gesprächseröffnung mit einer kurzen und konkreten Beschreibung des Sachverhaltes: „Zu den letzten drei Besprechungen sind Sie um jeweils eine Viertelstunde zu spät gekommen."

Falls Sie emotional stark betroffen sind und etwa Ärger empfinden, äußern Sie diese Emotionen unbedingt in Form einer Ich-Botschaft:
- „... und das hat mich ziemlich verärgert, da ..."
- Dies können Sie auch mit einem Perspektivenwechsel verknüpfen: „Wie würden Sie sich fühlen, wenn ..."

Klären Sie bei Bedarf gemeinsam mit Ihrem Gesprächspartner die Sachlage. Hierbei ist jedoch Vorsicht geboten. Bleiben Sie stets auf der Sachebene und achten

Sie darauf, dass die strittigen Punkte präzise und knapp angesprochen werden. Sonst besteht die Gefahr, sich schnell wieder im Problem zu verlieren.
Formulieren Sie dann Ihren Wunsch positiv. Sagen Sie, was Sie wollen. Je nach Situation kann es sich dabei auch um eine Bitte, um eine Forderung oder Ähnliches handeln. Achten Sie dabei darauf, dass der Wunsch nicht nur positiv, sondern auch spezifisch formuliert ist. Sagen Sie, was Sie sich genau wünschen:
– „Ich wünsche mir von Ihnen, dass Sie in Zukunft wieder rechtzeitig zu den vereinbarten Sitzungen erscheinen."

Richten Sie schließlich die Aufmerksamkeit auf zukünftige Lösungsmöglichkeiten:
– „Wie könnte es Ihnen möglich sein, dass ..."
– „Wie könnten Sie gewährleisten, dass Sie in Zukunft ... ."
– „Wie können wir in Zukunft dafür sorgen, dass ... ."

Auch wenn dieser letzte Punkt vielen schwer fällt: Bringen Sie hier keine eigenen, zukünftigen Lösungsvorschläge ein. Nehmen Sie Ihren Gesprächspartner in die Pflicht, selbst für welche zu sorgen! Er wird sich dadurch eher veranlasst fühlen, für eigene Lösungsmöglichkeiten Verantwortung zu übernehmen und sie tatsächlich zu realisieren.

Sind nun alle im Team mit diesem Vorgehen vertraut, können sie sich gegenseitig daran erinnern und auf die Einhaltung dieser Gesprächskultur bestehen. Im Vordergrund steht dabei die Verantwortung des Senders von Botschaften, diese auch konstruktiv zu formulieren.

Das Muster kann jedoch leicht variiert genauso gut angewandt werden, wenn jemand mit Vorwürfen konfrontiert wird.

Toolbox:

Als Vorwurfsempfänger Vorwürfe in Wünsche verwandeln

Anmerkung: Um diese Strategie erfolgreich anzuwenden, bedarf es einer Portion Fingerspitzengefühl. So ist es beispielsweise nicht immer passend, die Emotionen des Gegenüber anzusprechen, wenn diese überaus offensichtlich (oder besser: offen hörbar) sind. Daher ist es oft sinnvoller, auf den Vorwurf zunächst nicht unmittelbar einzugehen, und sich stattdessen – wie ein Regisseur in Form eines kleinen Drehbuches – auf eine bessere Gesprächsgelegenheit in naher Zukunft vorzubereiten.

Sorgen Sie wieder für ausreichend inneren oder äußeren Abstand, sodass Sie in der Lage sind, Atem zu holen und zu reflektieren:
– Was fühle ich?
– Was will ich?

Räumen Sie den Emotionen, die eine Rolle spielen, ausreichend Platz ein:
- Sprechen Sie Ihre eigenen Emotionen an: „Ich bin etwas überrascht über … ", „Ich fühle mich … "
- *Vorsicht! Nur bei Bedarf*: Mutmaßen Sie auch über die Emotionen Ihres Gegenübers: „Ich habe den Eindruck, es hat Sie etwas...(verärgert)..."

Machen Sie sich nun die Idee zu Eigen, dass Ihr Gegenüber mit seinem Vorwurf eigentlich ein positives Ziel bzw. Interesse verfolgt, und verinnerlichen Sie sie. Vielen erscheint dies auf den ersten Blick beinahe als Zumutung. Wenn Sie jedoch an Ihr Team denken, dürfte es Ihnen wesentlich leichter fallen, von einer positiven Absicht eines Vorwurfsenders auszugehen.

Sprechen Sie nun die Sachlage an und fragen Sie nach dem konkreten Verhalten und den spezifischen Gegebenheiten:
- In welcher Situation ist was aufgetreten?
- Woran macht Ihr Gegenüber das fest?

Vorsicht! Nur bei Bedarf: Erfragen Sie anschließend das Anliegen bzw. die Absicht des anderen:
- „Worum geht es Ihnen? Was wollten Sie ursprünglich erreichen?"
- „Was genau wünschen Sie sich anders?"
- „Woran würden Sie erkennen, dass ich es anders oder besser mache?"

Richten Sie schließlich wieder das Augenmerk auf die Zukunft. Falls Sie mit dem Anliegen übereinstimmen, können Sie fragen:
- „Wie wollen wir das in Zukunft handhaben?"

Sollten Sie dem Anliegen Ihres Gesprächspartners nicht zustimmen können, klären Sie zunächst die grundsätzlichen Ziele und Erwartungen auf beiden Seiten, sowohl die unterschiedlichen als auch die gemeinsamen.

Auch dieses Muster eignet sich sehr gut dafür, in die Gesprächskultur des Teams integriert zu werden. Hier wird an die Verantwortung des Empfängers appelliert, den Sender von Aussagen darin zu unterstützen, sie konstruktiv zu formulieren.

Den richtigen Abstand finden

Ein weiteres hilfreiches Werkzeug, um die Betriebstemperatur Ihres Teams gut steuern und regulieren zu können, besteht darin, bei bestimmten Anlässen das ganze Team in eine neutrale Position zu bringen.

Toolbox:

Beobachterposition für das gesamte Team

Vereinbaren Sie mit Ihrem Team ein Signal, das jedes Mitglied dann aktivieren kann, wenn er oder sie den Eindruck hat, dass im Augenblick in der Diskussion etwas schief läuft.

Eine einfache und leicht einzurichtende Form für dieses Signal ist ein „Antrag zur Tagesordnung". Dieser Antrag unterbricht die laufende Diskussion. Alle Teammitglieder versuchen, inneren Abstand zur aktuellen inhaltlichen Auseinandersetzung zu gewinnen. Hilfreich ist dazu oft eine kurze Sitzungsunterbrechung oder auch ein tatsächlicher Ortswechsel: sei es in eine andere Ecke des Besprechungsraumes auszuweichen, sei es das Gespräch im Stehen statt im Sitzen fortzuführen oder auch den Raum ganz zu wechseln.

Sinn der Sache ist es, dass das Team gewissermaßen vom „Normalmodus" auf einen „Reflexionsmodus" umschaltet. In diesem Modus geht es nicht mehr um die weitere inhaltliche Klärung der strittigen Thematik, sondern um die Art und Weise, wie darüber diskutiert wird. Die wichtigsten Leitfragen dazu sind:

- Ist die Art und Weise, wie wir hier miteinander umgehen, zieldienlich?
- Ist diese Art und Weise ein guter Weg, uns der Lösung unserer Probleme näher zu bringen?

Häufig vergessen wir „im Eifer des Gefechts", worauf es uns eigentlich bei Projektbeginn ankam, und wir verlieren das Ziel aus den Augen. Das Umschalten auf den Reflexionsmodus erlaubt uns, uns vom momentanen Geschehen zu distanzieren und uns wieder auf das eigentliche (gemeinsame) Ziel zu besinnen.

Falls im Team Zweifel darüber bestehen, ob der bisher gegangene Weg optimal für die Zielerreichung ist, vereinbart das Team alternative kommunikative Umgangsweisen und kann beispielsweise klare Regeln für die weitere Diskussion festlegen. Hilfreich ist, wenn zusätzlich vereinbart wird, dass sich im Bedarfsfall alle an die neu festgelegten Regeln gegenseitig erinnern dürfen. Anschließend sollte das Team wieder bereit sein, auf den normalen „Arbeitsmodus" umzuschalten.

Im achten Kapitel werden wir ausführlich auf weitere Aspekte und Möglichkeiten des „Reflexionsmodus" eines Teams eingehen.

Position und Interesse unterscheiden

Ein gutes Team kann man daran erkennen, dass es engagiert und leidenschaftlich um die Lösung von Problemen ringt. Konstruktiv streiten zu können, ist eine der wichtigsten Fähigkeiten, die ein

Team besitzen sollte. Ein zu friedlicher Umgang miteinander ist trügerisch und stellt meistens ein Warnsignal dar. Er kann nämlich bedeuten, dass wichtigen Auseinandersetzungen aus dem Weg gegangen wird und faule Kompromisse leichtfertig akzeptiert werden. Allerdings braucht konstruktives Streiten einige wichtige Voraussetzungen. Rufen Sie sich zunächst eine Aussage aus dem dritten Kapitel wieder ins Gedächtnis:

Es gibt nie nur einen Weg, ...

... einen Wert zu verwirklichen!

Werte sind äußerst eng mit unseren Zielen und Absichten verknüpft. Wenn etwas für mich einen Wert besitzt, dann habe ich selbstverständlich ein starkes Interesse daran, diesen Wert auch zu verwirklichen. Es ist mir wirklich ernst damit. Wir können daher diese Aussage abwandeln:

Es gibt nie nur einen Weg, ...

... (unsere) Interessen zu verwirklichen.

Diese Idee ist die Grundbasis jeglicher konstruktiven Konfliktklärung. Je mehr die Teammitglieder diese Idee verinnerlicht haben, desto leichter wird es ihnen fallen, „leidenschaftlich um die Sache" zu kämpfen. Denn die verschiedenen Interessen können nun leichter ausbalanciert werden. Die zentrale Frage ist hier (ähnlich wie bei der VW-Technik):

- Worum geht es mir? Was ist mein eigentliches Interesse?, und angewandt im Gespräch:
- Worum geht es dir? Was ist dein eigentliches Interesse?

Infobox:

Günstige Rahmenbedingungen für konstruktive Konfliktklärung

Es existiert ein für alle verbindliches gemeinsames Ziel. Fehlt dies, streben die Mitglieder eines Teams wie ein „zerstreuter Haufen" in die unterschiedlichsten Richtungen. Gerade bei Veränderungsprozessen kann sich das sehr verhängnis-

voll auswirken. Die Gefahr ist dabei groß, dass einige Teammitglieder, vielleicht sogar die Mehrheit, dabei „verloren gehen" und nicht mehr mit im Boot sitzen. Sie haben sich aus dem gemeinsamen Prozess ausgeklinkt und stehen für die Unterstützung des Gesamtprozesses nicht mehr zur Verfügung.
Es herrscht grundsätzlich eine Atmosphäre gegenseitigen Vertrauens und gegenseitiger Offenheit. Je mehr es innerhalb Ihrer Abteilung möglich ist, offen und ehrlich über Fehler und problematische Punkte zu sprechen, umso leichter werden Konflikte klar wahrnehmbar und konstruktiv zu lösen sein.

Wenn es umgekehrt in Ihrem Team noch an Offenheit fehlt, weist das möglicherweise auf schwelende Konflikte hin. Weitere Anzeichen für unterschwellige Spannungen können sein:

- Geringe Teamenergie
- Die Empfindung einer „irgendwie lähmenden" Atmosphäre
- Häufiges Schweigen und wenig Beteiligung der Mitglieder am Geschehen
- Ein insgesamt defensives Verhalten

Kaum einer traut sich aus der Deckung. Auch Sie selbst fühlen sich in solch einer Situation auf unbestimmte Weise unwohl und gebremst. Das Team scheut sich, die Konflikte offen zu legen und wird gleichzeitig dadurch geschwächt. Im fünften Kapitel finden Sie weitere Hinweise, wie Sie Offenheit und Vertrauen in Ihrem Team fördern können.

Konfliktmoderation

Konflikte sind gewissermaßen das „Salz in der Suppe des Lebens". Nur gilt es, darauf Acht zu geben, dass diese nicht versalzen wird! Folgender Leitfaden unterstützt Sie und Ihr Team darin, auch in hitzigen Diskussionen weiterhin auf Zielkurs zu verbleiben. Zu Beginn ist es meist ratsam, dass Sie selbst (oder ein externer Moderator) diesen Prozess begleiten. Im Laufe der Zeit sollte diese Funktion jedoch während jeder Besprechung mehr und mehr auf das ganze Team übergehen: sei es, dass diese Aufgabe immer wieder jemand anderem aus dem Team offiziell übertragen wird, oder dass das Team als Ganzes die Moderation übernimmt. Jedes Mitglied kann dann bei Bedarf für einen Moment in die Moderationsrolle schlüpfen.

Toolbox:

Konfliktmoderation

Klären Sie und das Team im ersten Schritt, worum es eigentlich geht. In jeder „Auseinandersetzung" ist es hilfreich, wenn die unterschiedlichen Positionen zunächst tatsächlich „auseinander gesetzt" werden, sodass jede Position deutlich wahrzunehmen und jede Stimme deutlich zu hören ist. Sehr empfehlenswert ist hier die Zuhilfenahme von Visualisierungen, damit das gesamte Team die verschiedenen Standpunkte überblicken kann.

Denn: Klärung beginnt mit Klarheit! Gleichzeitig ermöglicht die Visualisation, dass sich die Gemüter der „Streithähne" etwas „abkühlen" können. Alle blicken auf die Pinwand oder auf das Flipchart und haben allein dadurch bereits ein gemeinsames Thema bzw. eine gemeinsame Aufgabe.

Verschaffen Sie sich nun zusammen mit Ihrem Team Klarheit darüber, wo die tatsächlichen Differenzen liegen und welche Gemeinsamkeiten existieren. Dazu kann es erforderlich sein, die einzelnen Positionen weiter zu konkretisieren, damit unmissverständlich klar wird, worin genau sie jeweils bestehen.

Nun geht es um die Frage, welche detaillierten Ziele mit den unterschiedlichen Positionen verfolgt werden. Fragen Sie dazu die jeweiligen Vertreter einer Position:

- Was ist damit beabsichtigt?
- Welchem Zweck soll diese Position dienen?
- Welche Interessen sind mit dem jeweiligen Standpunkt verbunden? Usw.

Sortieren Sie die Ziele und Interessen auch nach Unterschieden und Gemeinsamkeiten.

Sammeln Sie und Ihr Team nun Gründe und Argumente, die für und gegen die jeweiligen Positionen sprechen. Auch hier sind übersichtliche Visualisationen, etwa in Form einer Matrix, überaus hilfreich.

Damit haben Sie nun eine gute Grundlage geschaffen, um weiter zu diskutieren sowie gute und fundierte Entscheidungen zu treffen, falls sich diese als notwendig herausstellen.

Spätestens ab diesem Zeitpunkt sollte eine zentrale Idee zur Sprache kommen: Unterschiede und Differenzen sind nichts Schlechtes, im Gegenteil: Unterschiede und Differenzen besitzen einen Wert an sich! Es kann daher gar nicht darum gehen, alles zu harmonisieren und zu vereinheitlichen. Sprechen alle stets mit einer Stimme, entsteht allzu leicht Kreativität verhindernde Monotonie.

Ein gutes und arbeitsfähiges Team ...

... lebt geradezu von den unterschiedlichen Positionen und Sichtweisen sowie von der Vielfalt der Meinungen und Möglichkeiten.

Eine „Monokultur der Meinungen“ birgt mannigfaltige Gefahren in sich. Ein derart „gleich ausgerichtetes“ Team ist Herausforderungen, die gerade während eines Veränderungsprozesses mit großer Wahrscheinlichkeit auftreten, nur sehr unzureichend gewachsen. Wie wenig erfolgreich wäre eine Fußballelf, die nur mit Torhütern oder Mittelstürmern besetzt wäre! Auch ein Orchester, das nur aus Violinen oder Pauken bestünde, könnte kaum schöne Musik zustande bringen.

Wirklich gutes Konfliktmanagement ...

... sorgt daher dafür, dass die Vielfalt der Meinungen erhalten bleibt!

Ein breites Spektrum an Meinungen und Sichtweisen vergrößert die Flexibilität Ihres Teams und damit die Fähigkeit, auf Unvorhergesehenes rascher und kompetenter reagieren zu können. Etablieren Sie daher in ihrem Team – ähnlich wie im Umgang mit Fehlern – eine Atmosphäre, in der abweichende Meinungen nicht bestraft werden, sondern in der sie geachtet und für wertvoll angesehen werden. Begeben Sie sich mit Ihrem Team daher immer wieder geradezu auf die Suche nach abweichenden Meinungen!

Dieser Erhalt der Vielfalt hat durchaus Parallelen zum Artenschutz in der Biologie. Ein Wald mit intakter Ökosphäre kann das Einwirken eines Schädlings weitaus besser auffangen und abfedern als ein Monokulturwald, der diesem nahezu hilflos ausgeliefert ist und ohne Einsatz von Chemie keine Chance gegen ihn hat. Sorgen Sie daher auch in Ihrem Bereich für „Artenvielfalt“ und geben Sie den verschiedenen Weisen, Probleme zu analysieren und Lösungen zu finden, ausreichend Raum.

Toolbox:

Fördern der Vielfalt

Fordern Sie Ihre Teammitglieder immer wieder dazu auf, die eigene Perspektive zu wechseln. Im einfachsten Fall besteht dies in einem „kontrollierten Dialog". Ein Gesprächspartner wiederholt die Aussagen und Positionen des jeweiligen Gegenübers, um sicherzustellen, dass die Positionen auch richtig verstanden und kommuniziert werden. Wirkungsvoller ist jedoch, wenn jede „Partei" in einer kurzen Arbeitsphase Gegenargumente gegen die eigene Position sowie Argumente für die Position der anderen Seite finden und anschließend im Teamplenum vortragen muss.
Fordern Sie zusätzlich die Vertreter der jeweiligen Positionen auf, nach zusätzlichen Alternativen und weiteren Optionen zu den bereits bestehenden Wegen zu suchen, die ebenfalls die Ziele und Interessen verwirklichen könnten. Erinnern Sie sich: Es gibt nie nur einen Weg, ein Ziel zu erreichen. In diese Aufgabe können Sie aber genauso gut auch alle anderen Teammitglieder einbinden.

Über je mehr Optionen Sie und das Team verfügen, umso besser.

Klären Sie nun gemeinsam mit dem Team, ob überhaupt eine Entscheidung über die beste Option gefällt werden muss. Was würde denn wirklich dagegen sprechen, gleichzeitig mit unterschiedlichen Strategien zu verfahren? Oft wird selbstverständlich angenommen, dass wir uns einfach für eine Alternative entscheiden müssen. Andere vielleicht bessere Vorgehensweisen werden gar nicht mehr in Erwägung gezogen.

Toolbox:

Entscheidungen treffen

Falls jedoch eine Entscheidung über das weitere Vorgehen erforderlich sein sollte, müssen die Entscheidungsbefugnisse klar festgelegt und kommuniziert werden:
Liegt diese Entscheidung im Ermessensspielraum des Teams oder obliegt es allein Ihnen als Führungskraft, hier zu entscheiden?
Wenn es in Ihren Aufgabenbereich fällt, die Entscheidung zu treffen, tun Sie dies zügig. Wählen Sie aus den Optionen diejenige aus, die Ihnen als die (vorläufig) beste erscheint. Machen Sie sich klar, dass eine Entscheidung für etwas auch immer eine Entscheidung gegen etwas ist und dass sie daher nur selten auf ungeteilte Zustimmung stößt. Kommunizieren Sie dies auch gegenüber Ihrem Team

und vermitteln Sie dabei, dass es auch in Ordnung geht, wenn nicht alle Ihrer Meinung sind.
Wenn die Entscheidung durch das Team getroffen werden kann, ist es wichtig, für die notwendige Diskussion Rahmenbedingungen abzustecken:
- Welcher Zeitraum steht dafür zur Verfügung
- Welchen Kriterien muss die gewählte Option *unbedingt* genügen (starke bzw. Muss-Kriterien)? oder welche Kriterien sollte die Option im *optimalen Fall* erfüllen (schwache bzw. Kann-Kriterien)?

Nehmen Sie und Ihr Team auch die Idee zu Hilfe, dass es **nicht um *die*** beste aller Möglichkeiten, **sondern nur um die *vorläufig beste*** Option geht. Morgen bereits kann eine bessere Alternative zur Verfügung stehen. Die wird nur niemand bemerken, wenn alle glauben, bereits die beste Lösung gefunden zu haben! Aus diesem Grund können auch Kompromisse befriedigende Lösungen darstellen, allerdings nur dann, wenn sie sich nicht als „faul" herausstellen, sondern einen „goldenen Mittelweg" aufzeigen. Gute Kompromisse sind solche, mit denen alle Beteiligten leben können.

Anfangs ist diese Form der „Streitkultur" häufig gewöhnungsbedürftig. Ermuntern Sie daher Ihre Mitarbeiter immer wieder dazu, sich gegenseitig (und da sind Sie mit inbegriffen) auch auf die Schwachstellen des gerade praktizierten Denkens und Handelns aufmerksam zu machen. Viele Augen sehen mehr. Viele Perspektiven bringen mehr zum Vorschein. Blinde Flecken werden reduziert und potenzielle Gefahren und Stolpersteine rechtzeitig erkannt.

7.5 Wie können wir als Team gut mit Stress umgehen?

Veränderungsprozesse bringen in der Regel eine Menge Belastungen mit sich. Belastung ist jedoch nicht gleich Belastung. Aus der Stressforschung wissen wir, dass bei Einzelpersonen die jeweilige individuelle Art, mit diesen Belastungen umzugehen – die so genannten „Coping-Strategien –, wesentlich darüber entscheiden, ob und in welchem Ausmaß jemand sich dadurch tatsächlich belastet fühlt.

Ähnliches gilt auch für Teams und Arbeitsgruppen. In derselben schwierigen, von Unwägbarkeiten geprägten Atmosphäre eines Veränderungsprozesses geht das eine Team souverän und relativ gelassen zur Sache, während in einem anderen Team heftige Konflikte die Solidarität und das Vertrauen untereinander untergraben.

Seit etwa den 1970er Jahren begann sich in der Luftfahrt die Einsicht durchzusetzen, dass es neben der technischen auch einer nicht-technischen Ausbildung für das Flugpersonal bedurfte. Unter anderem ergaben Untersuchungen der NASA, dass die Mehrzahl von Unfällen und Beinaheunfällen in der Luftfahrt auf „menschliches Versagen" zurückzuführen sei. Das so genannte „Crew Resource Management" war geboren. Die Crew eines Flugzeugs kann sich nicht viele Fehler erlauben und muss gerade in Krisensituationen hervorragend funktionieren. In den 1990er Jahren wurden die im Crew Resource Management gewonnenen Einsichten auch auf andere Branchen übertragen und beispielsweise in der Rohölförderung, in Kernkraftwerken oder in Intensivstationen angewendet. Jedoch nicht nur in diesen äußert sicherheitssensiblen Bereichen können die Erkenntnisse des Crew Resource Managements auf fruchtbaren Boden fallen. Denn jeder Veränderungsprozess stellt immer auch eine kritische Phase für eine Organisation bzw. ein Unternehmen dar.

Praxisbeispiel: Ein sehr erfolgreiches kleines mittelständisches Unternehmen kaufte ein weiteres hinzu, um die Produktpalette und den Kundenstamm zu erweitern. Die meisten Mitarbeiter arbeiteten schon viele Jahre bei der Firma und die Betriebsatmosphäre war bis dahin regelrecht familiär. Dies veränderte sich mit dem Zukauf schlagartig. Viele Mitarbeiter waren dadurch sehr verunsichert und begannen, die eigene Position im Unternehmen zu schützen. Dies wiederum änderte den Umgang miteinander dramatisch, denn jeder wurde nun als ein potenzieller Konkurrent angesehen. Damit war ein wesentlicher Erfolgsfaktor zunehmend gefährdet. Das Unternehmen hatte zuvor bei den Kunden einen hervorragenden Ruf, da die verschiedenen Kundenbetreuer sich intensiv austauschten und gegenseitig unterstützen, sodass auf Anfragen meist sehr prompt reagiert werden konnte. Da nun aber jeder Betreuer primär auf seine Interessen achtete, wurde ziemlich lange gar nicht wahrgenommen, wie die Unzufriedenheit bei den Kunden anwuchs.

Und so überrascht es nicht, dass sich sowohl bei der Erforschung von Veränderungsprozessen als auch bei der des Crew Resource Managements viele Parallelen ergaben. Beide bestätigten ein Klima von Offenheit und Vertrauen als entscheidenden Erfolgsfaktor. In einem solchen Klima konnten gerade auch die Teamleiter alternative Sichtweisen wahrnehmen und respektieren, umgekehrt mussten die einzelnen Teammitglieder keine Angst davor haben, abweichende Meinungen zu äußern. Besonders in kritischen Zeiten und bei Notfällen braucht es hohe Wachsamkeit, damit Entscheidungen so kompetent wie möglich getroffen werden können.

Im Folgenden möchten wir Ihnen ein zusätzliches spezifisches Teaminstrument an die Hand geben, um den Grad an Belastungen zu minimieren und geeignete Lösungsmöglichkeiten für schwierige Situationen zu identifizieren. Dieses Instrument ist aus dem Ansatz des individuellen Stressmanagements hervorgegangen und geht von der Erkenntnis aus, dass es nur zum Teil die äußeren Faktoren sind, die die tatsächliche Belastung ausmachen. In weit größerem Ausmaß sind innere Faktoren wie Wahrnehmung und Überzeugungen für das Belastungsempfinden verantwortlich.

Infobox:

Stressreaktion

Was geschieht denn eigentlich bei einer Stressreaktion?

- Zunächst braucht es einen Auslöser. Im typischen Fall wäre dies eine äußere Bedrohung. Auch wenn es zunächst banal klingen mag, wichtig ist, dass dieser Auslöser auch wahrgenommen wird!
- Dann folgt die Bewertung der Situation. Diese findet häufig unbewusst statt. In die Bewertung fließen frühere Erfahrungen sowie Überzeugungen, die die eigene Person betreffen, mit ein. Besitze ich die Überzeugung „Ich verfüge über enorme Fähigkeiten", so wird derselbe Auslöser eine viel geringere Bedrohung darstellen als mit einem zugrunde liegenden negativen Bild über mich und meine Fähigkeiten. Zuversicht und Hoffnung spielen hier eine entscheidende Rolle und reduzieren Stress enorm.
- Praktisch zeitgleich mit der Bewertung kommt es auch zu körperlichen und emotionalen Reaktionen, einige davon unbewusst. Das Hormonsystem wird aktiviert, der Blutdruck steigt usw. Parallel dazu tauchen Gefühle auf und werden zuweilen auch unterdrückt. Nehmen wir an, Sie haben gerade eine gefährliche

Situation im Straßenverkehr erlebt, die zum Glück am Ende gut verlief. Während des Ereignisses haben Sie nur reagiert und nichts gefühlt. Erst im Nachhinein bekommen Sie die Angst zu spüren und merken, wie Ihnen die Hände zittern.
- Schließlich führen uns Bewertungen zu einer Handlung, zu Konsequenzen. Unser biologischer Stressmechanismus stellt uns dafür drei Grundtypen zur Verfügung: Angreifen, Fliehen oder sich Tot-Stellen. Entscheidend ist, ob die jeweilige Handlungsoption die Stressquelle auch tatsächlich beseitigen kann.

Aus diesen einzelnen Phasen lässt sich ein vorzügliches Raster für einen moderierten Teamprozess zur Stressanalyse ableiten.

Toolbox:

Stressmanagement im Team

Schritt 1: Wahrnehmung der Belastung und Analyse des Auslösers

Ein erster wichtiger Schritt zur wirksamen Begegnung von Belastungen ist, sie überhaupt erst als solche zu erkennen. Häufig ist gar nicht klar, wodurch genau die Belastung ausgelöst wurde. Hüten Sie sich hier vor vorschnellen Beurteilungen. Der Moderator sorgt in dieser Phase dafür, dass jedes Teammitglied seine Meinung dazu äußert. Er achtet dabei darauf, dass auch scheinbar abwegige Meinungen und Hypothesen erst einmal stehen gelassen werden. Untersuchen Sie gemeinsam mit dem Team, welcher Faktor dazu geführt hat, dass das Team (oder einzelne Teammitglieder) mit Belastungsgefühlen reagiert.
Hilfreiche Fragen sind:
- Auf was genau reagieren wir mit Stressempfinden?
- Was hat sich konkret verändert?
- Wann kam es zu dieser Veränderung des Teamklimas?
- Was war vorher anders?

Falls der Auslöser schon ziemlich klar ist, versucht das Team, ihn so präzise wie möglich zu bestimmen. Wurde beispielsweise die „Forderung nach Preisnachlass von Seiten des Kunden“ als Auslöser identifiziert, kann das Team zunächst sachlich klären, was genau dieser Anspruch bedeutet und um welchen Prozentsatz der Kunde den Preis reduzieren möchte. Darüber hinaus ist es noch viel wichtiger zu eruieren, ab welcher Nachlasshöhe diese Forderung von den Teammitgliedern als belastend erlebt wird.

Schritt 2: Bewertung

Hier sammelt der Moderator die unterschiedlichen Bewertungen der Teammitglieder ein. Was bedeutet der Auslöser für das Team?

Hilfreiche Fragen sind hier:

- Welcher Unterschied existiert zu den Zeiten, in denen wir weniger Belastung spüren?
- Wie bewerten wir / Sie den Auslöser?
- Welche Gedanken kommen Ihnen als Führungskraft dazu?
- Welche Überzeugungen tauchen auf, wie es mit der Situation und den die Belastung auslösenden Faktoren weiter gehen wird?
- Welche Überzeugungen über unsere eigenen Kompetenzen und Schwächen sind damit verbunden?
- Welche Sichtweise haben wir / Sie auf den Auslöser?

Der Moderator achtet an dieser Stelle besonders darauf, eine Vielfalt von Bewertungen und Sichtweisen zu ermöglichen, vor allem den Aspekt betreffend, wie die jeweilige Bewertung den Grad des Belastungsgefühls beeinflusst.

Dazu ein wichtiger Hinweis:

Es geht an dieser Stelle nicht primär darum, das Belastungsgefühl zu verringern, sondern Wege vorzubereiten, der realen Belastung so begegnen zu können, dass das Team weiter sein Ziel verfolgen kann!

Häufig wird hier erst das reale Ausmaß des Auslösers zutreffend erkannt. Gemeinsam mit dem Moderator erarbeitet sich das Team ein differenziertes Bild der Bewertung des Auslösers. Wichtig ist, auch Differenzen zunächst als Differenzen stehen zu lassen. Sieht beispielsweise ein Teammitglied den Auslöser nach wie vor als Bedrohung an, während der Rest des Teams darin kaum mehr Gefahren vermutet, so könnte diesem Teammitglied die Funktion zukommen, in der nächsten Zeit besonders wachsam die weitere Entwicklung zu verfolgen.

Schritt 3: Gefühle und Reaktionen

Hier bearbeitet das Team die emotionale Betroffenheit, d.h. die Form, in der sich die Belastung (= Auslöser plus Bewertung) auf die Zusammenarbeit und die Teamatmosphäre sowie auf das individuelle Wohlbefinden ausgewirkt hat. Gemeinsam mit dem Moderator überlegt das Team Wege und Möglichkeiten, das Wohlbefinden und die gute Kooperation wiederherzustellen, zunächst auch unabhängig vom Auslöser. Im individuellen Stressmanagement entspräche dies einer Entspannungstechnik. Hilfreiche Fragen sind:

- Wie können wir einen guten Abstand zum Problem gewinnen?

- Wie können wir uns gegenseitig unterstützen, zur Ruhe zu kommen, um alle Kräfte zu sammeln, die wir benötigen, um das Problem aus der Welt zu schaffen?
- Welche Form, das Problem zu beschreiben, hilft uns am meisten dabei, es auch kühl und nüchtern betrachten zu können? (siehe auch den letzten Abschnitt im zweiten Kapitel)

Schritt 4: Konsequenzen und Handlungsmöglichkeiten

Zunächst analysiert das Team, was bereits unternommen wurde:
- Welche Maßnahmen haben wir bereits ergriffen?
- In welchem Ausmaß haben diese sich positiv auf das Problem ausgewirkt?
- Wo haben sie keine oder sogar kontraproduktive Wirkungen gezeigt?

Hier sollte das Team so ehrlich wie möglich das eigene Handeln beurteilen, denn Entscheidungen, die während eines starken Belastungsgefühls getroffen wurden, sind meist nicht die umsichtigsten und besten. Erst wenn das Team – gerade mitten im Sturm – wieder etwas zur Ruhe gekommen ist, verfügt es über die Fähigkeit, wirklich gute Entscheidungen zu fällen. Und die Souveränität und Kompetenz eines Teams zeigt sich darin, einmal getroffene Entscheidungen auch korrigieren zu können.

Anschließend erarbeitet das Team weitere Handlungsoptionen. Dabei ist es hilfreich, zwischen dem eigentlichen Auslöser und den Bewertungen zu unterscheiden:
- Was können wir (noch) unternehmen, um den Auslöser zu beseitigen oder zumindest zu neutralisieren?
- Welche Bewertungen und Überzeugungen sollten wir verändern, um besser mit dem Auslöser zurechtzukommen?

Die erste Frage dient als Impuls für ein sachbezogenes Brainstorming. Der Moderator sammelt alle Ideen und Vorschläge, die dann geclustert und bewertet werden können. Die zweite Frage zielt auf die innere Verarbeitung und Bewertung des Auslösers ab. Besonders, wenn Zweifel an der eigenen Kompetenz sowie mangelnde Zuversicht auftauchen, sollte das Team sich mit den Fragen beschäftigen und diese weiter bearbeiten:
- Was löst Gefühle von Hilf- und Hoffnungslosigkeit aus und was brauchen wir, um diese zu verringern?
- Welche Ressourcen besitzen wir, um der Herausforderung gewachsen zu sein?
- Unter welchen Bedingungen wird es uns gelingen, selbst mit diesem Auslöser unsere Ziele zu erreichen?
- Was unterstützt uns darin, wieder mehr Zuversicht zu schöpfen?

7.6 Was tun, wenn sich die Teamstruktur verändert?

In Change Management-Prozessen verändern sich selten nur Tätigkeiten und Arbeitsabläufe alleine. Häufig wandelt sich auch die gesamte Struktur grundlegend. Menschen wechseln ihre Funktion und/oder ihre Stellung, Teams werden neu zusammengestellt, Abteilungen zusammengelegt. Und, was stets eine der größten Befürchtungen vor und während eines Veränderungsprozesses darstellt: Möglicherweise werden Mitarbeiter entlassen.

Rollen und Funktionen werden neu verteilt

Erfolgreiche Transformationsprozesse leben von den beteiligten Menschen, vor allem von den Menschen mit den passenden Fähigkeiten und Einstellungen am richtigen Platz.

Im vierten Kapitel wurde bereits geschildert, welche Kriterien Sie zusätzlich heranziehen können, um die geeigneten Mitarbeiter für die jeweilige Aufgabenstellung zu finden. Oft ist es allerdings auch so, dass Sie gar keinen oder nur einen geringen Einfluss auf die Umverteilung haben. In beiden Fällen müssen Sie jedenfalls noch eines mit bedenken:

Mit der Umverteilung von Rollen und Funktionen ...

... verändern sich fast immer auch Position, Rang und Status der betroffenen Personen.

Und das bringt häufig viele Turbulenzen mit sich. Jeder kennt es: Man kommt in eine neue Gruppe, beruflich oder auch privat. Neben den sachlichen Aspekten (Was ist hier meine Aufgabe, was muss/kann/darf ich tun?) beschäftigt man sich vor allem mit der

Ungewissheit, mit wem man es in dieser Gruppe zu tun haben und wie sich die eigene Position darstellen wird. Gerade in den Anfangszeiten von Gruppenbildungen steht für die meisten Mitglieder die Frage im Vordergrund: Wo ist mein Platz? Erst wenn diese Frage geklärt ist, können sich die Gruppenmitglieder mit voller Konzentration wieder der Sachaufgabe widmen. (Siehe dazu auch Infobox „Phasen der Teamentwicklung", Abschnitt 6.1.)

Jede größere Veränderung kann dieses Gleichgewicht empfindlich stören. Ändert sich eine Position, beeinflusst das meistens auch die anderen Positionen. Die Gruppe tritt wieder in die Phase des Stormings ein, wenn auch in der Regel für kürzere Zeit, zumindest wenn die Gruppenatmosphäre grundsätzlich von gegenseitiger Achtung geprägt war.

Praxisbeispiel: Innerhalb einer Abteilung wurden zwei Arbeitsgruppen, die zuvor jeweils unterschiedliche Großkunden betreuten, zusammengelegt. Die Unternehmensführung erhoffte sich dadurch Synergieeffekte, z.B. für Einsparungen bei Lieferungen usw. Waren es vorher jedoch zwei Gruppenleiter, brauchte es jetzt nur noch einen. Zwar lief die Entscheidung für einen von beiden nach Meinung der Beteiligten/Betroffenen nachvollziehbar und fair ab (klare Kriterien, wie Dauer der Betriebszugehörigkeit, Umsatz, usw., wurden transparent zur Anwendung gebracht), dennoch brach zunächst die Motivation desjenigen Mitarbeiters ein, der auf die Ebene des Sachbearbeiters zurückgestuft wurde. Auch äußerte er seine Unzufriedenheit im Kollegenkreis, was dort für Unruhe sorgte. Erst als für diesen Mitarbeiter eine stabsstellenähnliche Zusatzaufgabe gefunden und definiert wurde – und er auch offiziell in diese Aufgabe eingeführt wurde – zeigte er wieder seine ursprünglich hohe Motivation und sein hohes Engagement.

Toolbox:

Umgang mit veränderter Team- und Aufgabenstruktur

Schritt 1: Schätzen Sie die Auswirkungen der Veränderung auf das Beziehungssystem ab

Erstellen Sie eine Skizze, ein Diagramm, wie Ihre Mitarbeiter vorher aufgestellt waren und wie sie es nach bzw. während der Veränderung sein werden.

Fragen Sie sich:
- Welche Mitarbeiter steigen in der Hierarchie nach oben bzw. erlangen einen höheren offiziellen Status?
- Wie war der bisherige informelle Status dieser Mitarbeiter? Damit ist gemeint, wie groß – unabhängig von ihrer offiziellen Position – ihr Einfluss auf andere war und wie zahlreich sich ihre „Gefolgschaft" gestaltete.
- In welchem Ausmaß gewinnen oder verlieren die Mitarbeiter Einflussmöglichkeiten und Macht?
- Welche Veränderungen gab es schon vorher? Welche Aspekte der Vorgeschichte könnten hier bedeutsam sein?
- Welche Mitarbeiter verlieren an offiziellem Status?
- Wie war der bisherige informelle Status (siehe oben) dieser Mitarbeiter?
- In welchem Ausmaß gewinnen oder verlieren die Mitarbeiter Einflussmöglichkeiten und Macht?
- Wie wirkt sich dies auf die anderen Mitarbeiter aus, bzw. wie könnte sich dies auswirken?
- Welche Probleme und/oder potenziellen Konfliktherde könnten dadurch aufflackern?

Hier beispielhaft eine (überarbeitete) Skizze (Abbildung 7), entstanden während eines Coachinggesprächs mit dem Geschäftsführer eines kleinen mittelständischen Unternehmens. Die sieben Projektleiter A bis G hatten mehr oder weniger das gleiche Aufgabenspektrum abzuleisten, waren jedoch auf unterschiedliche Regionen und Kunden verteilt. In ihren jeweiligen Projekten, für die sie verantwortlich waren, arbeiteten sie sowohl mit festen als auch mit externen Mitarbeitern. Durch die sich ständig ändernde Auslastung war es gang und gäbe, dass auch die festen Mitarbeiter nicht nur unter ihrer eigentlichen Führungskraft arbeiteten, sondern auch bei Bedarf anderen Projektleitern und deren Projekten zugewiesen wurden. Die Folge waren häufige Abstimmungsprobleme und „Gerangel" um ausreichend Ressourcen, zu deren Lösung der Geschäftsführer herangezogen wurde. Verschärfend kam hinzu, dass C als ein „alter Hase" zugleich inoffizieller Gruppenführer war. Er stellte vor einigen Jahren A, B und D ein. Dadurch waren sie in gewissem Sinn seine Zöglinge, auch wenn sie offiziell seit gut zwei Jahren mit ihm gleichgestellt waren. Seine Rolle als inoffizieller Gruppenführer wurde zusätzlich dadurch gestärkt, dass seine Projekte meist sehr hohen Umsatz erbrachten. Projektleiter E wurde vor gut fünf Jahren als exzellenter Experte und erfahrener Projektmanager eingestellt. Er konnte das in ihn gesetzte Vertrauen bestätigen und erzielte bald ebenfalls hohe Umsätze. Das Kompetenzgerangel führte jedoch zunehmend zu Problemen. Häufig zog Projektleiter C von A, B und D ohne deren Rücksprache ab, wodurch auch E, F und G betroffen waren, da sie nicht die ihnen zugesagten Mitarbeiter erhielten. Hinter vorgehaltener Hand äußerten A, B und D öfters ihren Unmut über das in ihren Augen selbstherrliche Verhalten von C, wagten es aber nicht, sich offen gegen ihn aufzulehnen. Wer wo bei wem arbeitete, wurde immer inoffiziell von Projektleiter C entschieden. Der Geschäftsführer entschloss sich daher, die Hierarchieebene eines Abteilungsleiters als offiziellen Hauptverantwortlichen einzuführen. Er wählte für diese Rolle Projektleiter E wegen dessen fachlicher Brillanz sowie sozialer Kompetenz.

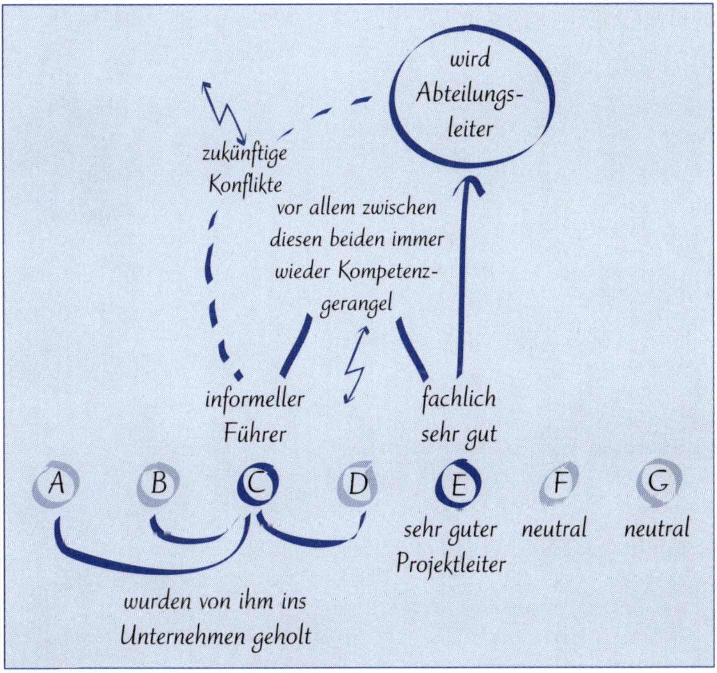

Abb. 7: Skizze aus einem Coachinggespräch

Tragen Sie Ihre Ergebnisse in ein Vor- und Nachteilschema ein:

- Wer hat welche Vorteile, wer welche Nachteile von der Veränderung?
- Wer ist insgesamt eher „Gewinner“, wer eher „Verlierer“ der Veränderung?
- Was könnte besonders kritisch sein?

	Vor-/Nachteile	Gewinner/ Verlierer	Kritische Aspekte
C	Sein Einfluss auf A, B und D wird schwinden und er hat es nun mit einem Vorgesetzten zu tun, der vorher mit ihm auf einer Ebene stand.	Ist wahrscheinlich der große Verlierer der Veränderung	Kritisch: großes Konfliktpotenzial C mit E. Wohl eher im Inoffiziellen; negative Auswirkungen auf seine Stimmung
E	Kann ab nun Aufteilung der Mitarbeiter steuern und entscheiden	Der große Gewinner	
A, B und D	Fühlen sich wahrscheinlich befreit, da Entscheidungsprozesse nun transparent	Eher Gewinner	
F und G	keine evidenten Nachteile, aber auch keine klaren Vorteile	Zunächst neutral	Vorsicht: noch nicht klar, wie sie mit E's neuer Rolle umgehen, könnten es als Statusverlust deuten

Abb. 8: Vor- und Nachteilschema

Schritt 2: Argumente und Ausgleichsmöglichkeiten sammeln

Sammeln Sie nun Ideen und Möglichkeiten, wie die Statusverluste der „Verlierer" ausgeglichen werden können. Je nach Eigenart und Interessenslage der Mitarbeiter können für diesen Ausgleich sehr unterschiedliche Aspekte bedeutsam sein. So sind für manche Mitarbeiter Titel und offizielle Bezeichnungen sehr wichtig. Andere verlangen weit mehr nach der persönlichen und informellen Anerkennung. Wieder anderen geht es vorrangig um Faktoren wie Geld und faktische Macht.

Je nach spezifischer Situation kann einmal dieser Ausgleich recht leicht geschaffen werden, ein andermal scheint kaum ein Weg dahin zu führen.

Sammeln Sie nun Argumente für die Veränderung, speziell soweit es die „Verlierer" betrifft.

- Welche (auch langfristigen) Vorteile könnten dennoch mit der neuen Funktion verbunden sein?

– Welche Gründe könnten die betroffenen Mitarbeiter haben, sich auch weiterhin mit dem Unternehmen zu identifizieren und ihm gegenüber loyal zu bleiben?

Schritt 3: Auswirkungen der Veränderung mit den Betroffenen kommunizieren

Nun geht es darum, mit den Betroffenen, vor allem mit den „Verlierern" der Veränderung, zu reden. Besprechen Sie in einem Vier-Augen-Gesprächen die Auswirkungen der Veränderung. Besonders bei kritischen und nur schwer zu vermittelnden Veränderungen richten Sie sich besser auf eine ganze Reihe von Gesprächen ein.

Hier noch einige nützliche Hinweise für diese Gespräche:

– Je früher Sie damit beginnen, desto besser!
– Zeigen Sie Verständnis für negative Emotionen und räumen Sie diesen auch Platz ein.
– Diskutieren Sie die vorhandenen Möglichkeiten, den Verlust auszugleichen.
– Führen Sie auch die Argumente für die Veränderung an, benutzen Sie dafür die „Ja-Aber- Strategie" (siehe Abschnitt 6.2)

Lassen Sie auch im weiteren Verlauf die „Verlierer" keinesfalls links liegen! Suchen Sie immer wieder einmal zwischendurch kurzen informellen Kontakt und zeigen Sie den Betroffenen dadurch, dass Sie sie wahrnehmen und weiterhin an Ihnen interessiert sind.

Zusätzlich können in dieser Phase auch Teamworkshops sehr nützlich und notwendig sein. Dazu mehr im nächsten Kapitel.

(Projekt)Teams werden neu zusammengestellt

Wenn eine Gruppe oder ein Team sich nicht nur in der Aufgabenverteilung sondern auch in der personellen Besetzung ändert, kommen einige der Aspekte, die wir im vorigen Abschnitt angesprochen haben, noch viel stärker zum Tragen. Die Storming-Phase kann nicht übergangen werden. Nahezu sämtliche Karten werden neu gemischt. Nicht nur haben die Teammitglieder ein neues Blatt in den Händen, sie haben es zusätzlich mit anderen, neuen Mitspielern zu tun. Dies erhöht zunächst den Unsicherheitsfaktor. Ihre Mitarbeiter werden sich fragen:

- Mit wem habe ich es zu tun?
- Nach welchen Regeln wird nun das Spiel gespielt?

- Wie viele „alte Verbündete" habe ich um mich?
- Wie viel Anerkennung erfahre ich in dieser neuen Situation? Usw.

Sorgen Sie als Führungskraft in dieser Situation zuallererst für klare Rahmenbedingungen, sodass von dieser Seite aus genügend Orientierung gegeben ist.

Machen Sie sich klar, dass der Teamfindungsprozess eine gewisse Zeit braucht. Erwarten Sie nicht gleich von Beginn an Höchstleistungen.

Zeigen Sie in dieser Phase so viel Präsenz, wie es Ihnen möglich ist. Gerade jetzt werden Sie als „Fels in der Storming-Brandung" benötigt! Bei aller Flexibilität, derer es dann später bedarf, schaffen Sie mit einer klaren Linie und souveränem Auftreten die Orientierung, über die Ihre Mitarbeiter im Moment noch nicht verfügen. Machen Sie die Teambildung zu einer gemeinsamen Aufgabe

und finden Sie besonders in dieser Phase ausreichend Termine für Teammeetings. Gerade zu Beginn kommt es sehr auf den persönlichen Kontakt an. In der Anfangszeit besteht auch bei vielen Beteiligten große Unsicherheit darüber, nach welchen Regeln und Werten vorgegangen wird. Das Team verfügt in gewisser Weise noch nicht über eine Geschichte und gemeinsame tradierte Umgangsformen, auf die es zurückgreifen könnte. Münzen Sie diesen scheinbaren Nachteil in einen Vorteil um. In keiner Phase ist es mehr so leicht wie jetzt, Rahmenbedingungen und Regelwerke einzurichten. Alle befinden sich auf der Suche nach Orientierung und werden deswegen kaum oder nur wenig Widerstand gegenüber Ihren Vorgaben leisten. Mit anderen Worten:

Füllen Sie dieses „Regel-Vakuum".

Benutzen Sie von Anfang an die Teammeetings und Workshops auch dazu, eine konstruktive Feedbackkultur zu etablieren! Dadurch erhöhen Sie die Sicherheit im Team, was die Teamfindung erheblich erleichtert und beschleunigt.

Im nächsten Kapitel finden Sie konkrete Hinweise, wie Sie so einen Workshop durchführen können. Generell gilt: Sorgen Sie einerseits für klare Führung und Struktur und geben Sie andererseits Diskussionen ausreichend Platz. Das Team befindet sich jetzt in einer Art sensiblen Phase, einer Prägephase. Machen Sie sich klar, worauf Sie bezüglich der (zukünftigen) Zusammenarbeit besonderen Wert legen. Liegt Ihnen beispielsweise sehr am Herzen, dass Ihre Mitarbeiter sich trauen, Ihnen zu widersprechen, sollten Sie jetzt besonders darauf achten, jede kritische Äußerung positiv aufzugreifen und zu kommentieren. Auf Dauer setzt sich das Verhalten durch, das „belohnt" wird. Erfährt ein an sich erwünschtes Verhalten keine oder nur kaum Belohnung, wird der betreffende Mitarbeiter es immer seltener zeigen und möglicherweise frustriert oder resigniert reagieren. Bedenken Sie:

Was Sie in dieser Phase versäumen, ...

... etwa erwünschte Kommunikationsweisen und Regeln einzuführen, lässt sich später nur mit sehr viel Aufwand und Mühe nachholen! Zeigen Sie in diesen Punkten von Anfang an Flagge!

Seien Sie hier sehr konsequent und stringent, auch auf die Gefahr hin, dass Sie dabei von Ihren Mitarbeitern als rigide oder streng angesehen werden. Zeigen Sie sich jedoch gleichzeitig darin flexibel, *wie* die von Ihnen vorgegebenen Handlungsspielräume gemeinsam von Ihnen und Ihren Mitarbeitern gefüllt werden.

Personelle Veränderungen bringen es zum einen mit sich, sich mit neuen Menschen vertraut zu machen und sie kennen zu lernen. Auf der anderen Seite heißt es häufig jedoch auch, Abschied von Menschen zu nehmen, mit denen man über einen mehr oder weniger langen Zeitraum zusammengearbeitet hat. Dieser Abschied ist dann kein Problem, wenn die Beziehung zu den ehemaligen Kollegen eher schlecht war, zuweilen macht sich diesbezüglich sogar Erleichterung breit. Anders gestaltet sich dies jedoch, wenn es sich um wirklich gute Arbeitsbeziehungen gehandelt hat. In diesem Fall gibt es etwas zu betrauern (auch wenn möglicherweise keiner der Beteiligten dies offiziell so sagen wagt und sich explizit dazu äußern würde)! Wird diese Trauer – auch wenn sie nur unterschwellig in Erscheinung tritt – ignoriert, so besteht die Gefahr, dass sie die Beteiligten daran hindert, nach vorne zu schauen und sich auf den Veränderungsprozess einzulassen. Weitere konkrete Hinweise zum Umgang mit Abschied finden sie im übernächsten Abschnitt.

Abteilungen werden zusammengelegt

Wenn Sie mit der Zusammenlegung und Integration zweier oder mehr Abteilungen betraut werden, wartet eine anspruchsvolle Aufgabe auf Sie. Sie sind dann wesentlich daran beteiligt, ein neues Gebilde zu formen, von dessen Form und Gestalt auch ein Großteil des zukünftigen Erfolgs abhängt.

Der erschreckend hohe Anteil an misslungenen Fusionen auf der Makroebene ganzer Unternehmen zeigt, wie delikat und heikel diese Aufgabe ist. Jede der ursprünglichen Abteilungen bringt ihre eigene Vorgehensweise, ihre eigenen Aufgaben, ihre eigene Zielausrichtung usw. mit ein.

Was es daher als Allererstes braucht, ...

... ist eine verbindende Klammer: eine übergreifende Vision.

Um diese Vision im Detail zu entwickeln, verweisen wir Sie auf die Abschnitte über Zielklarheit und Zielbalance im dritten Kapitel. Hier einige zusätzliche Anmerkungen:

- Meist ist die unternehmensweite Vision für Ihr Anliegen zu global formuliert. Sie müssen daher die Unternehmensvision auf die Abteilungsebene hinunterbrechen.
- Sorgen Sie dafür, dass Sie sich mit dieser Vision so weit wie möglich identifizieren können.
- Fassen Sie die Abteilungsvision in einige wenige zentrale Aussagen zusammen. Neben der inhaltlichen Orientierung hat eine Vision auch eine emotionale Funktion: die Mitarbeiter zu „ergreifen“ und „mitzunehmen“. Und dies gelingt nur, wenn sie auch klar und knapp formuliert ist.

- Sprechen Sie die Vision bei jeder möglichen und unmöglichen Gelegenheit an. Sie kann nicht oft genug erwähnt werden. Dadurch sorgen Sie dafür, dass alle Arbeitsbereiche von der Vision gewissermaßen „durchtränkt" werden und die Vision stets präsent bleibt.

Selbst wenn es sich um die Integration zweier Abteilungen aus demselben Unternehmen und derselben Niederlassung handelt: Sie hat immer auch etwas mit **interkultureller Kommunikation** zu tun. Nicht jedem ist bewusst, dass die kulturellen Unterschiede zwischen verschiedenen Unternehmen zuweilen größer sein können als die zwischen zwei Nationen. Denken Sie beispielsweise an eine Führungskraft, die es in ihrer früheren Firma gewöhnt war, gänzlich selbstständig zu arbeiten und die es nun im neuen Unternehmen mit strikt hierarchisch strukturierten Entscheidungsabläufen zu tun hat – oder umgekehrt. Diese Führungskraft muss sich gewaltig umstellen, denn in der neuen Firma weht „ein ganz anderer Wind", selbst wenn das alte und das neu Unternehmen in derselben Stadt angesiedelt sind. Sobald Menschen zusammenarbeiten, bildet sich in kürzester Zeit eine Art Wir-Gefühl, das sich gegenüber der Außenwelt abgrenzt: Wir und ihr, wir und die anderen. Daher können auch zwei Abteilungen völlig unterschiedliche Gepflogenheiten und Traditionen aufweisen.

Gerade in der Anfangsphase sind häufige Gespräche und reger Austausch äußerst hilfreich. Diskutieren Sie mit der sich neu bildenden Abteilung die jeweiligen Vorzüge der unterschiedlichen Auffassungen und Sichtweisen.

Toolbox:

Unterschiedliche Abteilungen zusammenführen

Folgendes Raster, das beispielsweise im Rahmen eines Workshops verwendet werden kann, ermöglicht einen konstruktiven Austausch. Dabei werden unterschiedliche Ebenen in den Blick genommen.

Umgebung / Umfeld:

- Mit welchen äußeren Gegebenheiten hatte die jeweilige ursprüngliche Abteilung zu tun? In welchen Räumlichkeiten wurde gearbeitet? Welche Kontakte zu externen und internen Schnittstellenpartnern (wie zum Beispiel Kunden) existierten?

- Wie sieht das neue Umfeld aus? Welche Räumlichkeiten, welche Kontakte gibt es? Was bleibt (für welche Abteilung) gleich, was hat sich verändert? Welche Kontakte sollten auf alle Fälle weiter bestehen bleiben?

Verhalten und Fähigkeiten:

- Wie sind/waren die jeweiligen Tätigkeitsbereiche beschrieben? Welche Abläufe waren formell wie definiert, wie wurden sie informell praktiziert? Besonders wichtig sind hier die Wege, zu Entscheidungen zu kommen, sowie Informationsfluss und Kommunikationswege.
- Auf welche Ressourcen konnte die jeweilige Abteilung zurückgreifen?
- Welche besonderen Vorzüge wiesen die jeweiligen Ablaufstrukturen und konkreten Vorgehensweisen auf?
- Wie könnten diese Vorzüge in die neue Struktur integriert werden?

Mentale Modelle und Überzeugungen:

- Welche Überzeugungen prägten die jeweilige Abteilung (beispielsweise „Ohne uns läuft gar nichts", „Arbeit muss auch Spaß machen", „Erst die Arbeit, dann das Vergnügen", „Arbeit könnte soviel Spaß machen, wenn nicht die Kunden wären", „Wir sind ja nur die Dienstleister für die anderen", „Wer abends lange arbeitet, ist besonders wichtig" usw.)? Was wird etwa unter „guter Arbeit" verstanden und welche Überzeugungen sind damit verknüpft?
- An diesem Punkt können Sie auch die Bilder der jeweils anderen Abteilung abfragen und miteinander vergleichen: Welche Annahmen besitzt die andere Abteilungen über die Überzeugungen der betreffenden Abteilung?
- Fördern Sie als Führungskraft auch ein offenes Klima, in dem es möglich ist, auch einschränkende und problematische Überzeugungen anzusprechen und aufzudecken, etwa indem Sie einen humoristischen Wettbewerb ins Leben rufen, welche der ursprünglichen Abteilungen die problematischsten Überzeugungen aufweist.
- Ermöglichen Sie gleichzeitig auch ein differenziertes Bild. Ziemlich sicher hat nicht jedes Mitglied der ursprünglichen Abteilungen die gleichen Ansichten. Je größer das Spektrum der unterschiedlichen Meinungen ist, desto mehr Überschneidungsflächen ergeben sich zwischen den Abteilungen. Durch dieses Vorgehen können Sie auch der Gefahr vorbeugen, dass die alten Abteilungsgrenzen zementiert werden.
- Erarbeiten Sie, welche Überzeugungen von beiden ursprünglichen Abteilungen geteilt werden können. Würdigen Sie auch die Unterschiede. Gelungene Integration bedeutet meist eine Erweiterung der Sichtweisen, nicht eine Reduktion auf eine einzige allein. So hat uns die Natur nicht nur deshalb mit zwei Augen ausgestattet, um eines als Reserve zu haben. Wenn Sie ein Auge

bedecken, werden Sie bemerken, dass Sie Ihre Umgebung eher flach und zweidimensional wahrnehmen. Umgekehrt gilt: Erst die Kombination von zwei Sehfeldern – zwei Sichtweisen – eröffnet eine neue Dimension, die räumliche dreidimensionale Tiefe!

Werte: Sie stellen die wesentlichen Beweggründe unseres Verhaltens dar. Oft wirken sie im Hinter- oder Untergrund. Veränderungen, die nicht mit dem Wertesystem übereinstimmen, sind selten erfolgreich.

- Lassen Sie jede der ursprünglichen Abteilungen eine Auflistung der gelebten (und erstrebten) Werte anfertigen und in eine Reihenfolge bringen. Was ist uns wichtig? Warum tun wir, was wir tun? Welche Beweggründe treiben uns an?
- Bitten Sie jede ursprüngliche Abteilung, zusätzlich darzustellen, anhand welcher konkreten Kriterien (etwa durch den Verzicht auf Arbeitszeiterfassung als Ausdruck von Vertrauen) die Werte festgestellt werden bzw. wurden (siehe dazu das dritte Kapitel).
- Erörtern Sie mit Ihren Mitarbeitern, welche Werte in der neu strukturierten Abteilung bereits jetzt schon übereinstimmen. Schärfen sie dabei besonders das Bewusstsein, dass zahlreiche Wege zur Realisierung von Werten führen.

Im Gegensatz zu den Überzeugungen verlangt die Ebene der Werte nach Gemeinsamkeiten. Alle zentralen Werte sollten von allen Beteiligten geteilt werden. Daher ist es sinnvoll und wichtig, dass Sie diesem Prozess ausreichend Zeit einräumen.

Identität und Selbstverständnis: Hier geht es um die jeweilige Corporate Identity der ursprünglichen Abteilungen.

- Jede der ursprünglichen Abteilungen beantwortet die Frage „Wer sind wir?" (bzw. „Wer waren wir?") und/oder „Als was/wen verstehen wir uns?". Geben Sie jeder ursprünglichen Abteilung auch die Aufgabe, dieses Selbstverständnis in Form eines Symbols oder Logos auszudrücken.
- Diskutieren Sie Unterschiede und Gemeinsamkeiten der (Abteilungs)Identitäten.
- Lassen Sie die Gesamtgruppe daran arbeiten, ein gemeinsames Logo oder Symbol zu entwickeln, das die Eigenheiten und besonderen Qualitäten der ursprünglichen corporate identity aufgreift und in die neue integriert.

Diskutieren Sie auch mit Ihren Mitarbeitern, welche Gemeinsamkeiten weiterentwickelt werden, aber auch, welche Unterschiede gepflegt und aufrechterhalten werden sollen. Integration muss nicht Gleichmacherei bedeuten, genauso wie Harmonie nicht mit Monotonie zu verwechseln ist. Die Fusion von Daimler und Benz erfolgte vor acht Jahrzehnten, ein Beispiel für eine sehr gelungene Integration. Dennoch sind die ursprünglichen Identitäten noch wahrnehmbar. So fährt man in Mannheim einen „Benz", während dasselbe Fahrzeug in Stuttgart als „Daimler" bezeichnet wird.

Häufig sind die beiden Gruppen bzw. Abteilungen in ihrem Einfluss und Wirkungsgrad nicht gleichwertig, etwa wenn ein Unternehmen durch ein anderes gekauft wird. Eine Abteilung dominiert – quasi als „Leitkultur" – die andere. Verhindern Sie daher, dass unter- oder überschwellige Ressentiments den Veränderungsprozess allzu sehr blockieren. Ein probates Mittel dazu ist, die nicht dominante Gruppe bei zahlreichen Gelegenheiten zu erwähnen und bei dieser Gelegenheit zu würdigen, welche ihrer Errungenschaften/Qualitäten besonders wertvoll für die neue Ausrichtung ist.

Hinweis zur Integration neuer Mitarbeiter:

Auch für Sie hat sich einiges verändert und Sie mussten wahrscheinlich von vertrauten Mitarbeitern Abschied nehmen und sich auf neue einstellen. Möglicherweise bemerken Sie bei Ihren alten und bekannten Mitarbeitern die Tendenz, zusammenzustecken, fast so, als wollten sie sich gegenseitig Halt geben. Hüten Sie sich jedoch davor, es ihnen gleich zu tun. Menschlich ist es sehr verständlich, wenn Sie lieber mit Ihren vertrauten Mitarbeitern kommunizieren als mit denen, die Sie noch nicht so gut kennen. Sie würden dadurch jedoch ein völlig falsches Signal senden. Gehen Sie lieber bei der Integration voran und ganz bewusst auf die neuen Mitarbeiter zu.

Sie werden mit einer neuen Aufgabe/Abteilung betraut und sind der/die „Neue"

In diesem Fall sind Sie selbst für Ihre neuen Mitarbeiter die buchstäbliche Verkörperung des Veränderungsprozesses. Nun liegt es an Ihnen, eine stimmige Balance zwischen Altem und Neuem zu finden: Würdigen und Eingehen auf das „Alte" bei gleichzeitigem couragierten und engagierten Einsetzen für das „Neue".

Kennen lernen und Würdigen des Altbewährten

Bei neuen Regierungen ist es üblich, ihnen eine Frist von 100 Tagen zu gewähren, bevor über ihr Wirken geurteilt wird. Beanspruchen Sie für sich selbst ebenfalls eine bestimmte Frist (die nicht 100 Tage andauern muss), innerhalb derer ein Großteil Ihrer Aktivität sich darauf konzentriert, die neuen Menschen, Tätigkeiten und Aufgabenfelder genau kennen zu lernen. Stellen Sie in dieser Zeit viele Fragen und hören Sie gut zu. Nehmen Sie in diesem Zeitraum mit jedem ihrer neuen Mitarbeiter Kontakt auf. Verschaffen Sie sich auf diese Art und Weise ein möglichst umfassendes Bild von der Situation sowie der Befindlichkeit und Motivation Ihrer neuen Mitarbeiter. Dies versetzt Sie in die Lage, effektive Wege zu finden und zu beschreiten, um Ihren neuen Mitarbeitern Ihre Ziele und Pläne nahe zubringen und sie dafür zu gewinnen. Auch können Sie so mögliche Widerstände ausfindig machen und besser nachvollziehen, was es Ihnen erleichtert, sie aufzulösen.

Klare Vorgaben

Parallel zu dem eher abtastenden und wahrnehmenden Eingehen auf das „Alte" und Vorhandene sollten Sie auch von Beginn an klare Marken und Zeichen setzen. Informieren Sie Ihre neuen Mitarbeiter so frühzeitig wie möglich von Ihren Plänen und Vorhaben.

Machen Sie durch Ihre Worte und noch mehr durch Ihre Taten deutlich, was sich ändern wird bzw. worauf Sie absoluten Wert legen, wie etwa auf eine bestimmte Feedbackkultur. Zeigen Sie sich hier im Zweifelsfall eher konsequent und unbeugsam. Erinnern Sie sich daran, dass jede Verunsicherung, die durch eine Veränderung und einen Wechsel hervorgerufen wird, auch mit einer Suche nach (neuer) Orientierung einhergeht. Verzichten Sie in diesem Zeitraum darauf, klare Vorgaben zu machen, werden sich Ihre neuen Mitarbeiter eher wieder dem Alten zuwenden und dort Halt und Sicherheit suchen. Und damit hätten Sie eine große Chance ungenutzt verstreichen lassen. Bei allem Widerstand gegenüber der Veränderung, keine andere Phase eignet sich so sehr dafür, um neue Verhaltensweisen und auch Haltungen einzuprägen. Teilen Sie daher Ihren neuen Mitarbeitern so klar wie möglich mit, was Sie sich von ihnen erwarten und wünschen.

Tipp:

Seien Sie vorsichtig mit allzu konkreten Vorgaben und rigiden Zielen. Geben Sie Ihren Mitarbeitern stattdessen ausreichend Gestaltungsspielraum, wie sie Ihnen auf dem anvisierten Weg folgen können. Denn Ihre eigentliche Aufgabe besteht darin, Ihre Mitarbeiter für diese Ziele zu motivieren. Dann sind es nicht Sie, der sie dazu antreibt, sie selbst streben in diese Richtung, die sie zuvor mitgestaltet haben. Alles andere ist auf Dauer äußerst mühsam und von nur geringem Erfolg gekrönt.

Mitarbeiter müssen entlassen werden

Das ist einer der schwierigsten Aspekte bei Veränderungsprozessen und auch einer der traurigsten. Mit jedem Veränderungsprozess wird immer auch eine Verbesserung angestrebt. Doch nicht für alle Betroffenen verbessert sich auch tatsächlich etwas. Für manche kann ein Veränderungsprozess zu gravierenden Verschlechterungen führen, wie etwa, wenn es im Zuge des Wandels zu Entlassungen kommt. Und da hilft Beschönigen am allerwenigsten.

Auch wenn es schwer fällt: Verleugnen Sie nicht die Tatsache, dass es bei einem Veränderungsprozess auch Verlierer geben kann. Nur auf dieser Grundlage können gegenseitiger Respekt und Achtung aufrechterhalten werden. Versetzen Sie sich in die Lage eines Mitarbeiters, der entlassen wird und dessen Vorgesetzter die realen Nachteile und Probleme, die damit verknüpft sind, herunterspielt oder sogar gänzlich leugnet. Höchstwahrscheinlich wird bei Ihnen der Eindruck entstehen, dass Sie Ihrem Vorgesetzten völlig egal sind. Diese vermutete Ignoranz verletzt aber ein menschliches Grundbedürfnis – nämlich wahrgenommen zu werden –und kann daher vom Betroffenen als sehr kränkend empfunden werden.

Sich der Problematik zu stellen, ist daher, so kurios es im ersten Moment auch klingen mag, ein Ausdruck von Wertschätzung und

Respekt. Denken Sie daran: Der Mitarbeiter, der entlassen wird, befindet sich in der schlechteren Position. Möglicherweise interpretiert er die Entlassung als persönliches Versagen. Sein Selbstwertgefühl ist angekratzt. Schlagen Sie daher nicht noch weiter in diese Kerbe, indem Sie ihm Desinteresse an seinem Schicksal signalisieren.

Für keinen der Beteiligten stellen Entlassungen eine angenehme Erfahrung dar. Selten gibt es hier eine alle zufrieden stellende Lösung. Folgende Hinweise dienen daher eher dazu, Ihnen und auch Ihren Mitarbeitern die Situation etwas zu erleichtern.

Worauf man im Vorfeld von Entlassungen achten sollte

Übernehmen Sie Verantwortung. Schließlich sind Sie der Manager, der die Entlassung verkündet. Sie tun sich und dem betreffenden Mitarbeiter keinen Gefallen, wenn Sie die Verantwortung einfach auf die oberen Ebenen abschieben und sich als bloßen Mitläufer und Erfüllungsgehilfen deklarieren. Denn alleine dadurch, dass Sie das Unternehmen nicht verlassen haben, haben Sie sich zu einem gewissen Teil mit den Maßnahmen identifiziert. Egal ob Sie diese Rolle ablehnen, für den Mitarbeiter repräsentieren Sie das Unternehmen, also stehen Sie zu der Entscheidung, auch wenn es unangenehm ist. Bedenken Sie dabei: Für Ihren Mitarbeiter dürfte die Situation noch weit unangenehmer sein!

Geben Sie dem Mitarbeiter Raum, auch seinen Unmut, seine Enttäuschung, seine Ängste zu äußern. Er hat Grund zu diesen Gefühlen; an seiner Stelle hätten Sie mit ziemlicher Sicherheit ähnliche.

Lassen Sie es jedoch nicht zu, dass Ihr Mitarbeiter Sie persönlich attackiert. Ziehen Sie in diesem Fall eine klare Grenze.

Halten Sie Ihre Mitarbeiter nicht länger als unbedingt notwendig im Ungewissen.

Wohl kaum ein anderer Faktor verunsichert Mitarbeiter so sehr wie die Ungewissheit, ob sie noch weiter beschäftigt werden. Und dies hat gravierende Auswirkungen zur Folge:

- Die Sorgen um die Existenz wirken sich drastisch auf die Arbeitsleistung aus.

- Innere Kündigung. Solange ein Mitarbeiter sich dem Unternehmen zugehörig fühlt, verhält er sich ihm gegenüber auch loyal. Diese Loyalität wird jedoch aufgekündigt, wenn der Mitarbeiter sich vom Unternehmen im Stich gelassen fühlt.
- Gerade bei den besten Mitarbeitern besteht die Gefahr, dass sie frühzeitig das Unternehmen verlassen, da sie auf dem Arbeitsmarkt bessere Chancen haben und schneller eine Alternative finden als weniger gefragte Kollegen. So kann die paradoxe Situation eintreten, dass ein Veränderungsprozess, der eigentlich die Performance steigern sollte, das Gegenteil bewirkt, da nämlich wichtige Fähigkeiten und Ressourcen mit den tüchtigsten Mitarbeitern abgewandert sind.

Reden Sie Klartext und suchen Sie nicht in nebulösen Allgemeinaussagen Zuflucht. Begründen Sie so konkret wie möglich, weshalb das Unternehmen Stellen abbauen muss. Dadurch eröffnen Sie Ihrem Mitarbeiter die Chance, die Entlassung nicht (zu sehr) auf sich selbst zu beziehen, sondern sachliche Notwendigkeiten dafür zu akzeptieren.

Hüten Sie sich daher vor allzu optimistischen Aussagen und versprechen Sie nur, was Sie wirklich einhalten können.

Achten Sie gerade in dieser angespannten Atmosphäre auf fairen Umgang miteinander. Lassen Sie sich auch nicht durch emotional geprägte Provokationen Ihres enttäuschten Mitarbeiters zu vorschnellen und ungerechtfertigten Handlungen hinreißen.

Was nach Entlassungen wichtig ist zu beachten

Sorgen Sie dafür, dass kein Mitarbeiter „spurlos verschwindet“. Gestalten Sie den Abschied auch zu einem offiziellen Akt der Wertschätzung. Wenn Sie ehemalige oder scheidende Mitarbeiter wie Luft behandeln oder tot schweigen, werden die verbleibenden Kollegen zu der Auffassung gelangen, dass auch sie für das Unternehmen nicht wirklich wichtig sind und wertgeschätzt werden. Eben aus diesem Grund ist ein fairer Umgang mit entlassenen und verbliebenen Mitarbeitern wichtig. Wenn es Ihnen gelingt, auch in diesen schwierigen Zeiten fair zu handeln, so können sich Ihre Mitarbeiter mit Recht auch zukünftig faires Verhalten von Ihnen erwarten. Fehlt es Ihnen hingegen an Fairness, geht das Vertrauen der Mitarbeiter in Sie verloren. Wie sollte faires Verhalten eines Unternehmens in einer solchen Situation aussehen? Wie könnten Sie persönlich mit den Mitarbeitern entsprechend fair umgehen?

Sprechen Sie, wann immer die Vergangenheit zur Sprache kommt, gut von ihr, speziell dann, wenn es um ehemalige Mitarbeiter geht.

Sprechen Sie auch die positiven Seiten und Qualitäten der Vergangenheit an sowie die Werte, die damit verknüpft waren.

Äußern Sie Ihren Wunsch und Ihre Zuversicht, dass diese Qualitäten und Werte auch die neuen Arbeitsbeziehungen prägen sollen und werden.

Geben Sie auch Raum für die Gefühle der verbleibenden Mitarbeiter, wie zum Beispiel Trauer und Angst.

Praxisbeispiel: In einem großen Unternehmen wurde eine umfangreiche Umstrukturierung vorgenommen, in deren Folge ein nicht unerheblicher Prozentsatz der Mitarbeiter entlassen wurde. Die obere Führungsebene gab nun an die verbliebene Belegschaft sozusagen als „frohe Botschaft" die Devise aus: „Freut Euch, dass ihr davongekommen seid!". Dies blieb jedoch in den Kreisen der Mitarbeiter ohne Wirkung, im Gegenteil, das Misstrauen gegenüber den Entscheidungsträgern wuchs enorm an. Jeder versuchte, seine Position abzusichern, um für die nächste Entlassungswelle, mit der jeder insgeheim rechnete, gewappnet zu sein. War die Kultur vorher durch Kooperation und gegenseitige Unterstützung geprägt, wich diese nun einer Art „Dschungelkampfphilosophie" – jeder muss selber schauen, wo er bleibt. Dadurch sank die Leistungsfähigkeit der gesamten Organisation, weshalb sich das Topmanagement bald darauf gezwungen sah, eine weitere Entlassungswelle in Gang zu setzen (wodurch natürlich die Befürchtungen der Mitarbeiter bestätigt und die Glaubwürdigkeit in die Aussagen der Führungsebene weiter beschädigt wurden).

Und mit das Wichtigste: Verlieren Sie bei alldem nicht diejenigen, die bleiben, aus den Augen. In der Regel geht auch bei den Verbliebenen der ganze Vorgang nicht spurlos vorüber. Möglicherweise haben sich deren Ängste sogar weiter verstärkt: „Jetzt ist es tatsächlich passiert und Leute wurden entlassen. Bestimmt werde ich der Nächste sein."

Praxisbeispiel: Ein Abteilungsleiter, der noch etwa drei Jahre bis zu seiner Pensionierung vor sich hatte, verlor innerhalb kurzer Zeit fast sämtliche Motivation und Leistungsbereitschaft. Ursache hierfür war, dass seine Lebensgefährtin, die in einer anderen Abteilung arbeitete, infolge von Sparmaßnahmen entlassen wurde. Er fühlte sich vom Unternehmen verraten und im Stich gelassen. Erst als dies bei seinen Kollegen und Mitarbeitern die Runde machte, erfuhr auch sein direkter Vorgesetzter davon, der ihn daraufhin zur Rede stellte. Bei dieser Gelegenheit signalisierte er seinem Abteilungsleiter deutlich, dass dessen Verhalten so nicht zu billigen wäre. Gleichzeitig zeigte er aber für dessen Gefühle vollstes Verständnis, was sich auch darin äußerte, dass er eine ganze Reihe von Gesprächen mit ihm führte. Im Verlauf dieser Treffen konnte er den Abteilungsleiter allmählich dazu bewegen, auch die Perspektive des Unternehmens zu berücksichtigen, was vor allem darauf zurückzuführen war, dass der Mitarbeiter sich nun ernst genommen fühlte. Dadurch wurde es dem Abteilungsleiter deutlich bewusst, dass es nicht die Absicht des Unternehmens war, ihn und seine Lebensgefährtin absichtlich zu schädigen oder zu kränken. Auch wenn es nach wie vor keine leichte Situation für ihn war, packte ihn wieder sein Ehrgeiz und er nahm sich vor, in seinen letzten Berufsjahren den guten Ruf, den er im gesamten Unternehmen innehatte, zu bewahren. So würde er auch nach seiner Pensionierung dem Unternehmen in guter Erinnerung bleiben.

8. Kapitel

Wie geht es weiter? Den Veränderungsprozess pflegen

Mit dem offiziellen Abschluss eines Change-Projekts ist es selten schon getan. Das Neue braucht weiterhin Pflege, um dauerhaft Bestand zu haben.

Navigationshilfe:

Das Veränderungsprojekt war mit einem ziemlichen Aufwand verknüpft und nun wollen Ihre Mitarbeiter und Sie sich davon erholen. Es besteht wenig Motivation, auch jetzt noch Zeit und Energie in die weitere Pflege zu stecken. Im ersten Abschnitt finden Sie Hinweise, wie dieses „Dran bleiben" auch ohne großen Einsatz gelingen kann.

Regelmäßige Überprüfung des eigenen Tuns bildet den wesentlichen Garanten für dauerhaften Erfolg. In der Hektik des Alltags scheint jedoch dafür keine Zeit zu bleiben. Der zweite Abschnitt erinnert Sie daran, wie wichtig diese Selbstreflexion ist und wie sie selbst bei hohem Zeitdruck möglich ist.

Alles läuft gut, der Veränderungsprozess verlief erfolgreich, allmählich stellt sich jedoch Routine ein. Sie wollen jedoch diesem Frieden nicht hundertprozentig vertrauen, denn in dieser Phase können sich nahezu unbemerkt Abweichungen und Fehler einschleichen, die ihre negativen Auswirkungen erst später zeigen. Welche Möglichkeiten es für Ihr Team und Sie gibt, wach zu bleiben, zeigt der letzte Abschnitt dieses Kapitels auf.

8.1 „Dran bleiben" – den Fokus auf die Veränderung richten

Sie entwickeln Strategien, die es Ihnen ermöglichen, ohne großen Aufwand, die neuen Errungenschaften und Veränderungen nach wie vor im Blick zu behalten.

8.2 Wie können wir unser Tun reflektieren? Selbstreflexion des Teams

Kurzworkshops ermöglichen Ihrem Team und Ihnen, die konkreten Auswirkungen des Wandels auf Ihre tägliche Arbeit zu reflektieren.

8.3 Wach bleiben – Mögliche Schwachstellen und Gefahren aufspüren

Sie etablieren in Ihrem Team eine entspannte Wachsamkeit, um zunächst kleine Abweichungen rechtzeitig entdecken zu können. Negative Zielformulierung sowie eine gesunde Balance zwischen Vertrauen und Misstrauen unterstützen Sie darin, die Aufmerksamkeit nach wie vor hoch zu halten.

Auf jedes Veränderungsprojekt lauert ein unscheinbarer, jedoch mächtiger Feind: der Alltag. Denn er verfügt über einen gefährlichen Verbündeten, die Macht der Gewöhnung. Alles Neue weckt zu Beginn viel Aufmerksamkeit. Ohne weitere Pflege jedoch lässt sie mit der Zeit stark nach. Besonders deutlich zeigt sich dies beim Thema Sicherheit. Nach einem Flugzeugabsturz etwa ist allen Beteiligten und Verantwortlichkeiten bewusst, wie wichtig es ist, auch auf den ersten Blick kleinsten Warnhinweisen nachzugehen und sie zu überprüfen. Doch bald schleicht sich wieder Alltagsroutine ein und damit die Gefahr des Schlendrians. Genauso verhält es sich bei einem Organisationswandels. Anfangs steht das Veränderungsprojekt absolut im Vordergrund, sei es, weil es Befürchtungen hervorruft, sei es, weil es als Chance oder willkommene Abwechslung angesehen wird. Allmählich jedoch stellt sich wieder Normalität ein. Dies bringt die Gefahr mit sich, dass der Veränderungsprozess aus dem Blick gerät und im Sande verläuft. Um dies zu vermeiden, kommt es wesentlich auf drei Dinge an:

- „dran bleiben“
- das eigene Tun reflektieren und
- wach bleiben.

8.1 „Dran bleiben" – den Fokus auf die Veränderung richten

Der Traum aller Change Manager, der Idealfall, ist, dass der Wandel so durchgreifen gelingt, dass er selbst zur neuen Routine und damit zum neuen Alltag wird. Nur dann kann aufs „Dranbleiben" verzichtet werden. Die Praxis verläuft jedoch meist anders. Auch wenn es gelungen ist, alle Beteiligten vom Sinn und Nutzen beispielsweise einer standardisierten Projektplanung und -durchführung zu überzeugen und selbst dann, wenn dies tatsächlich auch noch in die Tat umgesetzt werden konnte, sollte man sich noch lange nicht in der fälschlichen Sicherheit wiegen, dass es damit getan ist. Im Privaten kennen wir dasselbe Phänomen: Wir stellen uns auf einen gesünderen Lebensstil um, essen bewusster, bewegen uns mehr, doch selbst, wenn wir uns damit wohl fühlen, handelt es sich meist um ein labiles Gleichgewicht. Allzu leicht ist ein Rückfall möglich. Um dem zu begegnen, muss der Wandel aufmerksam gepflegt werden. Aber da lauert schon die nächste Gefahr: Sich um etwas kümmern heißt, Energie und Zeit zu investieren, und da ist der „normale Alltag" im Vorteil: Er läuft von selbst und benötigt keinen zusätzlichen Aufwand. Mehr als sinnvoll ist es daher, nach Wegen zu suchen, die es sehr leicht machen, das Engagement für die Veränderung aufrecht zu erhalten.

Toolbox:

„Dran bleiben"

Was macht es nun leichter, „dran zu bleiben"?

- Minimieren Sie den Aufwand. Fragen Sie sich, wie viel Prüfung wirklich notwendig ist. Dies betrifft die Frequenz sowie die Dauer. Oft reichen dazu alle paar Wochen einige wenige Minuten vollkommen aus. Und dies lässt sich leicht umsetzen.
- Sorgen Sie wenn möglich für Rotation. Wenn die Überwachung auf mehreren Schultern lastet, sinkt der Aufwand für jeden Einzelnen erheblich.
- Betonen Sie den Nutzen und machen Sie auf die Erfolge des Projekts aufmerksam. Wenn Sie diese auch noch in einem angemessenen Rahmen feiern,

führt dies zu guten Gefühlen, Gefühle, die Motivation erzeugen und sie aufrecht erhalten.
- Teilen Sie den Weg in kleine Schritte auf, die einen Vorgeschmack auf den späteren Nutzen vermitteln.
- Und, vielleicht am allerwichtigsten: Lernen Sie und Ihr Team aus jedem Rückfall! Fragen Sie sich, was noch verbessert werden muss, damit die Veränderung in Zukunft stabil bleiben kann. Indem Sie jeden Rückfall als Chance zur Weiterentwicklung begreifen, verliert er seinen negativen Touch. Etwas überspitzt fomuliert könnte man sogar sagen, dass man es sich gar nicht leisten kann, auf Rückfälle vollständig zu verzichten. Denn so gingen wichtige Anregungen verloren.

Und denken Sie daran: Aktivitäten sowie Umsetzung zu begleiten und zu überwachen ist Chefsache. Nichts ist demotivierender, als wenn Mitarbeiter bereit sind, etwas umzusetzen, jedoch dies nicht kontrolliert wird. Denn dann sehen Ihre Mitarbeiter den betriebenen Aufwand als sinnlos an.

8.2. Wie können wir unser Tun reflektieren? Selbstreflexion des Teams

Vom Sinn der Selbstreflexion

Bereits der römische Dichter und Philosoph Seneca maß der Selbsterkenntnis und Selbstreflexion überragende Bedeutung zu. Ihm zufolge hat sie der ständigen Verbesserung zu dienen: „Sich täglich zu bessern, darauf sollte der Sinn gerichtet sein." Senecas konkretes Ziel war, täglich mindestens einen Irrtum loszuwerden! Und dies ist auch heute noch aktuell. Selbstreflexion ist primär darauf ausgerichtet, zu überprüfen, wo unsere Gedanken und Handlungsweisen uns auf einen falschen Pfad locken und wo wir in Gefahr laufen, zum Opfer der eigenen Denkmuster und Vorstellungen zu werden.

Die wichtigsten Voraussetzungen dafür, dass sich eine Kultur der Selbstreflexion überhaupt bilden kann, sind

- eine gut etablierte Feedbackkultur, in der Sie und Ihre Mitarbeiter offen und auch kontrovers miteinander diskutieren können sowie

- eine Kultur, die dazu ermutigt und es auch belohnt, Fehler anzusprechen. Dies haben wir bereits ausführlich in Kapitel sieben besprochen.

Es braucht jedoch noch ein Weiteres, und darauf verweist uns wieder der alte Seneca: Selbsterkenntnis und Selbstreflexion benötigen Zeit. Radikal, wie er in dieser Hinsicht war, rät er, auf jegliche Tätigkeit zu verzichten, die keine Zeit zur Besinnung lässt. Wir hören an dieser Stelle schon einen Chor von Einwänden: „Das ist doch ein Luxus, den wir uns in der heutigen Zeit gar nicht mehr leisten können! Zeit ist Geld, und Zeit gehört mit zu den knappsten Ressourcen! Viele Menschen sind bis zum Anschlag beschäftigt, wie sollen sie für so was noch zusätzliche Zeit finden?" … und so weiter und so fort. Aber handelt es sich hierbei wirklich um einen Luxus? Überlegen Sie: Wie viele abertausende Stunden wertvoller Arbeitszeit werden in Zeiten äußerst knapper zeitlicher Ressourcen mit blinder Aktivität und nur auf kurzfristige Effekte ausgerichtete Maßnahmen verschwendet bzw. regelrecht vernichtet! Und dies lässt uns wieder zu Senecas Rat zurückkehren. Gerade in Phasen allerhöchster Aktivität braucht es freie Zeiten des Nachdenkens, um gerade jetzt mit der Ressource Zeit sorgfältig haushalten zu können und sie nicht für Unnötiges, weniger Wichtiges und andere Irrwege zu verschwenden.

Was wir von den Rauchern lernen können oder: Ein kurzes Loblied auf die Zigarettenpause

Klar ist Zigarettenrauchen der Gesundheit nicht sehr zuträglich. Bevor wir Rauchen nur als Laster verdammen, sollten wir kurz überlegen, wie viele kleinere und größere Projekte, ja vielleicht sogar ganze Unternehmen nur wegen dieses kleinen Glimmstengels noch gerettet und vor dem Scheitern bewahrt werden konnten. So sehr die Rauchpausen der eigenen Gesundheit auch schaden mögen, sie verschafften (und verschaffen) oft genau die Pausen, um über das Tagesgeschäft mit etwas Abstand reflektieren zu können, Pausen, in denen auch – oft abteilungsübergreifend – über das größere Ganze gesprochen werden konnte. Um es klar zu stellen: Wir sind nicht von der Tabakindustrie gesponsert und wir halten es auch nicht für sinnvoll, das Rauchen am Arbeitsplatz zu fördern, wohl jedoch die kurzen Besinnungspausen zwischendurch!

Räumen Sie gerade dann, wenn Sie glauben, es sich absolut nicht leisten zu können, sich (und Ihrem Team) kurze Freiräume ein!

Veränderungsmanagement bedeutet auch, sich mit komplexen und nicht vollständig überschaubaren Vorgängen zu beschäftigen. Und sei er noch so fähig – kein Topmanager ist in der Lage, ein Projekt vollständig überblicken und steuern zu können. Daraus ergibt sich die Notwendigkeit, dass die jeweiligen Abteilungen, Teams und auch die einzelnen Mitarbeiter selbständig den Prozess gestalten und wichtige Entscheidungen fällen können. Allerdings werden Sie diese wichtige Aufgabe nur unvollkommen oder gar nicht bewältigen können, wenn Sie und Ihre Mitarbeiter voll und ganz im Tagesgeschäft gefangen sind. Kritische Selbstreflexion der Überzeugungen und Entscheidungen durch das ganze Team erhöht die Qualität der Urteile und daraus abgeleiteten Maßnahmen ganz erheblich.

Nutzen Sie auch die informellen Begegnungen und Gespräche mit Ihren Mitarbeitern, um zu Selbstreflexion anzuhalten. Wie oft schon wurde zwischendurch und wie nebenbei Bedenken ernst genommen, Probleme erkannt und neue Ideen geboren, wie erste Lösungsansätze aussehen könnten. Unverbindliche und entspannte Gespräche stellen eine erstaunlich ergiebige Quelle für Kreativität und Inspiration dar.

Prozesssteuerung und Selbstreflexion als Teamworkshop

Im Folgenden skizzieren wir Ihnen ein Ablaufschema für einen Miniworkshop, um das eigene Vorgehen zu überprüfen sowie sicherzustellen, weiterhin auf Kurs bleiben zu können.

Bevor Sie mit Ihrem Team solche strukturierte Workshops durchführen, müssen Sie es jedoch davon überzeugen, dass es sich lohnt, Zeit dafür aufzuwenden. Auch Ihre Mitarbeiter leiden unter Zeitknappheit, und leicht kann die erste Reaktion lauten „Was, noch ein Termin, noch ein Meeting?!“ Natürlich werden die Bedenken erst dann komplett weichen, wenn sich die Workshops auch in der Praxis als nützlich erweisen. Achten Sie daher gerade bei den ersten

Workshops auf ein straffes und effektives Zeitmanagement und bereiten Sie sich gut vor. Ihre Mitarbeiter nehmen dadurch wahr, dass mit ihrer Zeit schonend umgegangen wird. Ebenfalls ratsam ist, sich in den ersten Workshops und strukturierten Teammeetings zunächst auf die Sache und das Projekt zu konzentrieren und erst allmählich auch Elemente der eigentlichen Selbstreflexion mehr und mehr einführen.

Infobox:

Grundablauf eines Workshops

Wie in jedem erfolgreichen und gelungenen Gespräch darf auch in einem effektiven Workshop folgender „Dreischritt" nicht fehlen:

- **Orientierung**: Wohin soll das Gespräch gehen, was sind die Themen und die Ziele in dem Workshop? Indem Sie Orientierung geben, ermöglichen Sie es Ihren Gesprächspartnern, sich voll und ganz auf die Thematik zu konzentrieren. Geben Sie schon mit der Einladung bekannt, um welche Themen es vorrangig gehen wird. Bei Bedarf können sich dann Ihre Mitarbeiter gezielt auf den Workshop vorbereiten.
- **Detaillierte Bearbeitung der Themen**: In dieser Phase werden die Themen und Fragestellungen in der benötigten Tiefe und Gründlichkeit bearbeitet. Äußerst hilfreich ist es hier, die wichtigen Punkte zu **visualisieren**.
- **Zusammenfassung und Ergebnissicherung**: Nun werden die erarbeiteten Themen und Lösungsansätze zusammengefasst und daraus konkrete Maßnahmen abgeleitet. Dies sollten Sie ebenfalls unbedingt **visualisieren**!

Eine gute Rahmung – angenehme Arbeitsatmosphäre und eine gute Beziehungsebene – sorgen zusätzlich dafür, dass dieser Ablauf auch richtig rund läuft.

Im Folgenden stellen wir Ihnen zwei Formen vor, zunächst einen Workshop für den „Normalbetrieb", anschließend einen weiteren zur vertieften Reflexion, in der es um die Überprüfung der eigenen Überzeugungen geht.

Toolbox:

„Standardworkshop"

Diese Workshopform ist stark auf die inhaltliche Arbeit ausgerichtet und eignet sich vor allem für die bewertende Begleitung eines Veränderungsprojektes.

Geben Sie zunächst einen kurzen Überblick zur Orientierung über Ziel und Inhalt des Meetings wie etwa Standortbestimmung und Projektstatus.

Verschaffen Sie sich und Ihrem Team in der anschließenden Arbeitsphase zunächst ein gemeinsames Bild des Ist-Zustandes. Nutzen Sie dazu Pinwand und Flipchart, nur so kann tatsächlich ein gemeinsames Bild entstehen. Achten Sie darauf, dass in diesem Bild auch ausreichend Platz für abweichende Meinungen und unterschiedliche Sichtweisen besteht.
Bewerten Sie nun gemeinsam mit allen Anwesenden den Ist-Zustand:
- Was kann als Erfolg verbucht werden, wo deckt sich der Ist-Zustand mit den Vorgaben und Planungen oder übertrifft sie sogar?
- Wo zeigen sich Probleme, wo weicht der Ist-Zustand von den Erwartungen ab?
- Welche Ursachen lassen sich dafür aufzeigen? Achten Sie hier besonders darauf, dass auch ursächliche Faktoren genannt werden, die Sie und Ihr Team mit beeinflussen und steuern können.

Beginnen Sie nun, Lösungsschritte und Maßnahmen zu entwickeln:
- Auf welche Punkte muss in nächster Zeit verstärkt geachtet werden?
- Welche weiteren Vorgehensweisen sind sinnvoll und wichtig?
- Was können wir tun, um das bisher Erreichte weiter zu stabilisieren?
- Was können wir in Zukunft besser machen?
- Welche alternativen Lösungswege stehen zur Verfügung?

Bewerten Sie die erarbeiten Möglichkeiten:
- Welche Vor- und Nachteile sind mit den verschiedenen Optionen verbunden?
- Welche der Optionen erscheinen am sinnvollsten und am praktikabelsten?

Fassen Sie die Diskussion zusammen und definieren Sie gemeinsam mit Ihrem Team die konkreten nächsten Schritte in Form eines Aktionsplanes.

Ein effektiver Workshop lebt von einer guten Moderation. Die vorrangigste Aufgabe des Moderators besteht darin, für den klaren Prozessablauf innerhalb des vorgegebenen Zeitrahmens zu sorgen.

Anders ausgedrückt:

Ein Moderator kümmert sich nicht um den Inhalt, sondern ausschließlich um den Prozess!

Tipps für die Moderation:

Trennen Sie strikt Ihre Rolle als Moderator von der des inhaltlich Beteiligten! Dazu stehen Ihnen mehrere Optionen zur Verfügung:

- ☐ Sie enthalten sich während des Workshops jeglicher inhaltlicher Beiträge. Meist ist diese Alternative für Führungskräfte nur schwer durchzuhalten und nicht immer sinnvoll.
- ☐ Sie zeigen deutlich, aus welcher Rolle Sie jeweils agieren. Wenn Sie dazu auch unterschiedliche räumliche Positionen benutzen, wird diese Unterscheidung bei den anderen noch klarer ankommen. So könnten Sie immer im Stehen moderieren, während Sie inhaltliche Beiträge stets aus einer sitzenden Position heraus liefern. Dies erfordert allerdings große innere Klarheit und Disziplin, bei engagierten und aufwühlenden Diskussion besonders leicht verloren gehen kann.
- ☐ Daher erweist es sich oft als nützlich, jemand anderen mit der Moderatorenrolle zu betrauen. So könnte jeweils abwechselnd ein Teammitglied diese Funktion übernehmen. Bei sehr schwierigen Themen empfiehlt es sich, einen externen Moderator hinzuzuziehen.

Bisweilen ist es gar nicht das Problem selbst, das es so schwer macht, es zu lösen. Als die „eigentlichen Schuldigen" entpuppen sich häufig festgefahrene Überzeugungen und eingeengte Sichtweisen, die kaum mehr Platz lassen für ausreichend Manövrier- und Handlungsspielraum. Besonders dann, wenn Sie und Ihr Team sehr anspruchsvolle Aufgaben bewältigen und komplexe Probleme lösen müssen und/oder sich schon längere Zeit mit einem Problem herumschleppen, ist diese Workshopform gut geeignet.

Toolbox:

Eigene Überzeugungen reflektieren und überprüfen

Der Grundablauf ist der gleiche wie beim „Standardworkshop" nur mit dem Unterschied, dass in der Arbeitsphase das Hauptaugenmerk auf die Überzeugungen und scheinbaren Selbstverständlichkeiten gerichtet ist.
Gehen Sie wieder von dem gemeinsam erarbeiteten Bild des Ist-Zustandes aus. Kontrastieren Sie den Ist-Zustand mit dem Ziel-Zustand. Falls das Ziel nicht klar ist, erarbeiten Sie sich zunächst ein wohl definiertes Ziel.

Sammeln Sie dann alle Überzeugungen und Annahmen, warum der Ist-Zustand so ist wie er ist und wie man zum Zielzustand kommen kann (Visualisieren!). Nehmen wir hier als Beispiel an, ein Kunde hat nicht Ihnen, sondern der Konkurrenz den Auftrag erteilt. Was ist Ihrer Meinung nach der Auslöser dafür gewesen? War es der Preis oder eher der Service usw.? Besondere Vorsicht ist hier geboten, wenn Sie sich über die Ursache sehr sicher sind. Die Gefahr ist, dass Sie gar keine anderen möglichen Sichtweisen mehr in Erwägung ziehen. Daher sollten Sie immer auch die Belege und Fakten, die Sie für Ihre Meinung anführen dahingehend überprüfen, ob sie Ihre Überzeugung auch tatsächlich stützen.
Fassen Sie die verschiedenen Annahmen zu Gruppen (Clustern) zusammen und beginnen Sie mit Ihrem Team, diese zentralen Überzeugungen zu hinterfragen:
- Warum glauben wir das und sind davon so überzeugt? Was macht uns da so sicher?
- Welche Schwachstellen weisen die Belege und „Beweise" für unsere Überzeugung auf?
- Unter welchen Umständen könnte gerade das, was unserer Meinung nach zum Erfolg führt, genau das Gegenteil bewirken?
- Wie könnte man dem entgegenwirken?
- Welche anderen Annahmen und Überzeugungen könnten den Ist-Zustand ebenfalls erklären?
- Welche Belege und „Beweise" lassen sich für diese Überzeugungen finden?

Bewerten Sie Ihre erneut Ihre Annahmen und Überzeugungen und fassen Sie zusammen:
- Welche Annahmen haben sich bewährt und können zumindest vorläufig weiterhin als Grundlage für unsere Handlungen und Entscheidungen dienen?
- Welche Überzeugungen weisen erhebliche Schwachstellen auf, sodass wir uns in Zukunft nicht zu sehr auf sie verlassen sollten?
- Welche neuen oder ergänzenden Überzeugungen sollten in Zukunft in unsere Betrachtungen mit einfließen?

Sinnvolle und stimmige Annahmen und Überzeugungen sind die Grundlage zutreffender Urteile und vorteilhafter Entscheidungen. Umgekehrt führen ungeprüfte Überzeugungen leicht zu verhängnisvollen Fehlentscheidungen, wenn überhaupt welche getroffen werden. Dies hat in den 70er Jahren des vorigen Jahrhunderts die amerikanische Autoindustrie leidvoll erfahren müssen. Ihre Überzeugung, die besten Autos der Welt zu bauen, machte sie lange Zeit blind dafür, dass ihr die Konkurrenz immer mehr Marktanteile abjagte. Erst sehr spät, fast zu spät, dämmerte ihr, dass es an der Zeit ist, darauf zu reagieren.

Nur gut überprüfte Überzeugungen …

… bilden eine solide Basis für das weitere Vorgehen und die weitere Strategie.

Wenn Sie diese Workshops regelmäßig durchführen, etwa im Abstand von drei bis vier Monaten, erhöht sich mittelfristig die Urteilskraft aller Beteiligten. Allerdings sollte der Aufwand in einem sinnvollen Verhältnis zum Ertrag stehen. Bei kleineren und eher leicht durchzuführenden Veränderungsprojekten ist diese Workshopform überdimensioniert und würde nur Widerstand bei Ihren Mitarbeitern auslösen.

8.3 Wach bleiben – Mögliche Schwachstellen und Gefahren aufspüren

Läuft alles normal, scheint alles gut. Doch, wie bereits erwähnt, verfuhrt der „Normalbetrieb" dazu, mit der Aufmerksamkeit nachzulassen. Wichtige Hinweise auf Probleme und Alarmzeichen werden allzu leicht übersehen. Es stellt eine besondere Aufgabe für Führungskräfte dar, auch in normalen Zeiten für genügend **Achtsamkeit** und **Wachheit** zu sorgen.

Der verspätete Absprung oder: Die Geschichte vom armen Frosch

Vor einigen Jahrzehnten führten Wissenschaftler ein ethisch nicht ganz unbedenkliches, jedoch sehr interessantes Tierexperiment durch. Ihr Ziel war, die Temperaturwahrnehmung von Fröschen zu untersuchen. In normal temperiertem Wasser fühlen sich Frösche „pudelwohl". In der ersten Phase des Experiments wurden die Frösche abrupt in ziemlich heißes Wasser geworfen und gleichermaßen aus ihrem Froschparadies vertrieben. Wie zu erwarten war, reagierten die Frösche prompt und verließen schleunigst das Becken mit dem heißem Wasser. Richtig interessant wurde es jedoch erst in der zweiten Phase des Experiments. Nun beließen die Forscher die Frösche in ihren Becken, erhöhten diesmal jedoch die Wassertemperatur im Becken. Allerdings taten sie dies sehr sehr langsam. Die Veränderung ging sehr schleichend vor sich und kam gewissermaßen auf leisen Sohlen daher. Für die Frösche waren die jeweiligen Unterschiede zu gering, als dass sie zwangsläufig reagieren mussten. Zwar gab es Anzeichen, dass sich die Frösche merklich unwohler fühlten, andererseits gewöhnten sie sich jedoch rasch an diese sehr allmählich verlaufende Veränderung gewöhnten. Immer höher stieg die Temperatur des Wassers und die Frösche merkten immer noch nicht, was und wie ihnen geschah – bis es zu spät war und sie das Becken nicht mehr verlassen konnten.

Frösche bleiben jedoch mit diesem Schicksal nicht allein. Auch wir Menschen erleben ähnliche Prozesse, sei es in einem Unternehmen oder im Privatleben. Viele Veränderungen verlaufen schleichend. Die Anforderungen werden immer höher. Man gewöhnt sich jedoch schnell daran und stellt sich auf sie ein. Das Außergewöhnliche wird zum Normalfall, bis es zu spät ist und die Struktur oder der Mensch zusammenbricht.

Tipp:

Was können wir von den Fröschen lernen?
Registrieren sie Veränderungen so schnell wie möglich und aktivieren Sie rechtzeitig alle notwendigen Ressourcen, die die Bereitschaft und Motivation Ihrer Mitarbeiter erhöhen. So können Sie sicherstellen, dass Ihre Mitarbeiter die Veränderung gut meistern können und Sie und Ihre Mitarbeiter nicht im wahrsten Sinne des Wortes „verheizt" werden.

Erhöhen der Achtsamkeit: negative Ziele

Ziele haben grundsätzlich einen Nachteil: sie schränken ein. Jedes Ziel greift aus der Fülle aller Möglichkeiten eine einzige heraus und verzichtet damit auf eine Vielzahl anderer Optionen. Die im Prinzip unendliche Fülle alternativer Optionen umfasst nicht nur andere, ebenfalls wünschenswerte Möglichkeiten, sondern auch eine Reihe von **Geschehnissen, die auf gar keinen Fall eintreten sollen**. Davon wird in einer Zielformulierung nicht geredet, schon gar nicht spezifisch oder konkret. Das, was nicht passieren soll oder darf, bleibt im Unklaren. Um ein Alarmsystem zu etablieren, ist es jedoch unerlässlich, genau zu definieren, was einen Alarm auslösen soll! Mit anderen Worten: Es muss auch klar sein, **was vermieden werden soll!**

Toolbox:

Negative Ziele

Ergänzen Sie daher Ihre Zielbestimmung unbedingt um das, was nicht passieren darf. Nehmen wir an, Ihr Ziel lautet: „Wir steigern den Umsatz unserer Abteilung dieses Jahr um 15 Prozent". Überlegen Sie sich nun, was auf gar keine Fall eintreten soll und was es unbedingt zu vermeiden gilt. Daraus können Aussagen entstehen wie „Wir dürfen uns auf gar keinen Fall nur an einen einzigen Kunden binden" oder „Egal, wie der Umsatz ausfällt, die Gewinnspanne darf 10 Prozent auf gar keinen Fall unterschreiten".

Besprechen Sie dies auch in und mit Ihrem Team. Machen Sie deutlich, dass die negativen Kennzeichnungen, das, was nicht passieren soll, mindestens ebenso verbindlich sind wie die positiv formulierten Ziele. Gerade für hoch kompetente Mitarbeiter, die es gewohnt sind, sehr selbständig und zuverlässig zu arbeiten, können diese negativen Ziele wichtiger sein als die positiven. Ihnen reicht als positives Ziel eine eher vage formulierte Orientierungsvorgabe.

Hier zeigt sich ein wichtiger Vorteil negativ formulierter Ziele: Sie schränken weniger ein als positiv formulierte, da sie nur einige wenige Punkte definitiv ausschließen. **Alles andere ist prinzipiell möglich!** Und sie eröffnen einen weit größeren Handlungsspielraum als positiv formulierte, besonders, wenn diese, wie es für Teilziele typisch ist, sehr spezifisch gefasst sind.

Negativ formulierte Ziele sensibilisieren für Gefahren, die in jedem Veränderungsprozess lauern. Nun lassen sich jedoch nicht alle Gefahren von vornherein klar definieren, einige sind noch gar nicht bekannt. Was es braucht, ist eine Offenheit der Wahrnehmung, eine Offenheit für alle möglichen Gefahren.

„Schlafmittel Erfolg"

Wir haben bereits auf die Bedeutung erster Erfolge während eines Veränderungsprozesses hingewiesen. Erfolg ist eine wichtige Quelle für Motivation und Durchhaltevermögen.. Wie jedes wirksame Medikament besitzt jedoch auch Erfolg eine ganze Reihe von „Risiken und Nebenwirkungen". Die größte Gefahr von Erfolg ist, dass er unsere Wachsamkeit und Aufmerksamkeit zum Einschlummern bringen kann. Haben sie Erfolg, klopfen sich Menschen gegenseitig auf die Schultern und gratulieren sich. Sie halten sich für stark, kompetent und fast unangreifbar. Und: Zusätzlich sinkt die Bereitschaft für weitere Veränderungen – „never change a winning team"!

Zudem ist Erfolg verführerisch. Er fühlt sich einfach gut an. Und auf gute Gefühle verzichten wir nur sehr ungern. Zufall und Unsicherheit hingegen wecken eher negative Empfindungen. Kognitive Einsicht hilft hier nur wenig und wenn, dann vorübergehend. Ob wir wollen oder nicht, unsere emotionalen Zustände steuern unser Handeln in erheblichem Umfang. Was hier daher Not tut, ist, diese starren Koppelungen zu lockern. Auf der einen Seite gilt es, die Verknüpfung von Erfolg mit einem guten Gefühl zu schwächen, zum anderen ist es notwendig, Unerwartetes und Zufälliges mit positiven Emotionen verknüpfen zu können. Wie kann das gelingen? Hier einige Möglichkeiten:

Toolbox:

Positiv reagieren auf schlechte Nachrichten

Betonen Sie den Unterschied von „sich sicher fühlen" zu „sicher sein". Zahlreiche Beispiele aus dem Firmenbereich zeigen, dass Erfolg geradezu blind machen kann und die Ursache für späteren Misserfolg gerade der frühere Erfolg war. Wiederum sei hier die amerikanische Automobilindustrie der siebziger Jahre des vergangenen Jahrhunderts erwähnt. Sie war sich ihres Erfolgs so sicher, dass sie jahrelang die aufkommende ausländische Konkurrenz gar nicht wahrnahmen, bis es fast zu spät war.

Konzentrieren Sie sich dann darauf, was es bedeutet, sich wirklich sicher zu sein. Malen Sie es Ihren Mitarbeitern gegenüber aus, wie es sich anfühlt, wirklich sicher zu sein und sich nicht bloß sich trügerisch sicher zu wähnen.

Erfolg ist zuweilen wie ein Schwimmreifen für Nichtschwimmer. Geht ihm die Luft aus, so sieht es wirklich schlecht aus. Um wie viel sicherer wäre es da, gut schwimmen zu können!

Indem Sie und Ihre Mitarbeiter sich mit Unerwartetem und Ereignissen, die nicht komplett in den Griff zu bekommen sind, auseinandersetzen und umgehen, lernen Sie gewissermaßen schwimmen.
Fördern Sie langfristig eine Gesprächsatmosphäre, in der diese unsteten und nicht so leicht kontrollierbaren Faktoren zwar nicht ihre Wichtigkeit, jedoch einen großen Teil ihres Schreckens verlieren.

Nur der kann wirklich sicher einen Veränderungsprozess handhaben, wenn er um die Unsicherheiten weiß!

Dann können Sie erstaunlich erfolgreich und zuverlässig auch in unsicheren Gewässern steuern! Halten Sie die real vorhandenen Unsicherheiten aus, werden Sie tatsächlich sicherer sein. Wenn Sie wissen, wo die Gefahren lauern, können Sie diese auch umschiffen. Allerdings ist dazu Achtsamkeit erforderlich. Hier jedoch ein Hinweis: Hüten Sie sich auch hier vor allzu viel Sicherheit. Denn dann könnte sich dasselbe einstellen wie im Erfolgsfall!

Unterschiede, die den Unterschied ausmachen: Wahrnehmen von Abweichungen

Die meisten Gefahren und Schwierigkeiten, die bei Veränderungsprozessen auftreten, zeigen sich zunächst in Form kleiner Abweichungen vom Vertrauten. Das eigentlich Problematische daran ist – was den weiter oben erwähnten Fröschen zum Verhängnis wurde – , dass diese Abweichungen nur allzu leicht übersehen werden können.

Praxisbeispiel: Ein Mitarbeiter eines Projekts lieferte nicht dieselbe Qualität, für die er sonst bekannt war. Zu Beginn zog dies keine großen Auswirkungen nach sich und wurde daher auch nicht weiter beachtet, schließlich war ja man von ihm anderes gewöhnt. In einer entscheidenden Projektphase kam es jedoch dadurch zu einer massiven Verzögerung. Seine Zuarbeiten waren qualitativ derart schlecht, dass zeitintensiv nachbearbeitet und korrigiert werden mussten. Der gesamte Projekterfolg stand auf der Kippe. Später stellte sich dann heraus, dass der Mitarbeiter zu diesem Zeitpunkt eine persönliche Krise durchlebte, die sich erheblich auf seine Arbeitsleistung auswirkte. Zugleich war es ihm unangenehm, dies zu äußern oder sich von seinen Kollegen Hilfe zu holen. Hätte das Team jedoch auf die anfänglich kleinen Signale geachtet, hätten es frühzeitig darauf reagieren und ihm vorübergehende Unterstützung gewähren können.

Tipp:

Machen Sie es sich daher zu einer Gewohnheit, in Teambesprechungen immer wieder nachzufragen, ob Ihren Mitarbeitern irgendetwas Ungewöhnliches aufgefallen ist. Ermuntern Sie Ihre Mannschaft, selbst im ersten Moment nebensächlich vorkommende Begebenheiten zu berichten.
Hüten Sie sich dabei davor, diese Ereignisse vorschnell zu deuten, sondern halten Sie und Ihr Team sie lieber weiter in Beobachtung. Bleibt es über längere Zeit bei einem einmaligen Vorfall oder tritt eine Abweichung, auch wenn sie sehr gering sein mag, in letzter Zeit häufiger auf?

Balance zwischen Vertrauen und Misstrauen

Um die Wahrnehmung von Abweichungen schärfen und verbessern zu können, bedarf es einer Balance aus Vertrauen und Misstrauen.

Auseinandersetzung und kritische Prüfung sind dann am konstruktivsten, wenn sie auf einer Plattform des Vertrauens basieren. Vertrauen bezieht sich hier auf die Beziehung zwischen Ihren Mitarbeitern untereinander und zu Ihnen. Wo Vertrauen herrscht, kann man sich auf seine Kollegen verlassen kann. Man versteht sich auch dann, wenn Meinungsverschiedenheiten ausdiskutiert werden. Im Klima des Vertrauens kann sich jeder sicher sein, dass der Konflikt rein auf der Sachebene ausgetragen wird und nicht später zum Nachteil gereicht. Vertrauen weist hier Ähnlichkeiten zu Freundschaft auf. Ein guter Freund kann klar, direkt und deutlich Kritik üben, ohne dass ich es ihm übel nehme und umgekehrt. Damit Sie uns hier richtig verstehen: wir meinen nicht, dass Ihr Team aus lauter Freunden bestehen sollte, das brächte eine Reihe anderer Probleme mit sich. Kollegiale Distanz hat meist positive Auswirkungen auf die Leistungsfähigkeit eines Teams. Wir meinen nur, dass das Vertrauen zwischen den Teammitgliedern von ähnlicher Qualität sein sollte wie das zwischen Freunden. Dies ist erreicht bzw. gegeben, wenn Kritik offen geübt werden kann und allen klar ist, dass es ausschließlich um die Verbesserung der Zusammenarbeit und des gemeinsamen Arbeitsergebnisses geht.

Gleichzeitig geht es aber auch um eine Kultur eines „gesunden Misstrauens". Dieses Misstrauen bezieht sich auf die Sachebene bzw. auf die Ebene der Fähigkeiten. Denken Sie an den Mitarbeiter aus unserem obigen Beispiel. Seine Leistungsschwankungen wichen vom „Normalbetrieb" ab. Aus der Haltung eines gesunden Misstrauens heraus wäre es sehr sinnvoll gewesen, genauer nachzufragen und auch sich nicht so leicht abwimmeln zu lassen und so lange dran bleiben, bis man wirklich überzeugt ist, dass „nichts ist" oder man eben fündig geworden ist. Dieses Beispiel macht auch besonders deutlich, wie sehr „konstruktives Misstrauen" auf Vertrauen angewiesen ist. Würde der Mitarbeiter befürchten müssen, dass an seinem Stuhl gesägt wird, so wäre es für ihn ein Gebot der Klugheit, mit seinen eigentlichen Problemen hinterm Berg zu halten. Er kann und wird sich erst dann öffnen, wenn er weiß, dass ihm nichts Negatives widerfährt bzw. im Gegenteil, wenn er dadurch Unterstützung erfährt.

„Schlechte Nachrichten" willkommen heißen

Dieser Umgang mit „schlechten Nachrichten" kehrt einige typische Denkgewohnheiten um und stellt sie auf eine harte Probe. In der Regel suchen Menschen nach Belegen dafür, dass es doch nicht so schlimm ist und beruhigen sich dann wieder. Mal ganz ehrlich: Haben Sie gerade nach einer sehr anstrengenden Phasen nicht gelegentlich die Neigung, schlechte Nachrichten zu ignorieren oder sie auf die leichte Schulter zu nehmen? Dadurch gerät jedoch auch der zentrale Nutzen, kleine Abweichungen und schlechte Nachrichten ernst zu nehmen, aus dem Blick:

Je früher Störungen und Probleme erkannt werden, ...

... desto geringer ist der Aufwand, sie zu korrigieren.

Sind die kleinen Probleme erst mal zu großen angewachsen, zieht das meist dramatische Folgen nach sich.

Vermitteln Sie Ihren Mitarbeitern, dass Sie an „schlechten Nachrichten" besonders interessiert sind. Dazu bedarf es einer gut etablierten „Fehlerkultur", wie sie in Kapitel sieben ausführlich beschrieben wurde. bewirkt, dass Ihre Mitarbeiter Ihr Interesse dann auch tatsächlich befriedigen. In gewisser Weise ähnelt dies einer journalistischen Maxime gemäß der nur schlechte Nachrichten gute Nachrichten sind! Dies ist natürlich überzogen, kann es aber erleichtern, „schlechte Nachrichten" nicht mehr als „schlecht", sondern als wichtige Hinweise umzudefinieren. Der amerikanische Organisationsforscher Weick drückt dies so aus:

Es sind nur dann schlechte Nachrichten, ...

... wenn keine Nachrichten vorliegen!

Schützen Sie daher, entgegen eines häufig auftauchenden Reflexes, besonders die Überbringer schlechter Nachrichten.

Literaturverzeichnis

Argyris, Chris (1997): Wissen in Aktion. Eine Fallstudie zur lernenden Organisation. Stuttgart: Klett-Cotta

Baecker, Dirk (2003): Organisation und Managament. Frankfurt/Main: Suhrkamp

Becker, Horst, Langosch, Ingo (2002): Produktivität und Menschlichkeit. Organisationsentwicklung und ihre Anwendung in der Praxis. Stuttgart: Lucius & Lucius

Benien, Karl (2003): Schwierige Gespräche führen. Modell für Beratungs, Kritik- und Konfliktgespräche im Berufsalltag. Reinbek: rororo

Bennebroek-Gravenhorst, Kilian M., Werkaman, Renate A., Boonstra, Jaap J. (2003): The Change Capacity of Organisations: General Assessment and Five Configurations. Applied Psychology: An International Review, 83–105

Bridges, William (2009): Managing Transitions. Making the most of Change. Philadelphia: Da Capo Press

Buchinger, Kurt (1997): Supervision in Organisationen. Den Wandel begleiten. Heidelberg: Carl-Auer-Systeme Verlag

Burke, W. Warner (2002): Leading Organizational Change. In S. Chowdhury (Ed.). Organization 21C (p. 291–310. Upper Saddle River, NJ: Financial Times, Prentice Hall

Charvet, Shelle Rose (2001): Wort sei Dank. Paderborn: Junfermann

Dörner, Dietrich (1989): Die Logik des Misslingens. Strategisches Denken in komplexen Situationen. Reinbek bei Hamburg: Rowohlt

Doppler, Klaus, Lauterburg, Christoph (2000): Changemanagement. Den Unternehmenswandel gestalten. Frankfurt/Main, New York: Campus

Doppler, Klaus et al. (2002): Unternehmenswandel gegen Widerstände. Changemanagement mit den Menschen. Frankfurt/Main, New York: Campus

Doppler, Klaus (2003): Der Change Manager. Sich selbst und andere verändern – und trotzdem bleiben, wer man ist. Frankfurt/Main, New York: Campus

Flin, Rhona H. (1997): Crew Resource Management for Teams in the Offshore Oil Industry. Team Performance Management, 3(2), 121–129

Fredrich, A. (1997): Die Angst des Managers vor der Komplexität, Anspruch und Wirklichkeit systemischer Organisationsentwicklung. ABO aktuell, Jg. 4, Heft 2, S. 2–6

Greif, Siegfried, Runde, Bernd, Seeberg, Ilka (2004): Erfolge und Misserfolge beim Changemanagement. Göttingen: Hogrefe

Gröger, Manfred (2004): Projektmanagement. Abenteuer Wertvernichtung. München: MBA-Management Beratungsgesellschaft

Haberzettl, Martin (2000): Motivieren und Kommunizieren. München: Pearson Education

Haberzettl, Martin & Birkhahn, Thomas (2004): Moderation und Training. München: C.H. Beck

Hamacher, B., Mardorf, L. (Hrsg.) (2003): Projektmanagement. Die Schnittstelle im Unternehmen von Mensch zu Mensch. Osnabrück: Shaker

Haug, Christoph V. (2003): Erfolgreich im Team. Praxisnahe Anregungen für effiziente Team- und Projektarbeit. München: C.H. Beck

Heideloff, Frank, Langosch, Ingo (2000): Organisationen selbst verändern. Stuttgart, Lucius&Lucius

Hollenbeck, John R. (2000): A Structural Approach to External and Internal Person-Team Fit. Applied Psychology: An International Review, 49(3), 534–549

Karlöf, Bengt, Lövingsson, Frederik (2006): Management von A bis Z. Zürich: Orell Füssli

Kline, Peter, Saunders, Bernard (1996): Zehn Schritte zur lernenden Organisation. Das Praxisbuch. Paderborn: Junfermann

Kluge, Annette (2004): Wissenserwerb für das Steuern komplexer Systeme. Lengerich: Pabst Science Publishers

Kotter, Peter (1998): Leading Change: Why Transformation Efforts Fail. In: Harvard Business Review of Change, Boston, Harvard Business School Publishing

LeMar, Bernd (2001): Generations- und Führungswechsel im Familienunternehmen. Mit Gefühl und Kalkül den Wandel gestalten. Berlin, Heidelberg, New York: Springer

Lindinger, Christoph, Goller, Ina (2004): Changemanagement leicht gemacht. Heute hier, morgen dort? Frankfurt/Main: Redline Wirtschaft

Lorenz, Thomas, Opitz, Stefan (Hrsg.) (2001): Vom Training zur Performance. Improving Performance – Nutzen für Mitarbeiter und Unternehmen, Offenbach: Gabal

Kaplan, Robert S., Norton, David P. (1997): Balanced Scorecard. Strategien erfolgreich umsetzen. Stuttgart: Schäffer-Poeschel

Kostka, Claudia, Mönch, Annette (2002): Changemanagement. Sieben Methoden für die Gestaltung von Veränderungsprozessen. München: Hanser

Kotter, John, Rathgeber, Holger (2006): Our Iceberg is Melting. Changing and Succeeding under any Conditions. London, Pan Macmillan

Kriz, Jürgen (1998): Systemtheorie. Eine Einführung für Psychotherapeuten, Psychologen und Mediziner. Wien: Facultas Universitätsverlag

Martin, Desmond D., Shell, Richard, L. (1988): Managment of Professionals. Insights for Maximizing Cooperation. New York, Marcel Dekker

Meier, Daniel (2004): Wege zur erfolgreichen Teamentwicklung. Mit dem SolutionCircle Turbulenzen im Team als Chance nutzen. Basel, SolutionSurfer

Neuberger, Oswald (2002): Führen und Führen lassen. Stuttgart: Lucius & Lucius

Schinwald-Haberzettl, Sandra (2007): Der Beitrag Senecas zur heutigen Führungsethik. Universität Salzburg, unveröffentlichte Diplomarbeit

Schweiker, Ulrich (1995): The seven success factors in facilitating successful change processes. In: European Consortium for the Learning Organization (Ed.). Best practices in learning organizations. Measuring the reality. Proceedings International Conference Warwick, May 17–19, 1995, La Hulpe Belgium: ECLO 1995, 313–320

Senge, Peter (1997): Die fünfte Disziplin. Kunst und Praxis der lernenden Organisation. Stuttgart: Klett-Cotta

Senge, Peter et al. (2000): The Dance of Change. Ein Fünfte-Disziplin-Arbeitsbuch. Wien, Hamburg: Signum

Sonnentag, Sabine: Excellent Performance: The Role of Communication and Cooperation Processes. Applied Psychology, 49(3), 483–497

Strebel, Paul (1998): Why Do Employees Resist Change? In: Harvard Business Review of Change, Boston, Harvard Business School Publishing

Stumpf, Siegfried, Thomas, Alexander (Hrsg.) (2003). Teamarbeit und Teamentwicklung. Göttingen: Hogrefe

Tuckman, Bruce W. (1965). Developmental sequences in small groups. Psychological Bulletin, 65, 384-399

Vopel, Klaus W. (1994): Themenzentriertes Teamtraining, Teil 4. Aufgaben und Projekt: Wie kann das Team seine Arbeit wirkungsvoll organisieren? Salzhausen: iskopress

Wegge, J. (2000): Participation in Group Goal Setting: Some novel findings and a comprehensive model as a new ending to an old story. Applied Psychology, 49(3), 498–516

Wegge, J. (2003): Führung. In H. Schuler (Hrsg.). Lehrbuch Organisationspsychologie (2. überarbeitete Auflage). Bern: Huber

Weick, Karl E., Sutcliffe, Kathleen M. (2003): Das Unerwartete managen. Wie Unternehmen aus Extremsituationen lernen. Stuttgart: Klett-Cotta Verlag

Wilke, Helmut (1996): Systemtheorie II: Interventionstheorie. Stuttgart: UTB

Sachverzeichnis

A

B

C

D

E

P

R

S

T

U

V

W

Z

Grafberger/Hörner
Texten für das Internet
Ein Ratgeber für den erfolgreichen Web-Auftritt.
Wirtschaftsberater
1. Aufl. 2009. 224 S.
€ 14,90. dtv 50923

Gute Texte müssen sowohl Leser begeistern und zum Kauf motivieren als auch die Platzierung in Suchmaschinen verbessern. Dieser neue Band zeigt, worauf es beim Web-Auftritt ankommt und wie man es schafft, bei Google ganz oben zu stehen.

Diller
Vahlens Großes Marketinglexikon
2 Bände im Schuber.
Wirtschaftsberater
2. Aufl. 2003. 1966 S.
€ 49,–. dtv 50861

Wissmeier
Marketing mit kleinem Budget
Der Praxisratgeber für Selbstständige, kleine und mittlere Unternehmen.
Wirtschaftsberater **Toptitel**
1. Aufl. 2010. 145 S.
€ 12,90. dtv 50908

Marktinformationen, Marktstrategien, Marketing-Instrumente, Marketing-Mix, Marketingbudget, Marketingplan, Erfolgskontrolle, Erfolgsfaktoren.

Kleine-Doepke/Standop/Wirth
Management-Basiswissen
Konzepte und Methoden zur Unternehmenssteuerung.
Wirtschaftsberater
3. Aufl. 2006. 323 S.
€ 14,–. dtv 5861

Füser
Modernes Management
Business Reengineering, Benchmarking, Wertorientiertes Management und viele andere Methoden.
Wirtschaftsberater
4. Aufl. 2007. 266 S.
€ 12,–. dtv 50809

Becker
Lexikon des Personalmanagements
Über 1000 Begriffe zu Instrumenten, Methoden und rechtlichen Grundlagen betrieblicher Personalarbeit.
Wirtschaftsberater
2. Aufl. 2002. 677 S.
€ 19,–. dtv 5872

Pilz
Networking
Beziehungen und Kontakte nutzen.
Wirtschaftsberater
1. Aufl. 2009. 173 S.
€ 9,90. dtv 50924

Wie Sie Kontakte herstellen, pflegen, ausbauen und das Networking gezielt im Beruf einsetzen, um Karriere zu machen oder Kunden zu gewinnen, erfahren Sie in diesem Buch.

Bruhn
Kundenorientierung
Bausteine für ein exzellentes Customer Relationship Management (CRM).
Wirtschaftsberater **Toptitel**
3. Aufl. 2007. 421 S.
€ 15,–. dtv 50808

Innovationsmanagement, Qualitätsmanagement, Servicemanagement, Kundenbindungsmanagement, Beschwerdemanagement, Integrierte Kommunikation sowie Internes Marketing.

Schelle
Projekte zum Erfolg führen
Projektmanagement systematisch und kompakt.
Wirtschaftsberater **Toptitel**
6. Aufl. 2010. 370 S.
€ 12,90. dtv 5888

Systematisches Projektmanagement führt zu hoher Termin- und Kostentreue und zum sicheren Erreichen des geplanten Ergebnisses. Hier hilft dieser Ratgeber.

Hoffmann/Schoper/Fitzsimons
Internationales Projektmanagement
Interkulturelle Zusammenarbeit in der Praxis.
Wirtschaftsberater
1. Aufl. 2004. 375 S.
€ 14,–. dtv 50883

Kommunikation und Information, Führung im Projekt, Entscheidungsfindung, Konflikt-, Risiko- und Lieferantenmanagement, Projektorganisation und -steuerung u.v.m.

Röthlingshöfer
Werbung mit kleinem Budget
Der Ratgeber für Existenzgründer und Unternehmen.
Wirtschaftsberater **Toptitel**
2. Aufl. 2008. 255 S.
€ 9,90. dtv 50876

Ganz ohne Werbedeutsch zeigt der Ratgeber, was man für erfolgreiche Werbung braucht.

Hofstede/Hofstede
Lokales Denken, globales Handeln
Interkulturelle Zusammenarbeit und globales Management.
Wirtschaftsberater **Toptitel**
4. Aufl. 2009. 571 S.
€ 19,90. dtv 50807

Wertvolle Hinweise in diesem Standardwerk helfen, andere besser zu verstehen und selbst besser verstanden zu werden.

Kastin
Marktforschung mit einfachen Mitteln
Daten und Informationen beschaffen, auswerten und interpretieren.
Wirtschaftsberater
3. Aufl. 2008. 437 S.
€ 19,90. dtv 5846

Haberzettl/Schinwald
Erfolgreiches Change Management
Wie Sie Mitarbeiter an Veränderungen beteiligen.
Wirtschaftsberater
1. Aufl. 284 S. **Neu**
€ 16,90. dtv 50905
Neu im Juni 2011